内 容 提 要

本书由宁波市农业科学研究院十余位农业专家专门为培训农民技术员而编撰。收有蔬菜栽培生理学基础和蔬菜病理学常识，无公害蔬菜病虫防治技术和春大棚瓜菜主要病害防治技术，现代农业设施栽培技术和保护地栽培土壤障碍因子的产生及防治技术，重点介绍了西瓜、网纹甜瓜、茄子、豆类蔬菜和出口创汇蔬菜的优质高效栽培技术，也对当前国外优质瓜菜新品种和农产品质量安全及认证体系作了介绍。本书文字简明，通俗易懂，贴近实际，技术可靠。可供瓜菜专业户、示范户使用，亦可作为农技员、专业技术协会、农函大、农技校的参考读物。

瓜菜优质高效生产技术

皇甫伟国　主编

中 国 农 业 出 版 社

编 辑 委 员 会

目录

蔬菜栽培生理学基础

孙志栋

一、环境因子对蔬菜生长发育的影响

植物生活环境中的光、温度、水分等各种因子时刻影响着植物的生命活动。生产实践中的各种栽培措施都是为了满足作物（包括蔬菜）对外界因子的要求，了解作物生长发育不同阶段对各种环境因子的需求，对于蔬菜生产有着重要的意义。

（一）环境因子对种子萌发的影响

蔬菜的生长发育，除了用营养繁殖的种类以外，大都从种子发芽开始。因此了解蔬菜种子发芽的生理特性对于搞好蔬菜生产是十分重要的。

蔬菜种子，既是物质贮藏器官，含有大量的营养物质供发芽需要，又是保护器官，使处于休眠状态的种子，度过不良的环境，如干旱、高温或严寒。

不休眠种子和已经打破休眠的种子，在适宜的环境条件下可以萌发；但种子如果处于休眠状态或环境条件不适宜，则不能发芽。种子萌发所需的环境因子主要是水分、温度、氧气和光照等。

1. 种子的休眠与打破休眠

（1）种子的休眠　种子的休眠，通常指的是生理休眠，即种子在适宜的温、湿度及氧气条件下不能萌发的状态。造成种子生理休眠的原因主要有：

①后熟作用不完全　许多植物种子，从植株上采收后，需要有一段时期的后熟作用才能发芽。如人参、当归、兰花等种子或果实，胚的体积很小分化不完全，需要一段时期甚至很长时间的后熟过程，以使胚继续发育达到可萌发的状态。

②抑制物质的存在　有些植物的种子或果实存在抑制种子发芽的物质，这些物质主要存在于果肉（番茄、甜瓜等）、种皮（甘蓝）、胚乳（莴苣）、子叶（菜豆）中。

③种皮的限制　不少种子还会由于种皮过厚，空气、水分等不能与外界交换而造成不能发芽。如豆类蔬菜。

（2）打破休眠的方法

①机械处理　多数植物种子，常用擦破或去除种皮来促进萌发，如豆类种子。

②温度处理　某些种子如黄瓜常用日晒或用35～60℃温水处理，以增加透性，促进萌发。

③化学处理　用酒精处理可增加莲子种皮的透性，热带豆类的果实浸入甘油可促进萌发，用GA处理可促进马铃薯块茎的发芽。

④清水处理　西瓜、甜瓜、番茄、辣椒和茄子等种子外壳上含有萌发抑制物质，播种前反复清洗种皮，能提高种子发芽率。

⑤层积处理　是完成种子后熟作用的有效方法。对许多需后熟的种子来说，低温常是更重要的因子，这些种子要求在湿润条件下（如湿沙）预先经过一定时间的低温（2～5℃）处理，才能萌发。如百合种球，一般品种需要4～6周5℃的低温冷藏处理，能有效打破休眠。

一般情况下，后熟的时间长短与温度有很大关系，在高温下，后熟时间较短，而在低温下则后熟时间大为延长。且由于后熟、发芽的适宜温度范围，有从低温向高温转移的趋势。

2. 种子发芽的条件

（1）水分　充足的水分是种子萌发的首要条件。种子只有吸收了足够的水分以后，各种与萌发有关的生理生化作用才能逐渐开始。这是因为水分可使种皮变软，氧气容易透入而增加胚的呼吸，同时也使胚易于突破种皮；水分可使酶活性提高，为呼吸作用和营养物质转化、运输等代谢活动提供基本条件；水分还可调节种子内束缚型植物激素转化为游离型激素，调节胚的生长。种子萌发时的吸水量与种子内储藏物质的种类有关。一般说来，蛋白质含量高的种子吸水量较大，因为蛋白质有较高的亲水性，如大豆种子萌发时要求最低吸水量为其风干重的120%，而蚕豆、豌豆更高，分别为157%和186%。含淀粉、脂肪较多的种子需水量较少，约30%～70%，如玉米39.8%、油菜48.3%。

（2）温度　萌发种子内部所进行着的生物化学反应都是酶促反应，要求一定的温度，温度过高或过低都不利于种子萌发。

温度对萌发的影响有三基点，即最低温、最适温和最高温。最低和最高温是种子萌发的极限温度，最适温度是指种子发芽率最高、发芽时间又最短的温度。表1为几种主要蔬菜种子萌发的温度三基点。

表1　不同植物种子萌发对温度的要求

植物种类	温度（℃）		
	最低温	最适温	最高温
白菜	<10	10～30	35
甘蓝	<10	15～30	35
莴苣	<10	15～20	30
菠菜	<10	15～20	35
茼蒿	10	15～20	35
葱	<10	15～30	40

（续）

植物种类	温度（℃）		
	最低温	最适温	最高温
萝卜	<10	15～35	35
胡萝卜	<10	15～25	30
芜菁	<10	15～25	40
番茄	15	25～30	35
辣椒	15	25	35
黄瓜	15	25～35	40
葫芦	15	25～30	35
西瓜	20	25～35	>40
甜瓜	15	25～40	>40
菜豆	15	25～30	35
豌豆	0～4.8	20～31	31～37

种子萌发要求的温度条件，随植物的种类和原产地生态条件不同而有很大差异。农业生产上，为了满足作物种子萌发和幼苗生长最适宜的温度条件，需要适时播种。利用各种保温设施，如地膜覆盖、大棚温室、智能温室等可以使播种适当提前，甚至反季节栽培。

(3) 氧气　种子萌发时，呼吸作用迅速增强，需要有充足的氧气，以保证有氧呼吸的进行。一般作物种子萌发时需要土壤空气含氧量在10%以上。当土壤空气含氧量在5%以下时，多数作物种子不能萌发，如芹菜、萝卜对氧气的缺乏特别敏感，当然，也有一些蔬菜种子发芽对氧气要求不高，比如黄瓜、菜瓜和葱。

不同蔬菜种子萌发时需氧量有差异。含脂肪较多的种子比含淀粉较多的种子萌发时需氧量大，这是因为脂肪分子中氧与氢之比较淀粉或糖分子中低，所以萌发时脂肪的氧化需要较多的氧气。比如在生产上对番茄、茄子、辣椒等，利用温床育苗，可在播种前在水中浸泡 3～4 个小时，比不浸种处理提早出芽 1～2 天。但对于豆类种子，则播种前不宜浸种，菜豆、大豆、豇豆等种子浸种处理后，含水量较高会导致缺氧，发芽反而不利。

由于不同种子萌发时需氧量不同，蔬菜栽培上还应注意播种深度，对含油较多的种子如花生，播种时不宜过深，否则影响出苗。播种深度还与种子大小、土壤质地和土壤水分状况有关，比如豆类蔬菜在雨季播种，应注意排水良好，否则种子会在土中腐烂。

(4) 光　在温度、水分和氧气条件适宜的情况下，大多数植物种子在光下和黑暗中都能萌发，但有些植物种子萌发除了温度、水分和氧气以外，还需要一定的光照条件。根据蔬菜种子发芽对光的要求，蔬菜种子可分为三类：

①需光种子　种子在黑暗中不能发芽或发芽不良，而在有光条件下，发芽良好，如莴苣、紫苏、芹菜、胡萝卜等。

②嫌光种子　种子在有光条件下发芽不良，而在黑暗中反而较易发芽，一些百合科的种子如百合、荞头、韭葱等，还有茄果类及瓜类如番茄、茄子、南瓜、黄瓜等种子也属此类。

③中光种子　有光或黑暗均能发芽，许多豆类种子属此类。

有些需光种子，需要较长时间的光照刺激，如用短时间红光照射大车前种子，仅使 35%种子萌发，红光照射 48 小时或每天 5 分钟，连续若干天，可使 95%种子发芽。需光种子萌发时对光的依赖性与其他环境条件有关，如典型的需光种子莴苣，在 10℃吸涨时，不论光暗条件均可发芽。在 20～25℃时，只在光照下萌发，有的需光种子对光的依赖程度与种子后熟程度，即种子内部生理状况有关。

有些嫌光种子，光线可以抑制发芽。如西瓜属，绿色及蓝色光波最能抑制发芽。

（二）环境因子对蔬菜生长发育的影响

1. 蔬菜生长与发育的特点 所谓生长是指植物直接产生与其相似器官的现象，也称营养生长。生长的结果，引起体积或重量的增加。

所谓发育是指植物通过一系列的质变以后，产生与其相似个体的现象，也称生殖生长。发育的结果，产生新的器官，如花、种子、果实等。

由于蔬菜种类的不同，它们生长发育的类型及对外界环境的要求也不同。对于果菜类，如果只有营养生长而没有及时的发育——开花结果，就失去生产意义；而对叶菜类及根菜类，如果没有适当的营养生长——形成叶球或肉质根，就很快的进入生殖生长，造成先期抽薹，也达不到栽培的目的。

在栽培上，我们常常把蔬菜的整个生长过程，划分为几个生长时期。

（1）种子时期　包括种子的成熟过程，种子的休眠期及种子的发芽期。

（2）营养生长时期　包括幼苗期，营养物质积累期及贮藏营养器官的休眠期。对于叶菜、根菜、薯类、葱蒜类等蔬菜，这一时期是叶球、肉质根、鳞茎、块茎等的形成时期。

（3）生殖生长时期　包括花芽分化期，现蕾开花期及结实期。对于果菜类蔬菜，是花芽分化及开花结果的重要时期。

2. 蔬菜生长发育的主要环境条件及其影响 蔬菜生长发育及产品器官的形成，一方面决定于植物本身的遗传特性，另一方面决定于外界环境条件。

在栽培上通过创造适宜的环境条件，来控制蔬菜的生长与发育，是蔬菜获得高效生产的重要途径。影响蔬菜高产优质的主要环境条件包括：①温度，空气温度及土壤温度；②光照，光的组成，光的强度及光周期；③水分，空气湿度及土壤湿度；④土壤，化学组成，物理性质及土壤溶液的反应；⑤空气，大气及土壤中空气的特性，氧气和二氧化碳的含量，有毒气体含量等；⑥生物条件，土壤微生物，杂草及病虫害，以及作物本身的自行遮荫。

所有这些条件对蔬菜生长发育的影响，是综合作用的结果。因此，在生产上，必须综合运用各项栽培技术措施，以最大限度地发挥优良环境效应。许多研究表明，对蔬菜生长发育影响最大的环境因子是温度和光照。下面着重就温度和光照对蔬菜生长与发育的影响作一讨论。

（1）温度的效应　在影响蔬菜的生长与发育的环境条件中，温度是最敏感的一个因素，每一种蔬菜对温度都有一定的要求，都有温度的三基点：即最低温度、最适温度及最高温度，超出了最高或最低的温度范围，生理活动就会停止，甚至死亡。了解每一种蔬菜对温度的要求，及其与生长发育的生理关系，是巧妙利用生产季节或园艺设施，获得蔬菜高产优质的重要依据。根据蔬菜对温度的不同要求，可分为五类：

①耐寒的多年生宿根类蔬菜　如金针菜（黄花菜）、石刁柏（芦笋）、茭白、韭菜、藕等，地上部分能耐高温，冬季地上部分枯死，而以地下的宿根越冬，能耐－10～－15℃的低温。

②耐寒的一二年生蔬菜　如菠菜、大葱、大蒜、乌塌菜、羽衣甘蓝等，能耐－1～－2℃的低温，短期可耐－5～－10℃的低温。同化作用最旺盛的温度为15～20℃。

③半耐寒的蔬菜　如甘蓝类、白菜类、萝卜、胡萝卜、蚕豆、豌豆、芹菜、莴苣等，不能忍耐长期－1～－2℃的低温，在长江以南均能露地越冬。同化作用最旺盛的温度为17～20℃。超过20℃同化机能减弱。超过30℃同化产物几乎被呼吸所消耗。

④喜温的蔬菜　如黄瓜、菜豆、番茄、辣椒、茄子等，最适宜的同化温度为20～30℃，当温度超过40℃时生长几乎停止，而当温度小于10～15℃时，授粉不良，会引起落花。

⑤耐热蔬菜　如冬瓜、南瓜、丝瓜、西瓜、甜瓜、豇豆、刀豆等，同化作用最旺盛的温度为30℃，其中西瓜、甜瓜、豇豆，在40℃的高温下仍能生长。

每一种蔬菜在不同的生育期，对温度有不同的要求，即大多数蔬菜在种子发芽时，总是要求较高的温度。进入幼苗期生长期，最适宜温度往往比种子发芽时低些。进入营养生长期，对温度的要求比幼苗期要稍高些，如果是二年生蔬菜，则在营养生长后期，即贮藏器官开始形成期，温度又要低些。到了生殖生长期，对于二年生的蔬菜，在抽薹开花期，要求充足的阳光及较高的温度。到种子成熟期，又要更高的温度。认识这些区别，对高效从事蔬菜生产至关重要。

（2）温周期的作用　温度有两种周期性的变化，即季节的变化与昼夜的变化。在一天中，总是白天温度高些，晚上温度低些。许多植物在变温条件下才有利于正常生长，热带植物昼夜温差要求在3～6℃，温带植物昼夜温差要求在5～7℃，而沙漠植物昼夜温差则要求在10℃以上。这种植物生长发育与温度变化的同步现象，称为“温周期”。

一般讲，光合作用适宜的温度比生长的适温要高些，在自然条件下，夜间及早晨，植物的生长往往要快些。如番茄的生长率以日温26.5℃和夜温17℃为最适宜，黄瓜的生长以日温25℃和夜温15℃为适宜。当然，昼夜温差也有一定范围，并非越大越好。

此外，昼、夜的低温，也影响到开花及结实。

有许多要求低温通过春化的植物，仅仅是夜间的低温，就有与昼夜连续低温相同的作用，即在黑暗下的低温对成花有利。

（3）春化作用　是一种温度处理所引起的对植物发育的影响。

二年生的蔬菜，包括许多白菜类、根菜类、鳞茎类及一些绿叶蔬菜，都要经过春化的诱导，才能开花结籽。按照蔬菜通过春化的时期，可分为两类：第一类为萌动种子的低温春化，如白菜、芥菜、萝卜、菠菜、莴苣等；第二类为绿体蔬菜（即在幼苗时期）的低温春化，如甘蓝、洋葱、大蒜、大葱、芹菜等。

种子春化处理的温度及时间，因蔬菜种类有所不同。对于大多数白菜及芥菜品种，春化温度范围是0～8℃，处理时间约20天；萝卜以5℃左右为宜，处理时间10～30天；而菜心、菜薹的栽培品种，春化5天就有效果。

绿体植物春化的主要条件是要求有一定大小的植株，或者称苗龄。如果没有达到一定的大小和生长量，即使遇到低温，也没有春化的反应。比如芹菜，在幼苗期遇到低温，能有效地促进抽薹开花，而且随着苗龄增大，低温处理（8℃，4周）对开花的促进作用亦越大。绿体春化一般要求植株带有根或叶，而主要的是生长点。因为多数蔬菜品种，其春化作用受体部位在生长点。

（4）光周期的作用　二年生蔬菜在通过低温春化以后，还要求有一定的光周期才能抽薹开花，对于一年生的种类，也要求有一定的光周期才能开花结实。甚至许多的鳞茎、块茎或块根的形成，也要有一定的光周期条件。根据蔬菜植物对光照长短的要求，分为三类：

①长光照植物　在较长的光照条件下（一般为12～14小时以上），促进开花，而在较短的日照下，不开花或延迟开花。如白菜、甘蓝、芥菜、萝卜、胡萝卜、芹菜、菠萝、莴苣、蚕豆、豌豆、大葱、大蒜等，这类植物多起源于亚热带及温带。

②短光照植物　在较短的光照条件下（一般在12～14小时以下），促进开花结实，而在较长的光照下，不开花或延迟开花。如大豆（尤为晚熟种）、豇豆、茼蒿、扁豆、刀豆、苋菜等。

③中光性植物　在较长或较短的光照下都能开花。在光周期效应中，温度是一个重要的因素。作为促进开花发育的条件，应把光周期与温度结合起来考虑。例如长日照和低温对于甜菜，长日照和高温对于莴苣，短日照和高温对于豇豆、扁豆等。

（5）春化及光周期的应用　在蔬菜生产上，春化处理与光周期的应用是多方面的。主要的作用是促进成熟和提早采收，决定播种季节，品种选择及育种应用。

①利用春化处理，促进发育　利用种子或幼苗的低温春化处理，可提早花芽分化及开花。提早开花对于叶菜及根菜的产量不一定有利，但有利于提早采种，这对二年生蔬菜在春播后当年开花结籽是非常有利的。如甘蓝、大蒜、洋葱。

②决定播种季节　每一种蔬菜，甚至每一个品种，对低温春化及光周期的要求不同。为了获得高产，应该选择适当的播种期，使其产品器官在最适宜的气候条件下形成。比如白菜、菠菜、芹菜、萝卜、胡萝卜等蔬菜，生产的目的是为了获得叶球、叶片或肉质根，故必须避免在生长的初期遇到低温、长日照，而且在长江流域，这些蔬菜最好秋天播种冬季采收。至于豇豆、扁豆、毛豆（大豆）、刀豆等，对短日照要求较严格，要在晚夏或初秋开花结实，就得在春、夏间播种，不能过迟。

③育种上应用　利用春化及光周期处理来促进开花，或延迟开花，这使得在自然状态下，无法相互杂交的品种间杂交成为可能。比如一些长期用营养繁殖的种类如马铃薯、生姜、芋等，通过光照处理来促进开花，从而达到杂交目的。采收后随即播种，又可以在第二年春季开花结籽，从而缩短育种年限。

④人工光源应用　补充光照，一方面可以利用光能，促进光合作用，另一方面可以延长光照时数，加速发育。这在番茄、黄瓜的温室或塑料薄膜大棚栽培上非常有用。据试验，番茄和黄瓜的幼苗在移栽后补充光照 21 天，相当于生长在自然光照下的 5 周的生长量，苗壮、结实早、产量高。

二、营养元素与蔬菜生长发育的关系

（一）菜田土壤特性与蔬菜营养特点

蔬菜生长发育所必需的营养元素有 16 种，即碳、氢、氧、氮、磷、钾、钙、镁、硫、铁、硼、铜、锰、锌、钼、氯等。其中除碳、氢、氧和部分氮来自空气和水外，大部分营养元素都只能从土壤中吸取，所以土壤不仅是蔬菜根系生长的场所，同时又是蔬菜需要养分的供给者。正确掌握蔬菜要求的土壤条件及营养需求特性是使蔬菜获得高产的重要保证。

1. 菜园土壤特性 菜园土壤顾名思义是栽培多年蔬菜且高度熟化的农业土壤，它必须具备 5 个方面的特性：①平，要求地势平坦，靠近水源，便于灌溉；②厚，要求土层深厚，耕作层应有 15～25cm 厚，而熟土层应在 30～50cm 以上；③肥，要求经常施入优质的有机肥料，使菜园土富含有机质，随着有机质含量的增加，其他各种养分也会增多；从氮素来看，土壤全氮有 95％来自土壤有机质；从磷素来看，南方土壤含 P_2O_5 0.03％～0.17％，露地菜园土壤、保护地温室、塑料大棚土壤含磷量可从 25mg/kg 至 230mg/kg 不等；从钾素来看，土壤中全钾含量较高，一般在 2.29％～2.4％；土壤中微量元素受土壤 pH 的影响，其有效含量变化较大；④松，要求团粒结构良好，土质疏松，适耕性强；⑤活，随着土壤有机质增加，土壤微生物数量会显著增多，利于土壤熟化。

2. 蔬菜营养特点 蔬菜对营养的需要与大田作物相比，有其本身的特点。

（1）*蔬菜是吸肥多的植物* 多数蔬菜对养分的吸收量很大。据试验，23 种蔬菜的养分平均吸收量与小麦比较，吸氮是小麦的 1.43 倍，吸磷量是小麦的 1.27 倍，吸钾量是 2.90 倍，吸钙量是 5.39 倍，吸镁量是 1.54 倍。蔬菜吸收养分能力之所以这样强，主要原因是蔬菜根系阳离子交换能力大的缘故。

（2）*蔬菜是喜硝态氮和嗜钙植物* 蔬菜对土壤中的铵态氮和硝态氮都能吸收，但更易吸收硝态氮。其原因，一个是蔬菜的耐氨性较差，容易出现生理障碍；另一个是铵过多可能影响钙离子的吸收。蔬菜又是很嗜钙的植物。据测定，萝卜、甘蓝的吸钙量分别比小麦高10倍和25倍，番茄各器官中的含钙量比水稻高出10倍以上。钙素不足易患生理病害，如番茄、辣椒、大白菜。

(3) *蔬菜是喜硼作物* 蔬菜，尤其是根类蔬菜含硼量较高，一般为禾谷类作物的几倍，乃至几十倍。由于硼在蔬菜体内移动性较差，所以有些蔬菜，如甜菜、芹菜、甘蓝和萝卜缺硼时很容易得生理病害。

(二) 营养元素的作用及无机肥料的施用

按蔬菜需要的营养元素的量，可把营养元素分为大量元素、中量元素和微量元素。施用各种肥料就是为了满足蔬菜正常生长发育对不同的营养元素的需要。无机肥料又叫化学肥料，是指在工厂经化学方法加工或处理后，含有一种或一种以上蔬菜所需要的营养元素的化学物质。它具有4个特点：①养分含量高，无机肥料所含蔬菜可吸收的有效养分数量高；②肥效快，无机肥料中大多数是易溶于水的，只有少数肥料如磷矿粉、钙镁磷肥是难溶于水的；③物理性质好，由于化肥通常制成固体颗粒状态，能保持良好的物理性质，不易挥发和流失；④养分种类单一，一般无机化肥只含一种或几种营养成分，而且不含有机物质。

1. 大量元素肥料

(1) 氮肥 氮是构成蔬菜作物细胞中蛋白质的主要元素，又是作物体内叶绿素的重要组成部分，同时还参与作物体内许多酶、B族维生素和生物碱的组成，缺氮会影响这些物质的形成。

常用的氮肥品种有硫酸铵、氯化铵、碳酸氢铵、硝酸铵、尿素等。按其氮素化合物的形态可分为铵态氮肥、硝态氮肥和酰铵态氮肥三大类。

①铵态氮肥 其氮是以铵离子形态存在的，其共同特点为：易溶于水，养分速效，作物能直接吸收利用；能被土壤吸收保持，不易随水流失；遇到碱性物质会分解，放出氨气而挥发损失，如硫酸铵、氯化铵、碳酸氢铵等。

②硝态氮肥　是以硝酸根的形态存在的，其共同特点为：都易溶于水，溶解后形成硝酸根离子，并为作物直接吸收利用，不易被土壤胶体吸附，易随水流失，易吸湿潮解，易着火燃烧引起爆炸，如硝酸铵、硝酸钙。

③酰铵态氮肥　以酰氨基的形态存在，用得最多的品种是尿素。尿素是中性肥料，施入土壤后，少量以尿素分子态被土壤胶体吸附，它在土壤中的移动性比硝态氮肥小，比铵态氮肥大。尿素中的酰铵态氮不能直接被作物根系吸收，需在土壤中存在的脲酶作用下，氨化水解为碳酸铵或碳酸氢铵，以铵离子形式才能为作物所利用。尿素分解的速度与土壤酸度、温度、湿度有关。气温 10℃时 7～10 天，20℃时 4～5 天，30℃时 2 天就全部转化为铵态氮，所以尿素使用时，强调深施覆土，以防氮的损失。尿素在分解过程中，由于分解速度快，在短时间内有个氨的积累，影响作物种子发芽和幼苗生长。所以尿素不宜做种肥施用。尿素适用于各种土壤和作物，可作基肥和追肥施用。如追肥施用偏晚，作物会出现贪青倒伏，所以追肥要比铵态氮肥和硝态氮肥提前几天施用。

（2）磷肥　磷也是作物生长发育不可缺少的营养元素，作物对磷的需要仅次于氮和钾。在作物体内，磷是核酸、核蛋白的主要组成部分。而磷脂又是原生质结构的组成部分，它提供作物种子发芽时所需要的磷。磷又是许多酶的成分。无机磷酸盐对作物体内酸碱变化起着缓冲作用。

磷肥按可溶性可分为难溶性磷肥、弱酸溶性磷肥和水溶性磷肥。磷矿粉是难溶性磷肥的代表；弱酸溶性磷肥，包括钙镁磷肥和钢渣磷肥；水溶性磷肥，包括过磷酸钙和重过磷酸钙。过磷酸钙的有效性受土壤条件影响很大，其中关系最密切的是土壤的酸碱度。土壤过酸过碱都影响过磷酸钙的有效性。只有在土壤中性时才有利于这种肥料肥效的充分发挥。

（3）钾肥　钾也是蔬菜作物含量较多的一种元素，在作物体内钾以酶的活化剂形式广泛影响着作物生长发育。钾能促进光合作用，使作物有效地利用光能进行同化作用；钾能促进糖的代谢，加速碳水化合物的运转；钾能增强蔬菜抗寒、抗旱和抗病能力。

①硫酸钾　易溶于水，是一种速效性的钾肥。硫酸钾施入土壤中，钾被作物根系吸收或被土壤胶体吸附，积累下来的硫酸根，使土壤呈酸性，故为生理酸性肥料。硫酸钾作追肥，要早施，施在作物根系密集的区域，以利于根系吸收。硫酸钾使用于各种作物，对十字花科和需硫蔬菜作物特别有利。

②氯化钾　易溶于水，吸湿性不强。氯化钾施入土壤中，钾离子被作物根部吸收或被土壤胶体吸附后，残留在土壤中的是氯离子，它也是生理酸性肥料。氯化钾一般宜作基肥，不宜作种肥与追肥。

2. 中量元素肥料

（1）钙肥　钙是构成作物细胞壁的重要成分。钙在作物体内与果胶质形成果胶酸钙。能赋予细胞壁以刚性，当果胶酸钙含量低时，易引起真菌病害。钙能提高细胞壁的弹性和可塑性，使细胞壁变松，可促进细胞的伸长。作物体内普遍存在钙调蛋白，它能活化作物体内的多种酶，对细胞的代谢起着调节作用。

在蔬菜作物中，莴苣、甘蓝、番茄以及豆类需钙较多。当钙缺乏时，植株生长受阻，顶芽、根尖分生组织容易腐烂死亡，叶缘开始变黄坏死，果实发育不良。如甘蓝、白菜出现叶焦病和缘叶病，番茄、辣椒发生脐腐病。高效钙肥有生石灰、熟石灰、贝壳类。

（2）镁肥　镁是叶绿素的成分，缺镁可导致叶绿素含量减少，叶色褪绿，光合作用受阻。镁还是多种酶的活化剂，能促进糖转化酶、脂肪合成酶、蛋白质合成酶的活性。镁在体内较易移动，缺镁症状先从下部叶子开始。常用的镁肥有两大类：①水溶性镁肥，硫酸镁、硝酸镁、氯化镁，这些水溶性镁肥，易溶于水，易被作物吸收，肥效快，易淋失；②难溶性镁肥，白云石、菱镁矿，这些镁肥是以碳酸盐形态存在的，难溶于水，故后效长，施用一次可供几茬作物需要。

（3）硫肥　硫在作物体内是蛋白质及多种酶的成分，硫还存在于一些生物活性物质中，如维生素 B_1、维生素 H 等都是含硫化合物。在蔬菜作物中，洋葱、大蒜、甘蓝、萝卜、油菜含硫最多，需硫也多。这些蔬菜开花前，硫集中在叶片中，开花后成熟叶片中的硫就集中到茎和种子中去。硫在作物体内是不易移动的元素，缺硫时先从幼叶开始表现出褪绿或黄化。硫肥主要有生石膏、熟石膏和磷石膏三种。

（4）硅肥　硅能提高作物光合作用效率，并能减弱蒸腾作用，促进磷的转运和消除铁、锰的毒害。硅在番茄、萝卜、大葱、白菜等蔬菜作物体内，含量虽很低，但已有试验证明硅能提高这些作物的产量和抗病能力。目前，使用的硅肥有硅酸钙、硅酸钠和硅酸钾。

3. 微量元素肥料　微量元素包括硼、铜、钼、锰、锌、铁等元素。在作物生长过程中，对这些元素虽然需要量不多，但他们的作用却是很重要的。土壤中缺乏任何一种微量元素，都会导致作物出现各种病症，严重时甚至死亡。

（1）硼肥　硼在双子叶植物中含量为最高，而且多集中于茎尖、根和花中，在作物体内被再利用能力较差。硼能增强作物光合作用，促进碳水化合物的合成、运转；硼能促进作物生殖器官的发育，促进花粉粒萌发，使花粉管迅速进入子房，有利于受精和种子的形成；硼能提高细胞质的黏滞性，降低其透性，增强胶体结合水的含量；有利于提高作物的抗寒、抗旱能力。需硼较多的蔬菜作物有油菜、花椰菜、白菜、甘蓝、萝卜、芹菜、莴苣（莴笋）等；需硼中等的蔬菜有胡萝卜、圆葱、辣椒；需硼少的是西瓜。常用的硼肥有硼酸和硼砂。

（2）锰肥　锰在作物体内主要分布于作物的绿色部分，作物一般在开花期、果实形成期及块根块茎形成期需锰较多。锰作为氧化还原剂，能促进作物氧化还原过程，锰还是许多呼吸酶的活化剂，锰还能促进作物种子发芽和幼苗的早期生长，提高结实率。锰在作物体内不易移动，缺锰症状常从新叶开始。常用的锰肥有硫酸锰、氯化锰和碳酸锰。目前最常用的是水溶性的硫酸锰，用它来浸种、拌种和根外追肥。

（3）锌肥　锌在作物体内主要集中在幼嫩部分，是碳酸酐酶的组成成分，能促进光合作用；锌参与生长素的合成，又能促进体内氧化还原过程；锌又是蛋白质合成过程中的多种酶的成分。在蔬菜作物中番茄、豌豆对锌的反应最为敏感。圆葱、土豆等中等敏感，不敏感的有胡萝卜等。常用的锌肥为硫酸锌，锌肥可作基肥、种肥和追肥。

（4）铜肥　铜在作物体内生长活跃的幼嫩部分、新叶和种子中含量最多。铜是叶绿体和光化学反应有关的金属元素之一。铜是体内多种氧化酶的成分，能催化体内氧化还原过程。铜以二价铜离子形态被作物吸收，它在体内运转能力差。在蔬菜作物中需铜最多的有洋葱、莴苣和菠菜；需铜较多的有花椰菜、胡萝卜；需铜中等的有土豆、甘蓝、黄瓜、番茄；需铜很少的有油菜、豌豆等。常用的铜肥有硫酸铜和含铜矿渣。铜肥可用作基肥、种肥和追肥。

（5）铁肥　铁在作物体内含量比其他微量元素多。铁虽不是叶绿素的成分，但在叶绿素形成时是不可缺的；铁是作物体内铁氧蛋白的组成部分，在光合作用中起电子传递作用；铁是豆科作物根瘤中豆血红素和固氮酶的成分，所以缺铁会影响豆科作物的固氮作用。铁在作物体内不能移动，铁不足时首先从幼嫩叶表现出来。铁肥种类有硫酸亚铁、硫酸亚铁铵和螯合态铁。农业生产上常用的是硫酸亚铁。铁肥常用作基肥和根外追肥。

（6）钼肥　钼是作物微量元素中含量较低的一种元素。蔬菜作物中以马铃薯、番茄、菠菜等对钼反应敏感。钼肥种类有钼酸铵、钼酸钠和含钼废渣。

（7）稀土肥　稀土是一大类化学性质极其相似的镧系金属元素的统称。稀土元素能够促进作物光合作用，提高叶绿素含量。在黄瓜水培试验中加入混合硝酸稀土，48 小时后，测定黄瓜叶片中叶绿素 A，其放射荧光强度显著增强。稀土促进根系生长、增强根系吸收氮、磷、钾的能力。稀土元素还能提高硝酸还原酶和固氮酶的活性，进而提高作物产量和产品的品质。常用的为硝酸稀土。稀土微肥可做拌种、浸种和根外追肥施用。

4. 复合肥料　肥料中同时含有两种或两种以上氮、磷、钾三要素的肥料。复合肥料优缺点：其优点是养分含量高、种类多，施用一次复合肥料能比较均匀的、长时间的同步供应作物所需要的多种养分；不足之处，由于复合肥养分比例相对固定，一种复合肥很难满足不同土壤、不同作物，及作物在不同的生育阶段的需求。

（三）有机肥料成分、性质与施用

有机肥料又称农家肥料，其共同特点：①有机肥料所含养分完全，除了含氮、磷、钾外，还含有钙、镁、硫及各种微量元素；②有机肥料含有大量的有机质，这些有机质可以促进土壤团粒结构的形成，增强保水、保肥能力，提高土壤对酸碱变化的缓冲性能。有机肥料的这些特点，是化学肥料所不具备也不能代替的。因此，要保证蔬菜作物高产稳产，提高肥料的经济效益，最好要做到二者配合使用。

人粪尿，适用于各种作物，尤其是蔬菜作物中的叶菜类。在干旱地区及排水不良低洼地或盐碱地上的蔬菜保护地应少用，以免加重盐害。人粪尿一般可作菜田底肥和追肥。作底肥，一般 $667m^2$ 面积用量为500～1 000kg，并需配合磷肥钾施用；作追肥，施用前必须加水稀释，一般加水 3～5 倍或更多，结合灌溉进行。

畜粪尿和厩肥。畜粪尿是猪、马、牛、羊等牲畜的排泄物；猪粪养分丰富，含钾、磷量高于牛、马粪，易腐熟、肥效快，适用于各种土壤和作物施用。

（四）蔬菜施肥原则与方法

1. 蔬菜施肥原则

（1）施肥应有利于获得蔬菜“高产、优质、高效益” 肥料的施用与作物产量之间存在着一定的规律，这个规律就是“最小养分率”和肥料“报酬递减率”。前者其大意是，如果土壤中某一必需养分不足，即使其他各种养分充足，蔬菜产量也难提高。后者的含义是，在中下等肥力水平的土壤上，在施肥量不高的情况下，蔬菜的增产量随施肥量的增加而上升；当施肥量较高时，蔬菜的增产量则随施肥量的增加而下降，蔬菜产量不是因施肥量增加而直线上升的，而是呈抛物线关系。施肥不仅影响到蔬菜的产量，同时也对蔬菜的品质起着一定的作用。人体所需的维生素C有70%以上来自蔬菜。以100g成熟番茄为例，不施肥时维生素C含量为21.8mg，施有机肥时为22.4mg，增加了0.6mg；施化肥时为33mg，增加了11.2mg；施有机肥加上2倍化肥时为38.4mg，增加了16.6mg。

（2）施肥应有利于蔬菜生产的持续发展 由于蔬菜生产复种指数高，采收量大以及特殊的营养特性，对土壤条件的要求比大田作物严格得多。尤其是土壤有机质含量应维持在3%以上。为了培育这样良好的土壤环境，必须将有机肥料和无机肥料配合起来施用。

（3）施肥应考虑土壤供肥状况和蔬菜营养特性 施什么肥，施多少，什么时间施，怎样施，明确这些问题，首先要考虑土壤的供肥状况。

2. 蔬菜配方施肥方法 蔬菜配方施肥有经验法、养分平衡法等。经验配方施肥法，根据所在地区不同蔬菜种类，不同栽培类型，不同土壤类型所进行的蔬菜试验与实际栽培经验相结合，订出达到预定产量目标时的施肥量。养分平衡法，是用化学方法分析测定土壤有效养分含量，再参照土壤养分平衡原理估算出应施的肥料种类、数量和比例。

（五）蔬菜作物缺素症状

近年来，在蔬菜生产中，由于营养元素的不平衡，常出现一些生理病害，而这些病害有时与病菌感染引起的病害不易分清，易出现误诊，所以，这里介绍几种主要蔬菜生理病害的典型症状，供病害出现初期诊断参考。

1. 缺氮 蔬菜缺氮生长缓慢、叶绿素减少，从老叶开始出现褪绿现象。某些蔬菜缺氧的症状为：

①黄瓜 植株矮化，叶呈浅绿色，严重时呈浅黄色，果实细短，呈亮黄色或灰绿色，果蒂呈浅黄色，有时果实畸形。

②番茄 生长缓慢、植株呈纺锤形，老叶黄绿色或浅绿色，不结果或结少量小而无味果。

③洋葱 症状表现早，植株生长缓慢。叶色浅绿，叶尖呈牛皮色，逐渐全叶变褐黄色。根部初期变白，正常伸长，而后根停止伸长，呈现褐色。

④小萝卜 地上部伸长缓慢，叶色变黄，叶小而薄。根部生长减缓，根部由鲜红变白红色。

2. 缺磷 蔬菜缺磷表现在叶部，有些蔬菜缺磷时营养生长停止，叶绿素浓度提高，色深绿；另一些蔬菜缺磷，从老叶开始沿叶脉呈红色；表现在根部，须根不发达；果实小、成熟慢。某些蔬菜缺磷的症状为：

①番茄 叶背面呈深红色，叶脉逐渐呈紫红色，茎部细弱，结果受到强烈抑制。

②芹菜 根茎生长发育受阻。

③洋葱 多表现在生长后期，生长缓慢、干枯，老叶尖端死

亡，有时叶部表现出花斑点——绿黄色与褐色间有。

④结球甘蓝和花椰菜　叶背面呈紫色。

3. 缺钾　蔬菜缺钾常在叶缘出现灼伤状，尤其是老叶最明显。植株生长缓慢，叶片小，叶缘渐变黄绿色，后期脉间失绿，叶片坏死，易感病。某些蔬菜缺钾的症状为：

①黄瓜　叶肉呈青铜色，主脉下陷，老叶受害重，果顶变小而呈青铜色，有时会出现大肚瓜。

②番茄　生长缓慢、矮小，叶缘和叶尖变鲜橙黄色，叶变脆，茎变硬，木质化，不再变粗。果实成熟不正常，缺乏韧性。

③结球甘蓝　缺钾时外叶叶缘变为青铜色，而后扩展到内叶，严重时叶缘干枯，内叶表面呈褐斑。

④洋葱　表现症状较早，外部老叶尖端呈灰黄色或浅黄白色。

4. 缺硼　蔬菜缺硼表现为根系不发达，生长点死亡，花发育不全。某些蔬菜缺硼的症状为：

①番茄　小叶失绿呈黄色，生长点变黑。严重时生长点死亡，茎、叶柄很脆弱，易使叶片脱落。根生长不良，呈褐色。果实畸形，果面产生裂痕，木栓化。

②芹菜　茎表皮上出现褐色纹带，最后茎发生横断裂纹，且破裂组织向外卷曲。根系变褐，侧根死亡。

③花椰菜　主茎和小花茎上出现分散的水浸斑块，花球外部和内部变黑，随着植株年龄的增加而病情加重。花球周围小叶，发育不健全或扭曲。

④直根类蔬菜　如萝卜等缺硼，植株叶常出现卷曲，叶中脉很快卷曲和褪绿，生长点死亡；根达不到正常大小，肉质根表面不平滑，根髓部变褐色，硬而空洞化，称为“心腐病”。

5. 缺锌　蔬菜缺锌时，有些蔬菜表现失绿；有些蔬菜在叶片上产生感染斑点或出现坏死和死亡组织；有些蔬菜表现为叶片发育不正常，叶小发黄或出现斑枯。多数蔬菜作物缺锌，有顶枯现象。黄瓜、番茄缺锌症状为：

①黄瓜　嫩叶生长不正常，芽呈丛生状，生长受抑制。

②番茄　叶片小，小叶叶脉间失绿，植株矮化，老叶比正常叶小，不失绿，但有不规则的皱缩褐色斑点，尤以叶柄明显。受害叶片迅速坏死，几天之内叶片就可全部枯萎。

6. 缺钼　蔬菜缺钼，则生长不良，植株矮小，从老叶开始叶脉间缺绿，叶片扭曲。番茄、花椰菜等缺钼症状为：

①番茄　老叶先退绿，叶缘和叶脉间叶肉呈黄色斑状，叶片向上卷，叶尖枯焦，渐向内扩展，最后成为一皱缩叶片。轻者影响开花结实，重者死亡。

②花椰菜　叶呈狭长条状，叶片弯曲凹凸不齐，称为“鞭尾”。严重时不结球。

③豌豆　叶色黄绿，生长不良，根瘤不发达，老叶枯萎上卷，叶缘呈焦状。

上述缺乏各种元素症状，是指缺乏某种元素的典型症状，而蔬菜作物生长是受多种因素综合影响的，所以有时表现症状不一定很典型，尤其是在两种或几种元素同时失调时，症状就很不典型，使缺素病诊断趋于复杂化。

在蔬菜生产中，偶尔还发生缺乏钙、镁、锰、铜、铁等营养元素。

三、激素对蔬菜生长发育的影响及其应用

植物激素与生长调节剂在农业上应用日益广泛，尤其在园艺作物上的应用研究成果累累。自20世纪70年代以来，我国植物生理学家与农学家密切合作，开创了一批行之有效的应用技术。将单一的植物生长物质农业应用技术概念，演变为作物生长发育的化学调控（简称为作物化控），初步形成了作物生长发育的化学调控技术与理论体系。

（一）生长调节剂在农业生产上的应用

植物内源激素有生长素、赤霉素、细胞分裂素、脱落酸和乙烯五大类。人工合成的激素类调节剂近千种，生产上常用的有百种。生长调节剂的研究应用已成为农业科学研究与应用中活跃领域。

作物栽培措施的实质，是对作物生育进程的调控。传统的栽培措施中，除整枝、镇压、中耕等修整措施，是直接作用于植物自身外，还没有从内部来改变作物生育进程的手段。导入化学调控技术后的栽培，是外部条件加内部激素水平的双重调控，是直接与间接效应的结合。实践证明，凡是作物生长发育过程中需要调节，而常规栽培技术措施又难以调控的环节，应用植物生长调节剂可能获得较好的效果，所以化学调控技术是综合栽培措施的一个重要组成部分。

在应用技术上，从诱导种子萌发、生根分蘖、控制株型、促进开花、花芽分化、保花增果、催熟防倒，防止或促进果实脱落、贮藏保鲜、增强抗逆性到化学除草等各项技术环节，均相应地找到适用的植物生长调节剂。化学调控技术在我国应用面积已超过亿亩，取得较好的增产效果和经济效益。国家科委已将粮棉油化学调控技术列为星火计划和科技成果重点推广项目。试验示范应用的调节剂有27种，如多效唑、赤霉素、健壮素、缩节胺、调节胺、乙烯利、丰收宝、膨大素等。生长调节剂的主要应用方向有：

1. 在高产栽培中的应用 高产栽培要协调好群体与个体的矛盾，植物生长调节剂能发挥较好的作用。如多效唑能培育多蘖壮秧，提高有效分蘖，增加成穗率，达到提高群体数量的目的。矮壮素在小麦高产栽培中可以有效的降低株高，改变植株原有株型，协调个体与群体、密植与倒伏的矛盾。同一种调节剂在不同时期施用，可以产生不同的效果。如多效唑在油菜苗期施用，可以培育矮健壮苗个体，在初薹期施用可以降低株高，增加群体抗倒能力。

2. 在抗逆栽培中的应用 作物因自然环境发生变化而不能适应时，使用植物生长调节剂可有效地提高作物抗逆性。如玉米健壮素能提高抗倒能力；水稻秧田期施用多效唑，可以克服低温带来的分蘖不足，又可以克服高温导致秧苗徒长等。棉花施用缩节胺可以提早晚熟棉铃的成熟，避免后期秋雨低温的危害。乙烯利用于水果、水稻的催熟，也可避免后期的逆境条件。在抗逆栽培中，运用抗旱剂、抗寒剂、抗湿剂等生长调节剂，均可取得较好的效果。

3. 在复种栽培中的应用 化学调控技术在推动多熟复种和速生高产中也有许多应用。如用多效唑解决连作晚稻秧龄长、素质差的难题，为连作晚稻丰产创造条件。多效唑在油菜上应用，可以解决稻田复种，冬油菜常见的高脚苗，有利培育壮苗，增加油菜抗低温的能力，冬油菜种植区有可能因此而北移。棉花应用缩节胺和乙烯利系列化学调控技术，也可在北方棉区发展麦后复种的夏播短季棉。

4. 在良种模式化栽培中的应用 化学调控技术可以对品种的表现型性状起修饰作用。如植株较高的水稻、小麦、玉米品种，可用相应的生长延缓矮化剂，来降低株高增强抗倒能力，还可密植生产。

5. 选育新品种 随着化学调控技术的参与，作物形态组织结构与生理功能都将发生变化，许多传统丰产模式的形态指标和种植密度，施肥技术等参数也会引起相应的变化。模式栽培与化学调控技术的结合，选育新品种是新的发展方向。

（二）生长调节剂的合理应用

应用植物生长调节剂调控植物的生长发育，已成为高产优质高效农业的重要措施。在生产实际应用时，有的增产效果良好，有的效果不稳定甚至产生副作用。影响生长调节剂使用效果的因素有环境条件、栽培措施和施用技术等。合理使用生长调节剂必须掌握10个要点：

1. 明确施用目的 为了提高叶菜类作物的产量，宜选用促进类生长调节剂，如赤霉素；为防止叶菜类作物过早抽薹开花，宜选用生长延缓剂和生长抑制剂；为抑制果树新梢的生长，促进花芽分化，可选用B_9等。在高温或低温条件下，番茄落花严重，施用防落素就能有效防止落花，提高坐果率。晚发迟熟、后劲足贪青，秋桃多的棉田，可选用乙烯利催熟，能提高棉花的产量和品质。

2. 严格掌握施用浓度 一般生长调节剂对植物的生长发育都具有双重效应，在低浓度表现出有益的作用，而高浓度就会抑制生长甚至导致死亡。因此，要根据作物品种、应用目的及季节条件灵活掌握。

3. 掌握适当的施用次数 在生产的关键时期施用会有明显效果。多年生作物生育期较长，施用的最适时期亦较长，为保持较长时间的药效，可用低浓度多次处理。

4. 适宜的施用时期 施用时期取决于生长调节剂的作用、药效持续时间和施用目的。如多效唑在早稻上施用适期为三叶一心期，在晚稻上应在秧苗一叶一心期。油菜为了培育壮苗，施用适期为三片真叶期；为了防止油菜冬前疯长，提高菜苗抗冻性，则应在冬前施用。

5. 讲究施用方法 施用方法有喷洒、浸蘸、土壤浇施、涂抹和注射法。喷施是最常用的方法，喷布力求均匀一致，不重喷不漏喷。为增加药液的附着力，可在药液中添加适量的黏着剂，如中性肥皂片、洗衣粉等。浸种时要特别注意药液浓度与浸泡时间的长短。

6. 合理混合施用 生长调节剂的混合施用必须首先了解混用后是否有增效作用或拮抗作用。例如B_9与乙烯利混用可促进花芽分化，而生长剂与抑制剂混用效果就会相互抵消。

7. 慎重与农药混用 例如 B_9 不能与铜制剂农药混用；乙烯利、增产灵和矮壮素、赤霉素等等不能与碱性农药混用；即使是分别施用，至少要间隔 6 天以上。

8. 环境因素影响 温度、光照、风雨等不仅影响药液参透，而且也影响其在植株体内的传导和运转。一般宜在晴天、无风时使用，光照强烈、温度过高、大风雨前等均不宜施用。

9. 注意配制方法 对可溶于水的原液或粉剂，宜先加入少量水充分搅拌，使其溶解后再定量加水稀释到所需浓度，搅拌均匀。对难溶于水的药剂，则应先加热或用有机溶剂溶解后，再用水稀释至所需浓度。如赤霉素、吲哚乙酸、吲哚丁酸要先溶于酒精中然后加水稀释，萘乙酸、B_9 等应先用热水溶解再加水稀释。

10. 结合栽培措施 生长调节剂不是植物的营养物质，只是对生长发育有一定的生理调节作用。如果栽培措施不合理，土壤瘠薄，水肥不足和病虫害等原因造成生长发育不良，即使施用调节剂也不能产生应有的效应。只有在加强水肥管理，能保证营养物质供应的情况下，施用 2，4－D、防落素、萘乙酸、B_9 等，才能防止落花落果，达到预期的增产效果。

（三）生长调节剂的使用方法

1. 浸蘸法 是简便易行的使用的方法。可用药剂或粉剂浸蘸种子、块根、插条、秧苗，浸蘸时间长短与调剂剂的浓度和植物体有关。浸蘸法可为 3 种：

（1）快蘸法 高浓度短时间的浸蘸法。浸蘸时间为 2～5 秒，药液浓度为 500～2 000mg/kg（μl/L），一般用于带叶嫩枝的扦插苗。

（2）慢蘸法 低浓度较长时间的浸蘸法。浸蘸时间为 4～24 小时，药液浓度为 10～200mg/kg（μl/L），常用于处理种子或硬枝扦插苗。

（3）蘸粉法　固体调节剂可研成细粉末直接与滑石粉或细黏土混合。液体调节剂可先溶于有机溶剂中再拌入滑石粉，阴干，将需蘸粉的植物体部分用清水浸蘸后再蘸药粉。使用粉剂的浓度，要比用溶液浸蘸时的浓度高 10 倍。

2. 喷洒法　适用于大田作物、蔬菜、果树及花卉生产。将调节剂加水或酒精溶解后配成所需浓度，进行局部或整株喷洒。或需添加适量的黏着剂或乳化剂（洗衣粉、吐温 20 或吐温 80、平平加、多元二乙醇、三乙醇氨等），就容易附着在带蜡质的茎叶表面。

3. 喷粉法　将配好浓度的调节剂粉剂，直接装入喷粉器中喷施。

4. 气熏法　有些生长调节剂为酯类化合物，具有挥发性，可以直接喷洒到所需部位，或喷到纸屑或干土上，然后与被处理的植物混合，在密闭的环境中熏蒸。也可溶在酒精中加热，使挥发的气体散布在密闭的环境中。这种方法适用于温室栽培的植物，或贮藏农产品的库房中。

5. 涂抹法　可用毛笔、毛刷等用具，将配成羊毛脂膏或溶液的调节剂，涂抹到所需部位。其优点是可以避免对调节剂敏感的其他器官、组织产生药害。

6. 滤纸法　制备含有一定量调节剂的滤纸，使用时剪成所需的面积，贴在处理好的部位。用于空中压条或嫁接处理较为方便，激素含量可根据需要调配，制好的滤纸存放 1 年药效不会降低。

7. 注射法　将配好的生长调节剂溶液，用注射器直接注射到植株体内，可用于蔬菜及木本植物。

8. 木签法　将浸过调节剂的木签，插入植物体的器官、组织中。

9. 土施法　将调节剂施入土壤中，通过植物的根系吸收而起作用，常用的方法有二：

（1）土壤浇施法　将配好的水剂，按定量浇到土壤中，适用于大田及蔬菜，果树生产，盆栽也可使用。

（2）环沟施法　在外围树梢投影下，挖 20～30cm 深的环形沟，将配好稀释的水剂施在沟中后，再覆土盖严。或将调节剂与土拌匀施在沟内，再覆土。

10. 种衣法　将调节剂与其他药剂混合，包在种子外面，形成一层种衣。可直接播种。

蔬菜病理学常识及病害诊治

赵海棠

一、蔬菜病理学常识

（一）蔬菜病理学的性质、任务与其他学科的关系

1. 蔬菜病理学的性质 蔬菜病理学是一门研究蔬菜病害发生规律并以防治为中心的学科，其内容包括病害的病原、症状与诊断、其发生与流行、预测预报防治等。

2. 蔬菜病理学与其他学科的关系 蔬菜病理学与蔬菜栽培学、植物学、植物生理学、遗传育种学、昆虫学、微生物学、气象学、土壤肥料学、农药学、数学及化学等学科都有密切的关系。因此，只有在全面地掌握蔬菜栽培的各个环节之后，才能做好病害的防治。

（二）植物病害的定义和病害发生的原因

1. 植物病害的定义 植物在生长发育过程中，由于不良的环境条件所影响，或者遭受寄生物的侵染，使植物的正常生长和发育受到干扰和破坏，从生理机能到组织结构发生一系列变化，以至在外部形态上发生反常的表现，这就是病害。

植物病害的发生和发展有一个过程。首先表现为新陈代谢作用的改变，即生理的和生化的改变；随后发展到细胞和组织的变化；最后使病株或被害部分的外部（也包括内部）表现为不

正常。

2. 植物病害发生的原因 病害发生的原因称为病原。

病原按其不同性质分为两大类：非生物因素和生物因素。

非生物因素指周围的环境因素。如日光、温度、营养、水分、空气等。由于非生物因素引起的病害无传染性，故称为非传染性病害，又称生理病害。

生物因素是指引起植物发病的寄生物，称为病原生物。主要有：真菌、细菌、病毒、类菌原体、类病毒、线虫、寄生性种子植物等。其中，真菌和细菌又称病原菌。

被寄生的植物称为寄主植物，简称寄主。

非传染性病害的发生，取决于植物和环境条件，不适宜的环境条件，是非传染性病害的病原。

传染性病害的发生，取决于寄主植物、病原物及环境这三个方面条件是否具备。

3. 非传染性病害与传染性病害的相互关系 非传染性病害可以降低寄主植物对病原物的抵抗能力，能诱发和加重传染性病害为害的程度。另一方面，植物发生传染性病害后，也易促进非传染性病害的发生。

（三）植物病害的病原

1. 真菌 由真菌侵染引起的病害，称为真菌病害。真菌病害在植物病害中约占80%以上，每一种作物都有几种至几十种真菌病害。如蔬菜霜霉病、白粉病、枯萎病等。

（1）真菌的营养体——菌丝 真菌的营养体一般称为菌丝。菌丝通常是由孢子萌发后产生芽管，芽管在基物上继续生长，最后形成圆管状的丝状体，每一根丝状体称为菌丝。菌丝彼此交织成丛，称为菌丝体。

有的真菌菌丝分隔成多细胞，称为有隔菌丝；有的真菌不分隔，称为无隔菌丝。菌丝的功能是摄取养分并不断生长发育。

菌丝细胞内含有原生质、细胞核、液胞和贮藏的脂肪、肝糖等养料。无隔菌丝具有多细胞核，有隔菌丝每个细胞内含有一个、两个或多个细胞核。

绝大多数真菌的菌丝是在寄主体内生长的，也有少数生长在寄主体外，产生吸器伸入体内吸取养分，如白粉菌。在寄主体内的菌丝，有的仅在寄主细胞间蔓延扩展；有的还能产生吸器伸入细胞内吸取养分（如大部分寄生性较强的真菌菌丝），吸器的形状有瘤状、棍棒状或分枝状。

有些真菌的菌丝体，在一定的环境条件下，可以发生变态，形成一种新的、与原来的形态、功能都不相同的特异结构，较为常见的有：菌核、菌索、子座、厚垣孢子等，这些都具有抵抗不良环境的作用。

（2）真菌的繁殖体——孢子　绝大部分真菌是通过孢子进行繁殖的；在高等真菌中，各类孢子都是由菌丝体分化而成的产生孢子的一种特殊器官——子实体上产生的。孢子的功能相当于高等植物的种子，它是真菌繁殖器官的基本单位。

真菌的繁殖方式分无性繁殖和有性繁殖两种，其所产生的孢子分别为无性孢子和有性孢子。无性孢子不经过性的结合，直接从菌丝细胞分化而成的，它相当于高等植物的无性繁殖器官，如块茎、鳞茎、球茎等。有性孢子经过不同性的细胞核结合后产生的，它相当于高等植物经过受精后形成的种子。有些不产生孢子的真菌，菌丝也可以作为繁殖体。

①无性孢子　是寄主植物生长期间的主要侵染来源。在一个生长季节中，如果环境条件适宜，无性孢子可以重复产生多次，使真菌迅速繁殖蔓延和扩散。如豇豆煤霉病菌，在每平方厘米的病叶上，两天后可产生 8 万多个孢子。但是，无性孢子的抗逆力弱，大部分在不适宜环境下，短时间内即易失去其生活力。无性孢子主要有以下三种。

游动孢子：形成于游动孢子囊内，以原生质割裂方式形成。

无细胞壁，有1～2根鞭毛，游动孢子囊成熟时，囊壁破裂，释出游动孢子，游动孢子在水中游动片刻后，鞭毛收缩，生出细胞壁，形成休止孢子，再萌发，产出芽管，进行侵染。例如蔬菜幼苗猝倒病菌。

孢囊孢子：形成于孢子囊内，孢囊孢子具有细胞壁，没有鞭毛，成熟时，孢子囊壁破裂，散出孢囊孢子，随气流传播。例如甘薯软腐病菌。

分生孢子：外生于特殊分化的菌丝（分生孢子梗）的顶端或旁边，成熟时从梗上脱落，萌发时产出芽管。分生孢子的种类很多，形态各异，高等类型的分生孢子，还聚集在各种类型的子实体上，如分生孢子器、分生孢子盘、分生孢子座等。

②有性孢子　是由两个可交配的性细胞核结合后产生的孢子。真菌的性器官称为配子囊，性细胞称为配子。两种不同性别的配子囊或配子，如果它们的形状、大小是相同的，称为同型配子囊或同型配子；反之，形状、大小不相同的，称为异型配子囊或异型配子。

单个真菌的菌体能够自行交配完成其有性繁殖，并不需要与其他菌体交配的称为同宗配合；如果单个菌体不能自行完成其有性繁殖，必须和另一个有亲和力的菌体交配后，才能完成其有性繁殖的，称为异宗配合。

有性孢子可分为下列五种：

接合子（又称合子）：是由两个同型配子经过质配和核配后产生的有性孢子。

卵孢子：是由两个异型孢子囊结合形成的有性孢子；是一种休眠孢子。大型配子囊球形，内含一个至数个卵球，称为藏卵器。小型配子囊棍棒状，称为雄器。

接合孢子：是由两个同型配子囊结合形成的有性孢子；是一种厚壁的休眠孢子，它是异宗配合。

子囊孢子：是由子囊菌的两个异型配子囊（雄器和产囊器）

相结合形成的有性孢子。子囊孢子在子囊内形成。一般为 8 个，也有 2 个和 4 个的。子囊孢子单细胞或多细胞，大小及形状等因真菌种类不同，有时差异很大。

担孢子：是由担子菌的性别不同的两条菌丝结合而成双核菌丝，其顶端产生棍棒状的担子，经过核配和减数分裂，生成 4 个单倍体的细胞核，并在担子上生成 4 个小梗，每个小梗上形成 1 个担孢子。

(3) *真菌的生活史* 是指从一种孢子开始，经过萌发、生长和发育，最后又产生同一种孢子的过程。真菌生活史一般包括无性阶段和有性阶段。真菌菌丝体生长一段时间后，产生无性孢子，无性孢子在适宜的环境下萌发，产生芽管，形成菌丝体，再产生无性孢子，繁殖快，产孢量多，一般在生长季节起再侵染作用。有性阶段多产生在寄主生长后期，从菌丝体上产生配子囊或配子，经过质配，成为双核阶段，再经过核配成为双倍体阶段，经过减数分裂而成为单倍体阶段，最后形成壁厚、具有保护组织的有性孢子。有性孢子主要起越冬和初侵染作用。

但是，有些真菌生活史还没有发现它的有性阶段，只有无性阶段，例如半知菌亚门的真菌，这些真菌的生活史实际上是它的无性阶段，并不是一个完整生活史，我们把这一类真菌归纳为半知菌亚门。

(4) *真菌的分类* 采用安思沃斯的分类系统：菌物界，下分粘菌门和真菌门。根据营养体的结构和有性阶段的形态，真菌门以下又分五个亚门，计有，鞭毛菌亚门、接合菌亚门、子囊菌亚门、担子菌亚门和半知菌亚门。

2. 细菌

(1) *植物病原细菌的一般性状* 细菌是单细胞的微生物，除少数细菌能进行光合作用外，绝大多数细菌是异养的，病原细菌都是非专性寄生物，可以在人工培养基上培养。

细菌的形状有球状、杆状和螺旋状三种。植物病原细菌都是杆状的，两端略圆或稍尖，其长短、粗细、顶端形状等，因种类不同而各有差别。杆菌的大小常以长×宽来表示，一般体长 1～3μm，宽 0.5～1μm。

细菌细胞的外层是细胞壁，坚韧，有弹性，细胞壁内是半渗透性的细胞质膜。细菌细胞壁外有一层黏液层，称荚膜。在菌体上长有鞭毛，一般为 3～7 根，鞭毛细丝状，有的只着生在一端，也有着生在两端的和周围的，细菌就是依靠鞭毛的上下运动前进的。

使用革兰氏染色法进行染色，对细菌有鉴定作用，细菌制成涂片后，用结晶紫染色，以碘处理，再用 95%酒精洗脱。如不脱色为革兰氏阳性，能脱色为革兰氏阴性，在植物病原细菌中，除棒状菌属外，其他各属都是革兰氏阴性细菌。为害植物的细菌是不产生芽孢的。

（2）*细菌的生长与发育*　细菌以裂殖方式繁殖，即细菌细胞稍微伸长，细胞质膜自菌体中部向内延伸，同时开始形成新的细胞壁，最后母细胞从中间分裂为两个遗传上相同的子细胞。每次分裂是一个世代，细菌数目增加一倍，在适宜环境条件下，生长旺盛的细菌平均 20～30 分钟分裂一次。

（3）*植物病原细菌的分类*　目前世界各国较多使用的分类系统是柏捷氏于 1975 年提出来的，根据这个分类方法，除了少数弱寄生和产生芽孢的杆菌放在有孢杆菌属外，其余的植物病原细菌分为五个属，计有：棒状杆菌属、假单孢杆菌属、黄单孢杆菌属、野杆菌属和欧氏杆菌属。

3. 病毒

（1）*植物病毒的本质*　植物病毒是一类非细胞形态的生物，在一般显微镜下是看不到的，必须用放大倍数很高的电子显微镜进行观察。病毒是一些微小的颗粒体，其形状可分为球状（多面体）、杆状（螺旋体）及条状或线状等三种类型。植物病毒的颗粒体是由核酸和蛋白质两部分组成。蛋白质在外，形成壳层，核酸在内，形成心核。在条件适宜时，由寄主细胞提供物质和能量，病毒的核酸可以复制，形成新的病毒粒体。

（2）植物病毒的稳定性　病毒作为生物体，大多数对外界环境条件的稳定性比别的微生物强，但也有少数病毒离开活体后很快就丧失它的侵染力。植物病毒的稳定性主要表现在下列几个方面：

①稀释终点　指感病寄主的汁液（含有病毒）加水稀释到再稀就失去其侵染力的那个稀释度称为稀释终点。各种蔬菜病毒的稀释终点差别很大。例如，烟草花叶病毒的稀释终点是1∶1 000 000倍，黄瓜花叶病毒1∶1 000～100 000倍，芜菁花叶病毒1∶3 000～5 000倍，豇豆花叶病毒1∶3 000～4 000倍，马铃薯轻型花叶病毒1∶50～100倍。

②失毒温度　指榨出来的病毒汁液，放在不同温度下，处理10min，然后把处理过的病株汁液，接种到健株上，使病毒失去活力的那个最低温度为失毒温度（或致死温度），大多数的失毒温度为60℃左右。

③体外保毒期　将感病的新鲜汁液放在20～22℃的室温下。从此时（天）开始，进行接种，直至病毒汁液失去传染力那时（天）止，这一段时间称为体外保毒期，体外保毒期的长短与外界温度、通气状况、汁液中酶的作用、汁液的酸度和汁液中微生物活动等都有直接关系，各种病毒病的病毒的体外保毒期也不一致，例如芜菁花叶病毒为3～6天，黄瓜花叶病毒3～4天，烟草花叶病毒30天以上。

④对化学物质的反应　病毒对一般杀菌剂如升汞、酒精、硫酸铜及甲醛等的抵抗力都很强。对酸碱度反应不一致，有的在酸性液中稳定，有的在碱性液中稳定，但肥皂等除垢剂容易使其失去侵染力。所以，除垢剂是病毒的消毒剂。

4. 线虫

（1）植物寄生线虫的一般形态　线虫多为乳白色的透明线状

体，除少数是雌雄异型外，一般都是细长而两端稍尖、中间稍粗的小蠕虫。一般长不超过 1～2mm，宽 30～50μm，具有两侧对称的体形，皮肌囊包裹全身，无附肢，常作蠕虫状运动，故称“蠕虫”。

线虫体通常分唇区、体部和尾部三部分。最前端的部分为唇区，由 6 片唇瓣组成，唇区一般具有突起，称为乳突，神经末梢终于乳突角质膜，具有分泌和感受接触作用，侧器 1 对，位于头部两侧，能感受化学刺激。从口腔到肛门统称为体部。肛门以后至身体末端的部分称为尾部。

消化系统由口、口腔、食道、消化道、直肠和肛门组成。口腔内有可以自由伸缩的口针或齿针，用以刺伤寄主，吸取汁液。口针是植物线虫所特有的。口腔下的食道有一个肌肉发达的球状体，称中食道球。中食道球起着唧筒的作用，帮助线虫吸吮流体物质。肠呈直管状，后接直肠，末端是肛门。

雌虫的生殖系统是由成对或不成对的卵巢、输卵管、受精囊、子宫、阴道和阴门等组成。卵巢部分膨大形成受精囊。阴门位于虫体腹面中央或接近末端，并通过阴道与子宫相连接。雄虫的生殖器官由睾丸、输精管连接在虫体末端的泄殖腔中。在泄殖腔中有 1 对坚硬的交合刺，交合刺能经泄殖孔向外伸出为交接器官。在泄殖腔背壁上，有一厚的槽状结构为引带，可以调节交接刺的运动。此外，有些种类线虫常在雄虫尾部有透明膜状结构物的交合伞（抱片）起固定作用。

（2）*植物病原线虫的生活史* 大多数植物寄生线虫是经过雌雄成虫交尾后，雌虫才能排出成熟的卵，卵产在土壤里或产在自身的卵囊中和植物体内，少数则留在雌虫母体中（如孢囊线虫）。孵化后形成幼虫，在幼虫阶段一般不易区分其雌雄性别，到老龄幼虫阶段，才有明显的性的分化。幼虫在土中活动，如遇适当寄主即进行侵染。幼虫经过几次蜕皮后，即长大为成虫。雌雄成虫交配后，雄虫不久即死去，一个雌虫可产卵 1 500～3 000 粒，由卵孵化到再产卵为止称为一代生活史。完成一代需要数日至数周不等。

植物寄生线虫的寄生方式有三种：凡线虫体全部钻进植物组织内，刺吸植物组织中汁液的称内寄生（如根结线虫）；凡线虫仅以口针刺吸植物的汁液，虫体在植物体外的称外寄生（如剑线虫）；此外有些线虫在植物体上，并不完全进入植物体内，或者开始是在植物体外，后期进入植物体内营内寄生的，称半内寄生。

（3）植物病原线虫的主要类群

①异皮线虫属　本种线虫为外寄生，又称根线虫。雌雄成虫异形。而且两性成虫的表皮质地不一样。雄虫细长蠕虫形，透明柔软。雌成虫2龄以后即开始膨大呈梨形、柠檬形或球形，成熟雌虫表皮黑褐色或金黄色，坚硬。在线虫体外分泌一种黏液，形成覆盖物。雄成虫的覆盖物透明、柔软。雌成虫的覆盖物厚而不透明，白色或褐色，后期变硬，深褐色，易破裂。卵一般不排出体外，整个雌虫体就成一个卵袋，特称胞囊。卵在胞囊内可存活数年。雌虫和雄虫以它的前端钻在寄主根部组织中吸吮汁液，但病部不形成根瘤。胞囊内的卵可多达数千粒。胞囊在生长末期，从幼根脱落留在土中，并作为下一季节初侵染的来源，主要病原线虫有瓜类根线虫。

②根结线虫属　本种线虫为内寄生，雌雄成虫异形。雌成虫梨形或球形，卵产生于尾端分泌出的胶质卵囊内。卵囊长期留在衰亡的小根上，雌成虫外膜较薄，不形成胞囊。卵在卵囊内或在根瘤中的雌虫体内可以长期存活。卵孵化后，以幼虫侵入根内，蜕皮3次，形成成虫。雄虫线状，在植物组织内与雌虫交配后不久即死亡。根结线虫喜较高温度。危害蔬菜的有根结线虫。

5. 寄生性种子植物　主要是指缺乏叶绿素或因部分器官退化，必须依附其他植物生存，逐渐失去其独立性而成为寄生性的植物。寄生性种子植物大多数是双子叶植物，与蔬菜作物有关的，主要是菟丝子科和列当科中一部分植物。

（1）菟丝子属　叶片退化呈鳞片状，无叶绿素，茎藤细长，丝状，黄白色或稍带紫红色。花不显著，白色、黄色或淡红色，头状花序，蒴果不定型，内有种子2～4粒，胚乳肉质，内有弯曲的线状体种胚。

菟丝子成熟后，种子散落在土中或混杂在种子内，经过一个休眠期后，种子在土中萌发，种胚形成一根淡黄色丝状体，其顶端能向四周旋转，如遇寄主植物，即紧密地与其茎缠绕，在其相接触处生出吸盘，穿入寄主的茎内吸取养料，建立寄生关系。危害豆类和茄科蔬菜上的菟丝子一般是中国菟丝子。

（2）列当　是一年生根寄生的草本植物，主要分布于新疆、甘肃、内蒙古及河北等地。

列当靠种子传播，落在土中的种子，有些可以保持发芽力达10年之久。种子萌发时，形成线状的幼芽，随即侵入寄主的根部，以吸根伸入寄主内，吸取养料和水分，常见的有埃及列当，又称瓜列当。

（四）传染性病害的侵染过程

病原物从侵入寄主植物到引起病害的发生，要经过一定的过程。它包括接触、侵入、潜育和发病四个阶段。但是每一个阶段都是相互联系的，前一个阶段是为后一个阶段做准备，后一个阶段是前一个阶段的继续。

1. 接触期　病原物的繁殖单位，如真菌的孢子、细菌的单个细胞、病毒的微粒、线虫的幼虫等必须先与寄主植物的感病部位接触，才有可能从体外侵入体内。病原物与寄主接触后，并不都能立即侵入寄主体内，必须通过一定时间的活动。在这一阶段时间内，环境条件起着重要的作用，例如黄瓜霜霉病菌的孢子囊与黄瓜叶片接触后，必须要求叶面有水滴或水膜的存在，孢子囊才能萌发，如果叶面干燥，即使病原物的孢子囊与叶片接触，因为孢子囊不萌发，霜霉病也不会发生。

2. 侵入期 病原物在寄主体外活动到侵入寄主内部建立寄生关系止这一段时期称为侵入期。除极少数病原物是体外寄生外，绝大多数是体内寄生的。各种病原物都有一定的侵入途径。真菌除从伤口（如虫伤、机械伤、斑伤、冻伤、自然裂伤等）和自然孔口（如气孔、水孔、皮孔、花柱、蜜腺等）侵入外，部分真菌、线虫和寄生性种子植物可以直接从表皮侵入；病毒只能从微细的伤口侵入；细菌除从伤口侵入外，也可以由自然孔口侵入，但缺乏直接侵入的能力。

（1）各种病原物侵入途径

①真菌　侵入途径包括直接穿过寄主表皮层、自然孔口和伤口三种方式。从植物表面直接侵入和从自然孔口侵入的真菌，一般寄生性都比较强如霜霉菌、白粉菌，从伤口侵入的真菌，很多属于寄生性较弱的真菌如灰霉菌。真菌大多数是以孢子萌发后形成芽管或以菌丝侵入的。典型的过程是：孢子芽管顶端与寄主表面接触时，膨大形成附着器，附着器分泌黏液，能将芽管固着在寄主表面，然后从附着器的下方产生较细的侵入丝。其中从角质层直接侵入和从自然孔口侵入的比较普遍，孢子萌发时产生的芽管都可以形成附着器；从伤口侵入的，大多数不形成附着器，以芽管直接从伤口侵入。病原物进入寄主体内后，孢子及芽管的原生质即向寄主体内输送，并发育形成菌丝体。

②细菌　缺乏直接侵入的能力，只有从自然孔口和伤口两种侵入途径。细菌都可以从伤口侵入，但不一定能从自然孔口侵入。经由自然孔口侵入的细菌，都具有较强的寄生性，如黄单孢杆菌属的甘蓝黑腐病、假单孢杆菌属的黄瓜细菌性角斑病等；凡是寄生性比较弱的，则多数是从伤口侵入，如欧氏杆菌属的大白菜软腐病等。

③病毒　缺乏直接从寄主表皮角质层和自然孔口侵入的能力，只能从伤口侵入。这种伤口只能属于微伤，即植物细胞受

伤，但不丧失其活力，因病毒是专性寄生物，如果伤口周围细胞死亡，病毒也无法在伤口扩展。

(2) 环境条件对侵入的影响

①对病原物的影响　环境条件中对病原物影响最大的是温度和湿度，其中以湿度的影响最重要。此外，光照和酸碱度也有直接关系。大多数真菌孢子萌发，除白粉菌外，都需要较多的水分。真菌的游动孢子和细菌在水中才能游动和侵入。大部分气流传播的真菌，孢子萌发的最适宜湿度就是田间最高的湿度，孢子以在水中萌发最适宜，故在潮湿多雨的气候条件下发病重。雨水少，干旱季节，发病轻或不发病。但在土壤中的病原物，情况与气流传播相反，土壤湿度高，影响氧气供应，反而不利于病原物孢子萌发，因为有些病原物孢子萌发时，需要一定的氧气，例如十字花科蔬菜根肿病菌，当土壤含水量 100%时，孢子囊不萌发，含水量 45%开始萌发，70%孢子囊萌发最适宜。

温度对病原物侵入的影响也很大，主要影响病菌孢子萌发和侵入。例如黄瓜霜霉病菌孢子囊萌发适温为 15～16℃，侵入适温为 16～22℃，如果田间气温低于或高于这个温度，对孢子囊的萌发和侵入不利。也有一些病原物的孢子囊，例如番茄晚疫病菌，在 12℃左右的低温条件下，间接萌发产生游动孢子，而在 15℃以上时，孢子囊萌发直接产生芽管，不产生游动孢子。在低温下，因番茄晚疫病菌孢子囊能够产生更多的游动孢子，病害发生重。

光照和酸碱度对病原物的影响不如温度显著。真菌孢子萌发一般不需要光照，菌核病菌的子囊孢子，在黑暗条件下萌发有利，光照对其萌发有阻碍作用。酸碱度直接影响真菌孢子萌发，如十字花科蔬菜根肿病菌孢子囊在 pH7.2 以上时不萌发，故该病只发生在酸性土壤中。

②对寄主植物的影响　主要也是湿度和温度，植物在雨后或重雾之后，细胞间隙和气孔腔中，常呈充满水分状态，有利于真

菌和细菌的侵染。温度和湿度也直接影响植物的愈伤能力和速度。大白菜软腐病在多雨高湿环境下严重发生的主要原因之一，就是由于大白菜的根浸在水中和缺氧，伤口长期不能愈合，为软腐病菌入侵创造条件。此外，高温和高湿易促使植物的保护组织柔软，降低对病原菌的抗病力，特别是早春冷床育苗期更为明显，容易发生猝倒病。

3. 潜育期 是指从病原物侵入寄主后建立寄生关系开始，直到表现明显症状为止这一段时期。潜育期长短，直接与病害为害程度有关。特别对于一些病原真菌侵染引起的病害更为明显，因为潜育期终了，在其被害部分上能产生更多的无性繁殖器官，进而传播，再侵染和再为害。影响潜育期的长短，有以下各方面的情况：

（1）病原物从寄主上获得营养方式 大致可分为两种类型：一是先分泌毒素或酶，把寄主的细胞和组织杀死，从死亡的细胞组织吸取养分，这是一种以腐生的方式获得营养的，这一类病原物的破坏性一般都比较大。例如大白菜黑斑病在高温暴雨后，数天内叶片普遍出现黑色斑点。另一类病原物在寄主植物内获得营养方式是从活的细胞中吸取养分，在死亡的植物细胞内，它也会因不能继续获得养分而死亡。因此，它对寄主植物被侵染部分的破坏性不明显，为害也较缓慢。例如莴苣霜霉病，在莴苣叶面上初呈褪绿的斑块，然后由褪绿进一步为黄绿至褐色病斑。

（2）潜伏侵染 在蔬菜中，有一些病原物侵入后，在一定时间内，不表现症状，这种现象称为潜伏侵染。例如大白菜软腐病菌从大白菜幼芽阶段起，在整个生长期内均可以从根部侵入，通过维管束传到地上部分，但并不表现症状，直到寄主抗病性降低时，才大量繁殖，引起发病。一些外表健康的窖藏大白菜，病原物早在苗期侵染，由于系统性的潜伏侵染结果，直至后期才发生腐烂。

(3) 环境条件　主要是温度和光照，外界温度的变化，直接影响病原物在寄主内的生长发育。温度不同，潜育期的长短也不同，例如黄瓜霜霉病菌侵入后，在15～16℃时，潜育期最短，仅5天，如气温高于25℃或低于15℃时，潜育期为8～10天。又如芜菁花叶病毒侵染大白菜的潜育期长短，视气温和光照而定，一般在25℃左右，光照时间长，潜育期9～14天，气温低于15℃，潜育期长，有时呈隐症现象。

(4) 不同的寄主植物及寄主的不同生育期　同一病原物在不同的寄主植物中，或同一植物不同的发育阶段上，潜育期的长短也有不同。例如黄瓜枯萎病菌在人工接种的黄瓜幼苗上，潜育期为5～7天，成株期为10～15天，长者可达1个月。蔬菜软腐病菌在20～24℃下接种胡萝卜，18～36小时即显症状，但接种在芜菁上，潜育期则延长达5～6天。

4. 发病期　寄主植物被病原物侵染，经过一定的潜育期后表现症状而进入发病期。发病期由于病原物种类不同，症状表现差异很大，由真菌和细菌侵染引起的病害，不仅在被害部分发生各种类型的病状，还产生各种类型的病症。

但有少数真菌病害，病原是体外寄生菌，如煤烟病菌，它主要是利用昆虫（蚜虫）的分泌物质作为营养，没有一个完整的侵染过程。

(五) 病害的侵染循环

1. 病原物的越冬和越夏　越冬和越夏是指病原物度过不良的生长季节，如果这一阶段是冬季称为越冬，如果是夏季称为越夏。病原物越冬是最常见的。病原物的越冬和越夏与寄主植物生长季节有密切关系。

病原物越冬和越夏的场所，一般就是下一个生长季节病害的病原物的初次侵染来源，所以及时消灭越冬或越夏的病原物，在病害防治上具有重大意义。病原物有各种方式越冬和越夏，如真菌以休眠菌丝体在病株残体内，或产生休眠孢子或其他休眠结构物留在土中。病原物越冬或越夏场所有：

（1）田间病株　如白菜霜霉病菌以休眠菌丝体在采种株内越冬，第二年在病株内继续生长发育。黄瓜花叶病毒能在多种杂草植物的根部越冬，到第二年又从越冬的杂草上，通过介体（蚜虫）传到黄瓜上。

（2）种子　病原物可寄生在种子间、种子表面和种子内部，播种时，播下带有混有病原物的种子，长出的幼苗就是病苗。

（3）土壤　是多种病原物的越冬场所，主要是由生长在田间病株上的病原物遗留下来的，潜伏在土壤中的病原物存活时间长短，因病原物的种类而异。有些病原物能够单独在土中生活和繁殖，生存较长时间，在真菌中主要有腐霉菌、疫霉菌、镰刀菌和细菌青枯菌。

（4）病株残体　绝大部分非专性寄生物的真菌和细菌都能够在病株残体内存活一定长的时间，也包括一部分植物病毒在内，但一般病株残体腐烂分解后，其生活力亦丧失。

（5）粪肥　病原物可随同病残体混入粪肥中，一般在未腐熟前其生活力不会丧失。

2. 初次侵染和再次侵染　越冬或越夏后的病原物，在寄主植物生长期间，第一次侵染称为初次侵染。病原物在初次侵染的病株上，产生繁殖器官，再传到健康植株上为害的称为再次侵染。再次侵染的次数多少，除寄主植物本身的具体情况外，环境条件（温度和湿度）起决定作用。

3. 病原物的传播　在越冬或越夏场所的病原物，必须传播到寄主植物上并与之接触，才有可能发生初次侵染，在寄主植物上，初次侵染形成后，在受害部位产生病原物的繁殖体，必须通过各种方法，在寄主植物之间，或田块之间，或区与区之间进行传播，才能发生再次侵染。一般传播方法主要有以下数种：

（1）风力（气流）传播　真菌的孢子体积小而轻，数量多，除了一些孢子长在子实体里面的，或者埋在黏质物上的以外，一般孢子成熟后，很容易脱离母体，被风力吹走和落到寄主植物上。

(2) 雨水传播　对于一些植物病原细菌和部分真菌孢子，因其本身具有黏质物，将细菌细胞和孢子集结成团（块）紧贴在寄主体上，不易被风力吹走，这些黏质物遇水溶解，才能将病原物散出。此外，一些分布在地面上的病原物，也可通过雨滴反溅到寄主植物离地面较近的部分，如茄绵疫病。

(3) 昆虫传播　昆虫传播与病毒的关系最密切，与细菌也有一定的关系，但与真菌的关系很少。昆虫传播病毒主要是通过它的口器在病株上取食后，再到健株上吸食时，将病毒传到健株上使其发病。各类型昆虫传染病毒的能力有显著差别，有的昆虫传毒是短暂的，一次吸毒只能传给少数寄主植物，在昆虫体内不能持久。也有一些虫媒获得病毒后，要经过一定的时间（潜伏期）才能传播，但虫媒一旦具有传毒能力后，就能保持终身传染。前者主要是蚜虫，后者主要是叶蝉。

(4) 人为传播　是人们无意识地传播病原物，如调运带有病原物的种子、苗木；将含有病原物的肥料运入田中以及农事操作过程中人为传播蔓延。

二、蔬菜病害的症状与诊断

(一) 蔬菜病害的症状

1. 病状

(1) 变色　是指被害部分细胞内的色素发生变化，但其细胞并没有死亡，主要发生在叶片上。

①花叶　叶片叶肉部分显浓、淡绿色不匀的斑驳，无明显的边缘，有时浓绿部隆起呈疱斑，叶面凹凸不平。如十字花科蔬菜

病毒病、番茄花叶病、豇豆花叶病。

②褪色　叶片均匀褪绿，叶脉褪绿形成明脉或脉间失绿等，一般缺素症和病毒病都可以发生褪色病状。

③黄化　叶片均匀褪绿变黄，有些是局部，也有整个叶片的，例如辣椒黄化病。

④着色　是指寄主某器官被害后，发生不正常的颜色，如十字花科蔬菜霜霉病采种株的花瓣变为绿色。

（2）坏死和腐烂　是寄主被害后其细胞和组织死亡造成的一种病变。

①斑点或病斑　主要发生在叶、茎、枝、果上，被害部分形成各种形状、大小、色泽不同的斑点或病斑。在病害命名上，常以其斑点或病斑的明显病状命名，如豇豆轮纹病，示其病斑上有明显轮纹；黄瓜细菌性角斑病，示其叶片上病斑呈多角形；辣椒条斑病，示其茎、枝上病斑呈条状。

②穿孔　病部组织脱落穿孔。

③枯焦　多发生在芽、叶、花等器官上，早期发生斑点或病斑，扩大后局部至全部死亡，如辣椒顶枯病。

④腐烂　多发生在植物的柔嫩、多肉、多汁、含水分较多的根、茎、叶、花和果实。病组织崩溃、变质。有些从病组织中伴随流出汁液的称湿腐，如果病组织中水分迅速丧失、不腐烂称为干腐，如辣椒软腐病。

⑤猝倒　本病多发生在幼茎木栓化前。幼苗茎基部坏死腐烂，常缢缩呈线状，地上部迅速倒伏。病苗子叶常保持绿色，如幼苗猝倒病。

⑥立枯　本病多发生在幼茎木栓化后。幼苗根或茎基部与地面接触处腐烂、全株枯死，不倒伏，如幼苗立枯病。

（3）萎蔫　主要是指病株维管束组织受到病原物的毒害或破坏，影响水分向上输送，导致其上部叶片萎蔫下垂。

①青枯　由细菌侵染引起的。叶片色泽略淡，不变黄。茎基

部维管束变褐色，在其切面有乳白色菌脓溢出，如番茄青枯病。

②枯萎　由真菌镰刀菌侵染引起的。病叶多从下向上发展，黄色至褐色，病茎基部维管束变褐色，但没有乳白色菌脓，如番茄枯萎病。

(4) 畸形　植物被病原物侵染后，病部细胞增多，细胞体积增大，或细胞数目减少，细胞体积变小，使全株或局部畸形。

①卷叶　叶片两侧沿叶脉向上弯曲，呈卷叶状，如番茄卷叶病。

②蕨叶　叶片叶肉不发育，形成蕨叶，如番茄蕨叶病。

③丛生　茎节缩短，叶腋丛生不定枝，枝叶密集一起，呈扫帚状，如豇豆丛枝病。

④瘤、瘿　受害部分细胞增生、增大呈瘤状。如十字花科蔬菜根肿病。

2. 病征

(1) 霉状物　是真菌病原物引起病害后所表现的较为常见的一种病征，它是由真菌的菌丝体和着生孢子的孢子梗及孢子密集而成，霉层有多种颜色，形状结构、疏密等变化很大。如葱紫斑病和莴苣霜霉病。

(2) 粉状物　这是一些真菌的孢子密集在一处所表现的特征。白粉病菌密集在植物表面，覆盖成一层由分生孢子、分生孢子梗和菌丝体所构成的特有病症，如黄瓜白粉病；锈病菌的锈粉的颜色从鲜黄色至棕褐色，密集在叶片表皮下，呈疱状隆起，表皮破裂后，散出铁锈色粉末，如葱、蒜锈病、豆类锈病。

(3) 粒状物　在病斑上产生大小、形状、色泽、排列不等的各样的粒状物，初生在寄主表皮下，后突出表皮，呈黑色小粒点，也有较大的粒状物如菌核，长在病斑面上，如辣椒炭疽病（小黑点）、莴苣菌核病（菌核）。

(4) 绵状物　在病部表面产生白色绵（丝）状物，这是真菌的菌丝体或菌丝体和繁殖体混合在一起，如茄绵疫病。

(5) 菌脓　这是细菌所具有的特征性结构，在病部表面溢出的细菌细胞及其胶质物混合在一起形成菌脓，具黏性，易溶解于水，白色或黄色，干燥时形成菌胶粒或菌膜，如黄瓜细菌性角斑病，菜豆细菌性疫病。

(二) 蔬菜病害的诊断

1. 诊断的重要性　准确地诊断病害是非常重要的，因为它是制定防治措施的依据。首先要确定受害植株的样本是不是有病害，然后在这个基础上再区分为哪一类病害——非传染性病害(生理病害)或传染性病害。因此，必须根据病植株(局部或全部)所表现的病变，病植株所处的场所和环境条件，进行调查分析，才能做出较准确的答案。

2. 诊断的程序

第一步：对病植物样本进行全面的、系统的观察与检查。提供的样本要多些，有代表性，尽可能包括早期的、中期的和后期的。

第二步：根据提供的病植物样本，首要任务是判定它的性质，是病害还是非病害。病害应包括病状的连续性(早期、中期、后期)。如黄瓜霜霉病的病叶，早期病斑淡黄色或黄绿色，中期病斑扩大后呈多角形，后期病斑黄褐色或褐色。其次是病状的稳定性，病斑的形状、大小、色泽等一般都是相对稳定的。白菜白斑病的病斑，一般是圆形或不正形的，大小为直径6～10mm，中间部分灰白色，靠近病斑边缘常产生1～2个不规则的轮纹。这些特点发生在每个样本上都差不多。白菜黑斑病的病状不同于白斑病，病斑是圆形，褐色或灰褐色，有黄色晕圈，在各个品种上发生的基本上也没有多大改变。此外，还包括病害发生的部位，有些病原物只为害叶片(白菜白斑病)，也有些为害植株其他部分的，如叶片、叶柄、花梗、种荚等(白菜黑斑病)。所有这些，也可作为诊断的一种依据。

第三步：在初步认定病植物样本为病害后，根据病原物有或无，进一步划分为非传染性病害或传染性病害。在传染性病害中，根据其病原物种类，再分为真菌病害、细菌病害、病毒病害、线虫病害等。

第四步：根据病状和病症的特征，诊断病植物样本的病害对于一些常见病，在正常情况下是比较容易的。但是在特殊的环境条件下，一些病植物的病状或病症，也易受环境影响而改变。如十字花科蔬菜病毒病，田间气温低于15℃以下时，病状不明显，甚至呈现隐症现象；黄瓜霜霉病的典型病症是在叶片背面产生紫黑色的霉状物（孢子囊和孢囊梗），但在高温干燥的环境下，这些霉状物不易产生，很容易与发生在叶片上的黄瓜细菌性角斑病的病斑混淆。因此，在诊断时要全面分析思考。

第五步：最后找出致病的病原物。对于一些偶发性的或不熟识的病原物，首先应确定是哪一类病原物。对蔬菜病害的病原物中的专性寄生物，目前尚难在合成培养基上培养成功，许多生物学性状无法进一步研究。例如病毒病害，它的病原物病毒使用一般显微镜不易观察到，在现阶段只能从其病状表现的特征进行初步诊断。但大多数病原物，都可以按柯赫氏法则，加以鉴定。

3. 诊断病例

（1）鞭毛菌亚门真菌病害　幼苗猝倒病主要症状：猝倒病俗称“小脚瘟”、“卡脖子”等。幼苗出土后、真叶尚未展开前发病，幼苗突然折倒，贴伏地面。初发病幼苗出土的胚茎基部或中部呈水渍状，后变淡褐色至黄褐色、干枯缢缩呈线状而猝倒，一般此时病苗子叶尚未凋萎。湿度大时，病苗四周土表长出白色棉絮状菌丝体。烂种、真叶未展开前死苗也可归属此病。

（2）子囊菌亚门真菌病害　茄果类、瓜类蔬菜菌核病主要症状：苗期和成株期均可发病。苗期侵害嫩茎和叶，成株期侵害叶、茎、分枝、花、果。苗嫩茎被害，初呈水渍状、褪绿，后扩展绕茎一周变成淡褐色病斑，病部以上萎蔫至枯死。叶片被害，初呈水渍状、褪绿，后扩展变淡黄色或淡褐色病斑。茎分叉处呈淡褐色病斑，病部以上萎蔫至枯死。果实发病多从幼果与残留花瓣粘连处开始，初呈水渍状、淡褐色病斑，后扩展至全果，褐腐。花器被侵染呈水渍状湿腐，易脱落。在高湿时，发病部位长出白色棉絮状菌丝，最后形成鼠粪状黑色菌核。

（3）半知菌亚门真菌病害　瓜类枯萎病主要症状：枯萎病是一种潜伏侵染的维管束病害，一般在秧苗移栽后 30 天左右表现枯萎症状，从表现症状至枯死历时 15～30 天。黄瓜、瓠瓜等成株期依发病早、迟可分 2 种。一是由初侵染引起，发病较早，茎基部初呈水渍状变褐，叶片自下而上萎蔫，中午更为明显，早晚可恢复，数日后不再恢复。后期茎基部稍缢缩，淡褐色，有的纵裂，高湿时产生白色或粉红色霉状物，有时溢出少量琥珀色胶质物。纵剖茎基部维管束变褐色。二是由再侵染引起，发病较迟，多在主茎中下部分枝或节附近发病，初发病茎部症状不明显，病部以上叶片陆续萎蔫，最后枝叶枯萎。病部以下茎基部及根部不变褐色，根须很少。纵剖病茎，病部以上维管束变褐色，病、健交界处以下维管束不变色。

（4）细菌病害　黄瓜细菌性角斑病主要症状：主要为害叶片和瓜果，以成株期发病较重。叶片初生水渍状、鲜绿色小圆斑，受叶脉限制，后扩大为淡褐色、多角形病斑，边缘有黄色晕环。湿度大时，叶背病部溢出乳白色黏液，即菌脓，干燥后具白痕，病部质脆易穿孔。病斑多时，叶片卷曲易落。瓜果被害，呈水渍状、淡褐色凹斑，后扩展连成片，溢出乳白色菌脓。

（5）病毒病害　茄果类等蔬菜病毒病主要症状：①茄子有花叶型、环死斑点型、大型轮点型；②番茄有花叶型、条斑型、蕨叶型、卷叶型、巨芽型、黄顶型；③甜（辣）椒有花叶型、黄化型、畸形型、坏死型。

（6）植物线虫病害　豇豆、西瓜根结线虫病主要症状：为害根部的侧根或须根，形成大小不一瘤状根结。剖开根结，可见许多微小的乳白色线虫。地上部叶片萎蔫、发黄，晴天中午尤为明显。

（7）种子植物病害　茄子菟丝子等主要症状：田间生长蔓延的菟丝子遇到茄子植株，即缠绕茎部向上攀缘，并生出吸器，伸入寄主茎或叶柄组织内，吸取养分和水分，致使茄子因营养不良叶片发黄，果实变小。严重为害时，回旋缠绕成团，致植株枯死。

（8）生理性病害

①棚室蔬菜氨害和亚硝酸害主要症状　一是氨害：番茄、瓜类叶片受害，多发生在中部叶片，初在叶正面出现大小不一、不规则的褪绿或水渍状斑块，后渐变为淡褐色至黄白色，干枯；花受害，花萼、花瓣呈水渍状，后变褐干枯。二是亚硝酸害：番茄、瓜类叶片受害，分急性型和慢性型两种。急性型，形成很多坏死斑点，严重时斑点连片或枯焦；慢性型，仅叶褪绿或叶缘先黄化，后向叶中部扩展，病部发白后干枯。病健部分界明显。

②西瓜粗蔓病和裂蔓流胶主要症状　一是西瓜粗蔓病：瓜蔓顶端增粗，向上翘起，且长满白色茸毛，增粗部位节间缩短；瓜蔓生长过旺，叶片深绿，结瓜少。二是西瓜裂蔓流胶：瓜蔓中下部多为纵裂，近顶端瓜蔓多为横裂，裂口处流出淡红色汁液；瓜蔓生长过旺，叶片深绿。

③瓜菜药害主要症状　一是急性药害：浇施或喷药后几小时至3～4天出现明显症状，发展迅速，表现为叶片烧伤、凋萎、落叶、落花、落果、果实出现斑点等。二是慢性药害：浇施或喷药后5～10天后出现明显症状，表现为生长不良，叶片畸形，或有斑点；成熟推迟，果实畸形，风味变劣，籽粒不满实等。

三、蔬菜病害的防治

蔬菜病害防治应该是预防为主，综合防治。已经发病的菜株

（或受害部分），除生理病害外，很难恢复正常。病害防治的主要内容，包括农业防治、化学防治、物理防治和生物防治。

（一）农业防治

农业防治是通过采用适当栽培技术来消灭、避免或减轻病害发生的一种方法，它的主要作用是创造对菜株生长有利的环境条件，提高植株抗病能力，创造不利病原物的生长发育，或中断病原物的侵染程序的环境条件，直接或间接控制病害的发生和发展。农业防治一定要根据菜株发病的原因或病原物的环境条件。同时，这种方法是和栽培过程结合在一起的。农业防治的主要内容有下列数种。

1. 轮作 是指一块菜地上不连续栽种同一种蔬菜，经过一定时间后，才再种同一种蔬菜的栽培方式。这种措施特别是对根部病害的防治效果最明显。因为根部病害的病菌能在土中存活一段时间。如果连续栽种同一种蔬菜，病菌的数量会不断地在土中增多，病害也日趋严重。如果进行轮作，病菌没有适当的寄主作物，得不到所需要的营养物质，就会逐渐死亡或病菌的数量下降到不能引起菜株发病的水平。每一种蔬菜要求轮作的期限是不一样的，而且在不同的环境条件下，即使是同一种病害也不一样。番茄青枯病菌在旱地要求最少有1～2年轮作期，如果采用水旱轮作制度，期限1年便可消灭土中的青枯病菌了。一般以防治蔬菜病害为目的而采用轮作措施的，期限为1～3年。如果病菌不仅能在土中越冬，而且可以在种子、昆虫、杂草等上越冬的，还应同时进行种子处理、清除杂草、消灭害虫，才能达到轮作防病目的。

2. 耕作 是直接改变土壤环境的一种手段。采收后，深翻土地，把遗留在地上的病残体深埋在土中，加速分解腐烂，使病菌很快失去生活力。因为病菌离开病残体后，除了一些土壤习居菌外，都不能独自长时间在土壤中生存下去。此外，可改变耕作方法，创造有利于菜株、而不利于病菌的生长发育的条件。如低洼的菜地，采用高畦深沟种植，对防治蔬菜疫病效果是非常明显的。

3. 田园清洁 这种方法是指在菜株生长期间及时把病叶、病枝、病果等摘去，集中烧毁或深埋，减少或避免病菌在菜株生长期间相互传染或蔓延。收获后要把遗留在地面上的病株残体集中烧毁，以减少越冬的菌源。此外，田间的杂草也要铲除干净，因为杂草是许多病毒病的野生寄主，例如，荠菜、反枝苋、车前草等都是十字花科蔬菜病毒病的寄主植物，这些杂草感染病毒后，病毒冬天就在地下根部越冬，翌年春天，杂草萌芽长出新叶后，病毒就从地下根部扩散到地上叶片部分，然后再通过蚜虫吸食，把病毒传到白菜上去。在湖南株洲、四川仁寿等地，危害辣椒、茄子的菟丝子发生普遍，菜株生长发育显著受阻，造成严重减产，防治菟丝子的有效方法，就是及时把病株拔除，避免蔓延。

4. 肥料 是蔬菜所必需的，但使用方法要合理，用量要适当，过多、过少都会使菜株生长发育不正常，直接或间接诱发病害。氮肥过多容易使菜株生长徒长，组织幼嫩，抗病能力减弱，特别对病毒病，具有加剧其严重程度的趋向。增施钾、磷肥，有利菜株的机械组织形成，提高抗病能力。硼肥缺乏会使芹菜发生裂茎病。洋葱缺锰会产生褪绿病斑。没有腐熟的有机肥料中，蕴藏着大量病菌，施用这种肥料，不仅把病菌施入地里，还会伤根，便于病菌侵入。

5. 水分 蔬菜生长需要水，但每一种蔬菜对水的要求也各不相同，或者同一种蔬菜在不同的发育阶段需水量也不完全一致，过多过少都直接影响蔬菜生长发育。土壤中含水量的多少，也直接影响病菌的生长发育和传播，特别是真菌中霜霉病的病原物和细菌。真菌孢子萌发产生芽管或游动孢子，都需要在一定的湿度条件下进行。游动孢子和细菌的传播或扩散也要求高湿度。土壤湿度对某些病害也起决定性作用，如白菜根肿病菌在土壤含水量低于45%以下时，即使菜地里根肿病菌的数量很多，也不发病；土壤含水量在50%以上，特别是在70%～90%时，保持18个小时，病菌就能从根外进入根内。

6. 播种期 有些蔬菜的病害可以通过变更播种期的方法达到防治目的。这个方法主要是一种避病作用，使菜株不致因病而造成较大损失。大白菜三大病害发生的严重程度与播种期密切相关，凡是秋播期早的发病重，播种期晚的发病轻或不发病。因为早播大白菜苗期正处于高温干燥环境，有利于蚜虫生长发育，蚜虫虫口密度大，传毒机会多，因而病毒病发生重，大白菜病毒病发生重，霜霉病和软腐病发生也随之严重。晚播的蚜虫虫口密度和活动减轻，病毒病发生也轻。其他两种病害也相应地发生轻。也有一些病害，可以采用提早育苗，大苗移栽的方法，使田间发病盛期，菜株已进入生长末期，对其产量影响不大。

7. 种子 这里所指的种子是广义的，除了一般日常所说的种子外，还包括无性繁殖器官，如马铃薯的块茎、洋葱的鳞茎、生姜的根茎等。许多蔬菜病害的病原物是能够潜伏在种子内越冬的，如果使用带菌的种子，培育出来的幼苗就是病苗，把病苗移入本田就成为发病中心，病害以此为中心，向四周蔓延为害。黄瓜炭疽病就是通过种子带菌传播的，病苗移入本田后，发生在子叶上的病菌，通过雨水反溅到距地面较近的叶片上，引起发病，并逐渐向上和左右四周蔓延，以致整块瓜田都发生炭疽病。为此选用无病种子，培育无病幼苗，是十分重要的措施。

8. 适时采收，合理贮藏 采收后准备贮藏的蔬菜，要选择晴天采收，还要严格挑选无病的蔬菜贮藏。由于蔬菜采收后，贮藏期间其生命活动仍在继续进行，如果不注意管理，菜株呼吸加快，温度上升，就会有利病菌活动，导致菜株腐烂。因此，准备贮存的蔬菜要避免受伤，或待伤口愈合后贮藏。贮藏期间的温度以低温为好，降低菜株的呼吸作用，并且保持一定的相对湿度，使菜株保鲜，都是很重要的。

（二）化学防治

化学防治是指使用农药防治病害。农药是一个总的称呼。如果是防治真菌和细菌引起的病害的农药称为杀菌剂；防治线虫的称杀线虫剂；防治杂草的称除草剂；防治病毒病害的药剂迄今还没有，因为有一部分病毒病害是通过蚜虫等传播的，故目前间接用杀虫剂来减少蚜虫传毒的机会。

（三）物理防治

物理防治主要是利用热力、风选、水选、筛选等方法，消灭或汰除病原物，以达到防治目的。

1. 风选、水选、筛选 这些方法主要用于汰除混杂在种子中的病原物。在采种过程中，许多病原物混杂在种子里。例如菌核病菌的菌核、菟丝子的种子和夹杂在种子中的病残体碎片，为了避免播种时把这些病原物随同种子又播到地里，可采用风选、水选或筛选的方法，把混杂在种子里的病原物汰除干净，获得无病原物混杂的种子。

2. 温汤浸种 温汤处理就是把种子浸泡在一定的温水里，经过一定长的时间，把潜伏在种子里的病菌杀死。温水处理的方法很多，有的先把种子放在冷水中浸泡（预浸）一定时间，再转入温水中，也有直接浸在温水中的。所使用的温度有恒温的，也有变温的。但需要注意的是，温汤浸种的方法非常细致，温度过高会影响种子发芽，过低没有什么效果。

3. 热力消毒 包括干热和湿热两种。主要用于土壤消毒。烤土、烘土、日晒等方法属于干热消毒；湿热消毒有用热水浇灌、蒸气消毒等。

（四）生物防治

生物防治一般是指利用微生物防治病害而言。土壤是微生物繁殖孳生的场所，所以生物防治主要用于土壤传染的病害。生物防治目前在蔬菜病害防治上还没有一个很成功的例子。据报道，五四〇六菌肥防治瓜类枯萎病效果较好，其功能主要是微生物之间的颉颃作用。

无公害蔬菜病虫害防治技术

赵海棠

众所周知，蔬菜是城乡人民生活中无可替代的最大一类和最重要的副食品；无公害蔬菜则是“菜篮子”食品中一类优质卫生安全、备受人们欢迎的蔬菜。研究、生产、发展无公害蔬菜，对于提高“菜篮子”产品的质量卫生安全水平，保障人民群众身体健康，促进农业结构调整、农民增收和农业可持续发展，不仅具有重要的现实意义，而且和人类的生存与发展也密切相关。现就无公害蔬菜生产的基本要求与夏秋菜病虫害防治技术等作一简要介绍。

一、无公害蔬菜的概念及国内外发展概况

（一）无公害蔬菜与有机蔬菜、绿色蔬菜概念比较

从世界范围来看，对于无公害蔬菜的基本概念，尚未形成统一的说法。近年来制订的《宁波市地方标准无公害蔬菜》，对无公害蔬菜定义为：无公害蔬菜是指生产于生态环境符合规定标准（宁波市为 DB3302/T009.1）的产地，按特定的生产操作规程（宁波市为 DB3302/T009.2）生产，产品经检测、检查符合特定标准（宁波市为 DB3302/T009.3）的蔬菜。

人们习惯上称无公害蔬菜为“放心蔬菜”，其实放心蔬菜还包括有机蔬菜和绿色蔬菜。这后两种蔬菜的生产要求均比无公害

蔬菜严格得多。有机蔬菜是指蔬菜生产过程中完全不使用任何人工合成的化肥、农药和添加剂，并经有关认证组织（我国为国家环保局有机食品发展中心）检验，确认为纯天然、无污染、安全营养的蔬菜。绿色蔬菜是指生产于生态环境符合规定标准的产地，生产过程中不使用任何有害化学合成物质，或生产过程中仅使用限定的化学合成物质，按特定的生产操作规程生产，产品经认证组织（我国为农业部绿色食品发展中心）检测、检查符合特定标准，允许使用绿色标识的蔬菜。

无公害蔬菜生产标准虽比绿色蔬菜和有机蔬菜的生产标准相对放宽，但仍要保证蔬菜产品“四不超标”：即化学农药残留不超标；硝酸盐、亚硝酸盐含量不超标；重金属含量不超标；有害生物（包括有害微生物、寄生虫卵等）不超标。

（二）无公害蔬菜国内外发展概况

1. 国外无公害蔬菜发展概况 早在20世纪20年代，国外就开始发展无公害蔬菜，其主要生产方式是无土栽培。据不完全统计，世界上单用营养液膜法（NFT）栽培无公害蔬菜的国家就达76个。如新西兰半数以上的番茄、黄瓜等果菜类蔬菜是无土栽培；日本、荷兰、美国等发达国家采用现代化的水培温室，常年生产无公害蔬菜；日本露地蔬菜生产探索出客土换层、地底暗灌、配方施肥、生物固定等综合农艺措施，解决城市郊区蔬菜地被工业废气、废水、废渣所污染而导致镉、铜重金属污染的问题；美国、前苏联等国利用生物农药防治蔬菜害虫，综合控制亚硝酸盐污染，采用微生物降解蔬菜土壤中的有机污染物等。

2. 我国无公害蔬菜发展概况 我国无公害蔬菜的研究和生产始于1982年，该年召开全国生物防治会议，江苏省率先提出用生物防治代替化学防治。1983年，在全国植保总站的大力支持下，全国23个省、市开展了无公害蔬菜的研究、示范与推广工作。通过几年的研究实践，探索出一套综合防治病虫害，减少农药污染的无公害蔬菜生产技术。1985 年全国推广无公害蔬菜生产面积 4 万 hm^2。目前，该项工作仍在不断往前推进。

我国自开展无公害蔬菜的研究与生产以来，取得了一批既有一定理论深度，又有广泛适用性的研究成果。这些成果在全国大、中城市郊区蔬菜基地应用后，取得了较好的经济效益、生态效益和社会效益。研究成果归纳有以下四个方面：

①初步研究了各种有毒物质在蔬菜中的残留高限值或参考指标，制订了无公害蔬菜品质标准。

②研究开发了一批高效、无毒生物农药，总结出一套以生物防治为重点的蔬菜病虫害综合防治技术。即在加强农业防治（如选栽优质抗病品种、实行轮作、施腐熟粪肥等）的前提下，使用高效、无毒生物农药，并设法保护天敌；万一上述措施不奏效时，科学合理地选用高效低毒低残留化学农药，并严格控制农药的安全间隔期，尽量减少施药次数和降低用药浓度。

③初步探索出治理菜田土壤重金属污染的方法，蔬菜产品中的重金属污染获得有效的解决途径。

④对蔬菜中的硝酸盐污染问题进行了系统研究，蔬菜产品中的硝酸盐污染得到有效控制。

二、无公害蔬菜病虫害防治原则及农药使用准则

（一）无公害蔬菜病虫害防治原则

生产过程中应从蔬菜—病虫草等整个生态系统观点出发，坚持预防为主、综合防治的原则。

病虫害防治，要以农业防治为基础，优先选用抗病虫性强的优良蔬菜品种；创造不利于病虫草害孳生和有利于各类天敌繁衍的环境条件；要充分保护和利用害虫天敌，发挥各种自然控制因子的控害作用；综合运用农业、生物、理化以及其他有效安全手

段，把病虫草发生危害控制在经济允许水平以下，以达到高产、优质、经济和安全无公害的目的。

（二）无公害蔬菜农药使用准则

①严禁使用国家明令禁止使用的高毒、高残留化学农药或具有“三致”（致癌、致畸、致突变）的农药（包括有关含高毒高残留农药的混配、复制品），具体见附表 4（表中未含全部有关混配或复制品）。

②使用的农药必须具有“三证”（农药登记证、生产许可证或生产批准文件、产品合格证）要求。

③在矿物源农药中允许使用硫制剂、铜制剂。

④允许使用植物源农药、动物源农药和微生物源生物农药。

⑤如生产上实属必需，允许生产基地有限量地使用附表 1、附表 2、附表 3 所列的化学农药，其使用次数、使用方法和安全间隔期必须符合附表所列要求，不可随意提高使用浓度和增加使用次数。

⑥要根据蔬菜病虫发生实际对症用药，因防治对象、农药性能以及抗药性程度不同，选择最合适的农药品种；能挑治的不普治，尽量减少农药的使用次数和用药量；提倡合理轮用和交替使用化学农药，以防抗药性的过早产生，提高防效。

三、夏秋菜病虫害防治技术

夏秋季蔬菜种类多、品种更多，是全年中病虫害发生种类最多，危害最为严重，防治至关重要的一个时期。现就夏秋季(5～10 月）病虫害的发生与防治作一介绍。

（一）夏秋季主要病虫害发生种类

1. 病害种类 绵疫病、白粉病、霜霉病、枯萎病、根腐病、疫病、蔓枯病、炭疽病、细菌性角斑病、青枯病、黑腐病、软腐病、病毒病等。为害茄果类、瓜类、豆类、花椰菜、青菜、小白菜、大白菜等多种蔬菜。

2. 虫害种类 菜青虫、小菜蛾、豆野螟、蚜虫、瓜螟、猿叶虫、二化螟、斜纹夜蛾、甜菜夜蛾、红蜘蛛、棕榈蓟马、菜螟等。为害叶菜类、茄果类、瓜类、花椰菜、豆类、茭白、芋等多种蔬菜。

（二）灾害性病虫害发生为害加重的原因

20世纪90年代以来，夏秋季病害中的枯萎病、根腐病、蔓枯病、疫病、青枯病、白粉病、霜霉病等病害，虫害中的斜纹夜蛾、甜菜夜蛾、小菜蛾、菜青虫、棕榈蓟马、红蜘蛛、潜蝇、蚜虫等害虫，发生为害有逐渐加重的趋势，分析其原因，有以下几点：

①设施栽培的推广，棚室内的温、湿度等为病虫害的越冬、存活、繁殖提供了适宜的小生态环境，同时，由于设施栽培棚室大多很少移动，也为病虫害的积累创造了条件。

②适用农药的反复多次和单一使用，导致病虫害对农药产生抗药性，防效大为降低，病虫害猖獗发生为害。

③蔬菜地不易轮作，重茬地多，致使一些土传病害如枯萎病严重发生为害。

④蔬菜抗病品种在生产上推广应用较少，也是一些生产上常用的感病品种常年发病居高不下的重要原因。

（三）几种主要病虫害防治技术

1. 几种土传病害症状及防治技术

（1）病害症状

①枯萎病　一是根茎部维管束变褐色，并向茎上部延伸；二是枝叶枯萎自下而上发生，且有反复，约15～30天全株枯死；

三是根系不完全腐烂，不易拔起；四是高湿时病部发出粉红色霉。

②根腐病　一是根茎部维管束变褐色，但不向茎上部延伸；二是枝叶枯萎自下而上发生，且有反复；三是根系腐烂，容易拔起；四是高湿时病部生出粉红色霉。

③蔓枯病　一是根茎部维管束不变褐色；二是根茎部发病后，病茎、枝以上枯萎；三是病叶呈褐色斑，其上散生小黑点；四是高湿时病茎、病枝溢出琥珀色胶质物。

（2）防治技术

①农业防治　与水田轮作 3～5 年，与非茄科、葫芦科蔬菜等旱地作物轮作 6～8 年。

②苗床及种子消毒　苗床用 50％多菌灵可湿粉 10g/m^2，拌细干土（1∶100）撒施。种子用 50％多菌灵可湿粉 500 倍液，浸种 1 小时，洗净后催芽。

③药剂防治　一是定植时施毒土：用 50％多菌灵可湿性粉剂 1.5～2kg/667m^2，与细干土（1∶100）拌匀制成毒土，先撒施于定植穴内，定植后撒施于定植株四周。667m^2 面积也可选用 20％地菌散粉剂 3～5kg，加干细土（1∶20）制成毒土，按前述多菌灵毒土施用。二是定植后发病前药剂灌根：用 50％多菌灵可湿性粉剂 800 倍液＋15％三唑酮（粉锈宁）可湿性粉剂1 500倍液，于定植后 20～25 天灌根，间隔 10～15 天再灌根一次，连续 2～3 次，每次每株灌药液 500ml。

④蔓枯病涂茎加喷雾　一是涂茎：用 50％多菌灵可湿性粉剂＋15％三唑酮可湿性粉剂（2∶1）混合，加冷开水（无菌水）调成稀糊状，用毛笔涂抹在病茎、病株的病斑上（病斑先用锋利刀片削去腐烂部分）。二是喷雾：用 50％多菌灵可湿性粉剂 800 倍液＋15％三唑酮可湿性粉剂1 500倍液，喷雾，上述涂茎和喷雾，每隔 7 天防治一次，连续防治 3 次。

⑤嫁接防病　西瓜枯萎病采用嫁接栽培技术，可有效地防止

枯萎病发生为害，近年来，西瓜嫁接栽培防病技术的试验和推广工作力度加大。2000年开始，宁波市农业科学院蔬菜研究所西瓜病害防治研究课题组，同鄞州、慈溪、象山、江北四县（市）区合作，在西瓜嫁接栽培防病技术试验研究和推广方面，取得了明显的效果。

2. 几种疫病防治技术

（1）病害症状

①辣椒疫病　宁波菜区5～6月份田间可见病株。成株期多从茎部分枝处发病，也可在主茎发病。初呈水渍状，很快环绕枝条或主茎，变为褐色或黑褐色斑，并向上下延伸，边缘不明显，病枝、病茎以上枝叶很快凋萎，终至枯死。果实发病多从蒂部开始，呈水渍状、暗绿色斑，边缘不明显，后扩展至全果，变褐，软腐，高湿时果皮长出粒状白霉，干燥时失水变成深褐色僵果，大多挂于枝上。叶片发病初呈水渍状、暗绿色小斑，边缘不明显，后扩展为暗褐色斑，多不落叶。

②瓜类疫病　叶片多从叶缘开始，呈水渍状、近圆形或半圆形或锲形病斑，扩展后直径可达2～3cm，病斑边缘黄褐色，中间灰白色，先湿腐后质薄易脆，病健交界模糊，病叶边缘不卷起。茎基部初呈水渍状湿腐，后缢缩，维管束不变色，植株青枯。果实呈水渍状、缢缩、软腐，高湿时长出绒状稀疏白色长霉。

疫病非维管束病害，纵剖茎基部不变褐色。

（2）防治技术

①农业防治措施　避免连作，可与非茄科、非葫芦科等蔬菜轮作3～4年以上；选栽抗病品种；采用深沟高畦、地膜覆盖种植；雨前停止浇水，雨后及时排除积水；及时拔除病株深埋或烧毁等。

②种子消毒处理　甜（辣）椒种子可用55℃温水浸种10min后，放入冷水中冷却，阴干播种。黄瓜种子可用25％甲霜灵可

湿性粉剂800倍液，浸种30min后催芽。

③药剂防治技术　一是防治适期：在雨季（5～6月）降雨之前5～7天开始防治，每7天防治1次，连续用药3次，采用药剂灌根与喷雾相结合，同时进行。二是选用药剂：可选用77%可杀得可湿性粉剂800倍液灌根，500液喷雾；64%杀毒矾可湿性粉剂800倍液灌根，500倍液喷雾；58%甲霜灵锰锌（雷多米尔锰锌）可湿性粉剂800倍液灌根，500倍液喷雾；72%克露可湿性粉剂800倍液灌根，500倍液喷雾；80%大生可湿性粉剂600倍液灌根，400倍液喷雾；80%喷克可湿性粉剂800倍液灌根，500倍液喷雾。每株灌根药液250～500ml。

3. 几种细菌性病害防治技术

（1）病害症状

①茄果类青枯病（又名细菌性枯萎病）　长江流域及南方发生较普遍，一般在成株开花期表现症状。发病初期自顶部叶片开始萎垂，或个别分枝上的少数叶片萎蔫，后扩展至全株萎蔫，初时白天萎蔫，早、晚可恢复正常，后期不再恢复而枯死，叶片不易脱落。一般表现症状至全株枯死约7天左右。植株茎基部最先发病，但外部无明显病变，表面粗糙，番茄茎中下部可长出突起的不定根。在潮湿时，病茎上常出现水渍状条斑，后变褐色或黑褐色。纵切病茎，维管束变褐色。横切病茎，切面呈淡褐色，挤压或保湿后病茎可见有乳白色粘液溢出。后期病株茎内中空，病茎基部皮层不易剥离，根系不腐烂。

②十字花科蔬菜软腐病　常见症状有3种：一是外叶叶柄基部先发病，初呈水渍状，后变褐腐，外叶晴天中午萎蔫，早晚恢复正常，持续几天不再恢复，心部或叶球外露，根茎部髓组织腐烂，菜株轻碰即折倒，流出灰褐色粘稠状物。二是叶球顶部叶片开始发病，初呈水渍状、淡褐色腐烂，后向叶球内侵染软腐。三是叶球基部开始发病，初呈水渍状浸润区，后扩展为淡灰褐色腐烂，叶心萎蔫，渐向外叶蔓延，致外叶叶柄腐烂，病组织呈黏滑

软腐状。3种病症的病部腐烂后均发出恶臭，溢出灰黄色黏液；在日晒失水条件下，病叶变干呈薄纸状，紧贴叶球。青菜、菜心等普通白菜，主要为害叶片及根茎部。初呈水渍状、半透明，后变褐软腐，全株萎蔫。病部渗出粘液，散发臭味。

③黄瓜细菌性角斑病　症状见“蔬菜病理学常识—3. 诊断病例—（4）细菌病害”。

（2）防治技术　这一类病害也应在做好轮作、合理施肥、种子消毒等工作的前提下，选用合适农药进行防治。

①防治方法　角斑病采用药剂喷雾防治方法。青枯病、软腐病采用药剂灌根防治方法。

②选用药剂　一是软腐病：采用丰灵（增效菜丰宁）拌种；喷雾采用丰灵 800～1 000 倍液（667m^2 1 包）；灌根用丰灵 1 000～1 500倍液（667m^2 2～3 包）。灌根＋喷雾：70％敌克松可湿性粉剂 500 倍液，57.6％冠菌清干粉剂 1 200 倍液，77％冠菌铜可湿性粉剂 800 倍液，50％代森铵水剂1 000倍液。二是角斑病：77％可杀得可湿性粉剂 500 倍液（或可杀得 2000DF 1 000～1 200 倍液）；78％科博可湿性粉剂 500～600 倍液等喷雾。三是青枯病：发病重地块，结合整地，667m^2 增施消石灰 100kg，调整土壤酸碱度呈微碱性反应。药剂灌根用 72％农用硫酸链霉素4 000倍液；77％可杀得可湿性粉剂 500 倍液（或可杀得 2000DF 1 000～1 200 倍液）。

细菌性病害防治宜在发病前或发病初期施药，每 7 天防治一次，连续防治 3 次。

4. 白粉病、锈病防治技术

（1）为害作物　白粉病菌可为害瓜类、豆类、茄子等多种蔬菜。锈病可为害豆类、茭白、葱蒜类等多种蔬菜。

（2）防治适期　在叶片上初见点状褪绿小粉斑（白粉病）或淡黄褐色小斑点（锈病）时即应开始喷药防治。

（3）选用药剂　40％杜邦福星乳油5 000～6 000倍液，10％

世高水分散粒剂（WG）1 500倍液，15%三唑酮（粉锈宁）可湿性粉剂1 500～2 000倍液，12.5%速保利可湿性粉剂2 000～3 000倍液，每5～7天喷药一次，连续防治3次。

5. 霜霉病防治技术

（1）病害症状　主要为害叶片，以开花结瓜期发病较重。初期叶正背面、叶缘呈水渍状、褪绿斑，边缘不明显；因受叶脉限制，病斑扩展呈多角形、边缘明显、淡褐色至黄褐色斑块，最后病斑连片、破裂、干枯。高湿时叶背面长出灰黑色霉层。叶片发病一般自下而上蔓延，中、下部叶片发病较重。

（2）防治技术

①选用抗病品种　如津研、津杂、津春、碧春等黄瓜品种较抗霜霉病。

②采用配方施肥　施足基肥，增施磷钾肥，叶面喷施0.1%尿素+0.3%磷酸二氢钾，或叶面施用喷施宝，提高植株抗病力。

③高温闷棚　是病害生态防治法之一，即利用黄瓜与霜霉病菌生长发育对温度条件要求不同，采取高温闷棚方法，抑制病原菌的生长发育（高于30℃，低于15℃，发病受抑制）达到防病目的。

高温闷棚一般应在发病初期（4～5月春黄瓜霜霉病发生期）实施，闷棚的前一天，先浇透水，以免高温闷棚时黄瓜因蒸腾作用而失水萎蔫。在晴天上午关闭大棚，棚内吊挂温度计，高度与瓜秧顶端相平，使棚内黄瓜生长点附近温度升高到44～46℃，但不能超过47℃，保持2小时，然后开棚放风，缓慢降温降湿。隔7～10天再处理一次。

④药剂防治方法　一是用烟熏剂、粉尘剂防治：粉尘剂有5%百菌清粉尘剂、10%防霉灵粉尘剂等；烟熏剂有一熏灵Ⅰ号（百菌清烟熏剂）、45%百菌清烟熏剂等。每10天左右喷粉或烟熏一次。二是用喷雾剂防治：发现中心病株时及时喷药，可选用

75%百菌清可湿性粉剂 500 倍液，72%克露可湿性粉剂 600～800 倍液，58%雷多米尔锰锌（甲霜灵锰锌、双福）可湿性粉剂 500 倍液，10%科佳悬浮液2 000～2 500倍液，80%大生 M－45 可湿性粉剂 600～800 倍液，80%喷克可湿性粉剂 500～600 倍液，68.75%易保水分散粒剂1 500倍液等喷雾。每 7～10 天喷药一次，连续防治 3 次左右。

6. 几种灾害性害虫防治技术 斜纹夜蛾、甜菜夜蛾、小菜蛾、菜青虫等害虫，近几年发生为害成灾。对常用防治药剂大都产生抗药性；同时此类害虫发生期正是叶菜类、豆类等蔬菜采收食用阶段，故在选用药剂时应严格遵守农药安全使用有关规定，防止人体药害事故发生。

（1）防治适期与防治策略

①斜纹夜蛾和甜菜夜蛾 防治适期为卵孵高峰期至 2 龄幼虫期（3 龄幼虫分散为害之前）。

②小菜蛾 防治适期为幼虫 1～2 龄高峰期（抗药性较低）。

③菜青虫 防治适期为幼虫 2～3 龄高峰期（4 龄幼虫取食量急增）。宁波菜区防治策略是“挑治一代，重治二代，兼治三至七代”。一代菜青虫发生为害在 4 月中下旬，田间虫量尚少，挑治早熟春甘蓝菜，防治一次即可；二代菜青虫发生为害在 5 月中下旬，田间虫量很大，中迟熟春甘蓝菜及白菜受害最重，要重点防治 1～2 次；三代至七代菜青虫发生为害在 6～10 月。此期间十字花科蔬菜上主要害虫有小菜蛾、斜纹夜蛾、甜菜夜蛾等混合发生，可在防治其他主要害虫时兼治菜青虫。

（2）防虫网覆盖技术 夏秋季青菜生长期间，菜青虫、小菜蛾、猿叶虫、斜纹夜蛾等多种害虫发生为害严重，用农药防治不易克服农药残留对人体健康的危害。而采用防虫网纱（22 目～30 目）覆盖大棚，则可大大减少害虫的为害，不用农药或少用农药，是生产无公害蔬菜的一项行之有效的技术措施。

(3) 药剂防治方法

①生育期较短的青菜、小白菜、菜豆等蔬菜上选用药剂　一是微生物杀虫剂：高效 Bt 乳剂1 000倍液，其他 Bt 乳剂 300～500 倍液，8 000个单位（IU/mg）Bt 乳油1 000倍液，16 000 IU/mg Bt 可湿性粉剂1 000倍液，15 000IU/mg 先力生物杀虫剂2 000倍液，青虫菌 6 号 800 倍液，安全间隔期均为 3 天，防治菜青虫为主；2.5％菜喜悬浮液1 000～1 500倍液，安全间隔期为 1 天，防治斜纹夜蛾、小菜蛾、菜青虫。二是抗生素杀虫剂：0.6％阿维菌素乳油1 000～1 500倍液，4％阿维・啶虫乳油3 000～4 000倍液，0.3％印楝素乳油（全敌）1 500～2 000倍液，1％灭虫灵（又名 7051、杀虫素）乳油2 500～3 000倍液，1.8％害极灭乳油2 000倍液，1.8％爱福丁乳油1 500～2 000倍液，安全间隔期 3 天，防治斜纹夜蛾，兼治甜菜夜蛾、小菜蛾、菜青虫。三是昆虫生长调节剂：5％卡死克乳油2 000倍液，5％抑太保乳油1 000～1 500倍液，50％宝路可湿性粉剂1 500倍液，24％美满悬浮剂3 000倍液，20％米螨胶悬液1 000倍液，安全间隔期 3～5 天，防治斜纹夜蛾为主，兼治甜菜夜蛾、菜青虫、小菜蛾。四是病毒杀虫剂：奥绿 1 号悬浮液 600～700 倍液，V-Bt 生物复合杀虫剂600～1 000倍液，V-Bt1 000倍液＋5％卡死克乳油2 000倍液混用，还有“菜青虫颗粒体病毒制剂”、“小菜蛾颗粒体病毒制剂”，安全间隔期 3 天，防治菜青虫、小菜蛾、斜纹夜蛾、甜菜夜蛾。五是化学杀虫剂：15％安打悬浮液3 000倍液，安全间隔期 3 天；30％全垒打水分散粒剂8 000倍液，安全间隔期 3 天；10％除尽胶悬液2 000～2 500倍液，安全间隔期 10 天；5％锐劲特悬浮液1 500～2 500倍液，安全间隔期 5 天；防治斜纹夜蛾为主，兼治甜菜夜蛾、小菜蛾、菜青虫。

②生育期较长的甘蓝菜、花椰菜、大白菜、毛豆、芋等蔬菜上选用药剂　15％安打悬浮液3 000倍液，30％全垒打水分散粒剂8 000倍液，40％虫不乐乳油1 500倍液＋80％敌敌畏乳油1 500

倍液混用，安全间隔期 10～14 天；或 48%乐斯本乳油1 500倍液＋80%敌敌畏乳油1 500倍液混用，安全间隔期 7 天；10%除尽胶悬剂2 000～2 500倍液，安全间隔期 10 天。防治斜纹夜蛾为主，兼治甜菜夜蛾、小菜蛾、菜青虫。

7. 几种小型害虫防治技术 潜蝇（包括美洲斑潜蝇等）、蓟马（包括棕榈蓟马等）、瘿螨（包括番茄瘿螨和刺皮瘿螨等）、蚜虫（包括瓜蚜、豆蚜、桃蚜等）、叶螨（包括朱砂叶螨、截形叶螨、二斑叶螨等），都是为害豆科、葫芦科、茄科、十字花科等蔬菜的小型害虫。

（1）防治适期 在害虫产卵至孵化盛期，即害虫初发生时即应施药，宜早不宜迟。

（2）施药方法 由于害虫繁殖速度快，要采用“五天两头治”的方法，间隔 3～5 天施药一次，连续防治 3 次以上。同时，喷药要均匀周到，植株上下，叶片正反面及地面、杂草，都要喷到药液。

（3）选用药剂 25%吡虫啉可湿性粉剂3 000～5 000倍液，10%吡虫啉可湿性粉剂1 000～3 000倍液，安全间隔期 7 天；20%好年冬2 000倍液，10%除尽胶悬剂1 500倍液，1.8%爱福丁乳油2 000倍液，10%高效灭百可乳油4 000～6 000倍液，20%灭扫利乳油2 000倍液，安全间隔期 3 天；1%灭虫灵（7051、杀虫素）乳油2 500倍液，50%抗蚜威（辟蚜雾）可湿性粉剂2 000～3 000倍液，安全间隔期 10 天以上；10%浏阳霉素乳油1 000～1 500倍液等喷雾。

上述药剂应交替使用，因长时间使用单一药剂，害虫易产生抗药性。

8. 豆野螟、豆荚螟、瓜螟防治技术

（1）防治适期 豆野螟、豆荚螟在豇豆、毛豆初见现蕾开花时开始喷药防治。瓜螟在初见卷叶时（2 龄幼虫期前）开始喷药防治。

（2）施药方法　豇豆、毛豆喷花保荚，同时喷落地花杀虫，喷药液要足量、均匀周到。间隔 7～10 天喷药一次，连续防治 3 次。

（3）选用药剂　2.5％菜喜1 000倍液，1.8％灭虫灵（虫螨光）1 500倍液，48％乐斯本乳油1 000倍液，5％锐劲特乳油1 500～2 500倍液等。

优质西瓜嫁接与高产栽培技术

安学君

一、西瓜嫁接技术

西瓜枯萎病属于土传的真菌病害，病原菌为半知菌亚门真菌西瓜尖镰孢菌。病原菌以菌丝体、厚垣孢子或菌核在未腐熟的有机肥、土壤及病株残体上越冬，生活力很强，可在土壤中存活5～6年，有的还可存活更长的时间，至今尚无有效药剂防治。我国长期以来实行轮作制来预防枯萎病以及其他病害发生。但随着西瓜栽培面积增加，到2001年全国的西瓜面积已在107万hm^2以上，可用来轮作的土地越来越少，土地轮换周期短，甚至连作率越来越高，土壤内枯萎病病原菌的累积越来越多，发病率也随之升高，轻则降低产量，重则全盘绝收。选择对西瓜枯萎病有抗性或免疫的瓜类作物与西瓜进行嫁接，达到抗病甚至免疫的目的，是西瓜实行嫁接栽培的主要目的。

西瓜嫁接技术在日本和我国台湾省大面积应用最早、最广泛，均占西瓜种植总面积的95%以上。我国大陆西瓜嫁接始于20世纪60年代，70年代较广泛地研究，80年代在福建、湖南、山东等局部地区大面积推广。宁波1987年开始在原鄞县东吴，北仑大研、三山试验，并在部分乡村推广，但嫁接西瓜推广应用速度缓慢，面积也不大。近年来，宁波各县（市）区开始重视并试验推广西瓜嫁接栽培新技术，取得了早熟高产高效的显著效果。这一技术在西瓜生产的产业化进程中必将发挥越来越大的作用，推广应用前景广阔。

（一）嫁接栽培的作用

1. 防止枯萎病 利用葫芦、南瓜、野生西瓜等砧木嫁接，防病效果十分明显。且推广嫁接栽培后，能逐年减少土壤中的枯萎病病菌密度，避免病害蔓延。

2. 稳产高产 西瓜在重茬地栽培，有时绝收，而嫁接栽培可有效地预防枯萎病的发生，西瓜产量大幅度增加，一般增产20%～50%。而且，由于嫁接西瓜根系较自根西瓜发达，吸收肥水能力增强，地上部生长量大，同化效率提高，因而西瓜的产量大幅度提高。

3. 提高植株耐寒性 西瓜生长发育的适宜温度为25～30℃，冬季保护地栽培或早春覆盖栽培下，前期低温影响蔓的生长、结实和果实的发育，这是西瓜早熟栽培上的一大障碍。用葫芦或南瓜作砧木的嫁接苗耐寒力有一定程度的提高，因而可以在较低的温度下正常生长。不同砧木耐低温能力各不相同，南瓜砧木耐低温性比葫芦强，冬瓜最弱，但有些南瓜砧木对西瓜的品质有影响。目前大面积采用葫芦类做砧木，耐寒性较好的葫芦在超过12℃时就可播种，正常出苗，而自根的西瓜不能在12℃的低温下正常生长发育。

4. 根系发达，生长势旺 葫芦、瓠瓜砧木嫁接苗比自根苗西瓜具有更强大的根系，而这些砧木根系的生长温度较低，吸收面积大，因此初期的吸收能力较西瓜自根苗强；另一方面地上部砧木的子叶面积大，为28.42～41.33cm^2，西瓜的子叶面积仅7.98cm^2，不同砧木的嫁接苗同化面积较西瓜自根苗增加3.6～8.5倍。吸收能力加强和地上部同化面积的增加，是嫁接苗一经成活便顺利生长的主要原因。据辽宁省西瓜嫁接苗应用及栽培技术开发试验协作组调查结果，嫁接苗全株茎蔓总长、茎粗、下胚轴粗度、地上部及根系鲜重等均比西瓜自根苗明显增加。

5. 减少肥料施用量 嫁接苗由于砧木的根系分布广阔，能够利用较大范围土壤容积的水分和养分，加之砧木根系吸肥力较强，地上部的生长相应的增加，叶片肥厚，叶面积增大，光合作用加强，故达到西瓜自根苗植株同等生长势，可减少肥料施用量的20%～30%。

6. 保存育种材料，扩大繁殖系数 在育种材料较珍贵或很少的情况下，为避免丢失，将枝条或芽嫁接在合适的砧木上培育成植株，可达到保存材料、扩大繁殖系数的目的。这对于克服无籽西瓜种子繁殖困难有重要意义。

（二）嫁接砧木的选择

1. 砧木种类与亲和力 亲和力包括嫁接亲和力与共生亲和力。嫁接亲和力是指砧木与接穗愈合的能力；共生亲和力是指嫁接成活后接穗与砧木共生的能力，包括植株的生长、开花、结果及果实发育状况。一般共生亲和力强的种类和品种，嫁接成活率较高。

西瓜砧木主要是同科的葫芦属、南瓜属、冬瓜属的不同种、变种和品种，在种类和品种间差异性很大，需高度重视嫁接组合的亲和性，以免带来不必要的损失。有资料表明，西瓜与葫芦科其他种类的亲缘依次为西瓜（共砧或称本砧）、葫芦、冬瓜、南瓜、甜瓜、黄瓜。最常用的砧木是葫芦和南瓜。葫芦砧嫁接成活率高，很少发生共生不亲和株，也未发现与西瓜不亲和的变种或品种，表现了稳定的亲和性；南瓜砧嫁接亲和力较高，但共生亲和力在种类和品种上存在一定的差别，易发生一定比例的共生不亲和株，不能正常生长结果。冬瓜砧嫁接亲和力强，嫁接苗生长与西瓜自根苗相当。

2. 砧木种类与抗病性 西瓜嫁接主要是防止土壤传播的枯萎病，因此必须选择抗枯萎病砧木，选用免疫或高抗枯萎病的种类和品种，并兼抗其他病害（灰霉病、细菌性褐斑病等）。南瓜砧抗枯萎病能力最强，葫芦品种间对枯萎病抗性差异较大，必须加以筛选。

3. 砧木种类与嫁接适应性 嫁接苗因受砧木根系的影响，在生长前期（40～50 天）倾向于砧木特性，不同砧木嫁接苗其性质有很大的差异，主要表现在温度适应性，吸肥特性和苗龄上的差异。

不同砧木在低温下的抗寒性依次为南瓜、葫芦、黄瓜、冬瓜。葫芦不同品种都表现较耐低温，因此可用于西瓜不同栽培方式。南瓜中亲和力强的新土佐及西瓜共砧勇士、冬瓜砧等较耐高温，可用于嫁接西瓜夏季栽培。

砧木的吸肥性方面，南瓜、葫芦等砧木根系发达，吸肥力强，南瓜砧可较自根减少 1/3 施肥量，葫芦砧可减少 1/4。此外，在镁的吸收上，自根、西瓜共砧、葫芦砧之间差异不大，但南瓜砧、冬瓜砧镁的吸收量是葫芦砧的 2 倍，因此南瓜砧对叶枯病的抗性较强。

苗龄上的差异是南瓜砧的嫁接苗苗龄较短，若超过 30 天侧根系损伤多，影响成活；而葫芦砧嫁接苗的适应性较强，即使是 40～50 天苗龄也很少伤根影响成活。

4. 砧木种类与急性凋萎 急性凋萎在用葫芦砧的嫁接栽培中时有发生，严重时可引起全田凋萎。凋萎症状是叶片白天萎蔫，夜间略有恢复，3～4 天后加重，以至枯死。检查茎的维管束褐变，根颈外表皮褐色，部分老根腐烂至髓部，嫁接部位以上无异常变化；没有死亡的植株基部呈畸形膨大，维管束阻塞，水分输送受阻而发生凋萎。主要发生在坐果至果实成熟阶段，在连续阴雨弱光下，根和茎叶功能减弱，容易发生凋萎。葫芦砧比较严重，冬瓜砧很少发生。

5. 砧木种类与果实品质 不同砧木种类对果实品质有较大的差异。一般南瓜砧西瓜果皮增厚，果肉较软，食味品质降低；西瓜共砧品质良好；葫芦砧对品质基本无影响，特别是充分成熟和配合增施有机肥的情况下，但不同葫芦砧木对嫁接西瓜品质的影响上有差异，必须加以筛选；冬瓜砧对西瓜品质的影响是肉质稍软。

现将不同砧木的优良性状和不良性状列于表1，以便根据砧木特性及栽培时期，选择适宜的砧木。

表1 各种西瓜砧木的优良和不良性状

砧木	优良性状	不良性状
葫芦	耐低温、耐旱，生育旺盛，产量高，品质好	易感炭疽病、急性凋萎病、斑点病、叶枯病
南瓜	耐低温，抗叶枯病、急性凋萎，抗枯萎病，吸肥力强，长势旺	易产生不亲和株，苗不耐老化，不耐旱，不抗白粉病，坐果不良，产量不稳定，品质差
冬瓜	耐旱，坐果稳定、整齐，变形果少，品质较好	低温伸长性和吸肥性差，长势弱，果实小，单株产量低，肉质稍软
西瓜共砧	耐旱，坐果稳定	初期生长差，果实少，产量低

（三）常用嫁接砧木品种

1. 超丰 F_1 由中国农业科学院郑州果树研究所育成的葫芦杂交一代砧木品种。用该品种作西瓜砧木，在苗床中下胚轴不易徒长，短而粗，嫁接成活率高，亲和力好，共生亲和力强，嫁接幼苗在低温下生长快，坐果早而稳。并具有耐低温、耐高温、耐湿、耐旱、耐瘠薄等优点，且极少或不发生急性凋萎。对促进西瓜早熟、提高产量有明显作用，对果实品质无不良影响。

2. 新土佐 笋瓜与中国南瓜的种间杂交种，是普遍用于西瓜、甜瓜的砧木品种。在日本新土佐砧木嫁接西瓜约占西瓜嫁接栽培面积的20％。新土佐与西瓜亲和力强，很少发生因嫁接而引起的急性凋萎，较耐低温，生长强健，分枝性强，能提早成熟和增加产量。

3. 勇士　台湾省农友种苗公司育成的西瓜野生种一代杂种。主要要性状是抗枯萎病，生长强健，低温下生长良好，嫁接普通西瓜亲和力好，坐果稳定。西瓜品质风味与自根苗完全一样，肉色均匀。嫁接苗定植后初期生长较缓慢，但进入开花结果期前后，生长转为强盛，后期生长比瓠瓜砧强，植株长势衰老较慢。

4. 葫芦　各地有许多地方品种，如大葫芦、牛腿蒲、圆葫芦等。大多数作西瓜砧木亲和力强，植株生长强健，无发育不良株，抗枯萎病，结果率高而稳定，耐低温、耐湿，对果实品质无明显不良影响，是目前西瓜最常用的砧木品种。宁波市当前普遍使用的品种为甬选葫芦砧、重抗 1 号瓠瓜（山东）、神通力（日本大和农园公司）、强刚 2 号、连西、钝 K、FR-6 等。

（四）嫁接的愈合过程

瓜类的维管束为双韧维管束，以木质部为中心内侧和外侧都有韧皮部，以同心方式分布于茎的四周。嫁接以后砧木和接穗的形成层接触机会多，易愈合，成活率高。

嫁接后砧木与接穗的愈合成活过程，可分以下四个阶段：

（1）接合期　由砧木、接穗切削后两面相结合至愈合组织形成前，为接合期，如管理得法只需 24 小时就进入第二阶段。

（2）愈活期　砧木与接穗的组织紧密结合，开始水分和养分的交流，约经 2～3 天。

（3）融合期　嫁接后 3～4 天，愈合处细胞旺盛分裂繁殖，砧木和接穗的组织相混合，二者细胞难以分辨。

（4）成活期　砧木和接穗组织融合，逐渐形成输导组织的连接，接穗和砧木的维管束相互融通，开始真正的共同生活，嫁接后一般经 8～10 天就达到成活期。

（五）嫁接方法

1. 砧木和接穗的嫁接适期　西瓜嫁接方法主要有顶插接法、

靠接法、劈接法。砧木和接穗嫁接适期因嫁接方法、砧木种类不同而有所不同（表2）。顶插接法和劈接法砧木嫁接适期为第一真叶展开时，如砧木苗过小，胚轴过细，嫁接时胚轴易开裂；过大则胚轴髓腔过大，成活率降低。采用靠接法砧木苗应适当小些，葫芦苗以真叶显现为宜，接穗苗则应适当增大，使砧木和接穗下胚轴相接近，便于嫁接操作。

表2　西瓜不同砧木接穗的播种期

砧木	嫁接方法	从嫁接日期倒算播种日数（天）	
		砧木	接穗
葫芦	顶插法	12～14	6～7
	靠接法	8～10	12～15
	劈接法	12～14	6～7
南瓜	顶插法	7～10	6～8
	靠接法	6～8	12～15
	劈接法	7～10	6～7

2. 砧木苗的培育

（1）浸种催芽　砧木种子先用福尔马林100倍液浸泡30分钟或50%多菌灵（或甲基托布津）500～600倍液浸40～60分钟，冲洗后再用清水浸种。南瓜种子种皮较薄，种子发芽迅速而整齐，通常在室温下浸种8～10小时后，在25～27℃下催芽，当胚根长3～4mm时播种。葫芦种皮较厚，吸水困难，种子萌发较慢，出苗参差不齐，可采用以下方法促进种子发芽。一是充分浸种，用70℃热水烫种，种子倒入热水后不断搅拌，待水温降至30℃后，搓洗干净，然后在常温下浸种24～26小时后催芽。二是严格控制发芽温度，在25～30℃下催芽，避免高温。三是激素处理促进萌动，通常使用的激素有赤霉素和植物生长素“爱多收”等。方法是葫芦种子经清水浸种1～2小时，再用

100mg/L 的赤霉素或1 000倍的“爱多收”浸种 1～2 小时，捞出稍晾干后放在清水中继续浸种 30 小时。经处理后的种子，发芽率明显提高。

（2）播种　若采用离土嫁接，可在育苗盘或苗床中撒播，播种密度1 500～2 000粒/m^2。南瓜子叶较大，应适当稀播。若带土嫁接，可在营养钵中点播。每钵播 1 粒。

（3）育苗

①温度　出苗前苗床保持在 25～30℃，出苗 1/2 左右时要及时揭除地膜，降低苗床温度，这是防止下胚轴徒长的关键措施。出苗后白天温度降至 20～25℃，夜间不低于 18℃（南瓜苗温度可适当降低）。

②湿度　适当控制苗床湿度，如床面出现裂缝，可撒湿细土，防止水分蒸发。嫁接前 1～2 天，适当通风，以提高砧木的适应性。严格控制浇水，以免嫁接时胚轴劈裂，降低成活率。

3. 接穗苗的培育　接穗西瓜种子通常用 55℃温水浸种约 30min，并不断搅拌，待自然冷却后，在室温下再浸 4～6 小时，搓洗种子表面的粘液，在 30℃下催芽。

西瓜种子多采用撒播，最好播在育苗盘中。播种技术和苗床管理基本上同砧木苗。

4. 几种常用嫁接技术

（1）顶插接法　此方法简便易行，易于掌握。

①嫁接播种期的确定　根据定植期决定砧木的播种期。定植期一般由当地的气候和栽培条件决定，所定植的环境达到土壤稳定 15℃，气温最低通过 15℃，短期 10℃低温不得超过 5 小时。根据定植期，砧木的播种期向前推 45～50 天。

②砧木与接穗播种标准及嫁接时间的确定　砧木提前播种，播种在营养钵内。待两片子叶完全展开后，播种接穗。当接穗两片子叶完全展开后，砧木已长出一叶一心，这时达到顶插接标准。

顶插接使用的工具为一片刀片，一根竹签。嫁接时先将砧木生长点去掉，以左手的食指与拇指轻轻夹住砧木子叶下部的子叶节，右手持小竹签在平行子叶方向斜向插入，即用手向食指方向插，以竹签的尖端正好到达食指处，竹签暂不拔出，接着将西瓜苗用左手的食指和拇指合并夹住，用右手持刀片沿子叶下的下胚轴斜削，斜面长度为1.0cm。拔出插在砧木内的竹签，立即将削好的西瓜接穗向斜面朝下插入砧木的孔内，使砧木的斜面插口与接穗的斜面紧密结合。竹签斜面粗度与接穗下胚轴粗度大体相同，所以在嫁接前要多准备几个竹签，以符合不同粗度接穗的需要。这种方法，技术熟练者每人每天可嫁接1 500株左右。

（2）*靠接法* 又称舌接，砧木和接穗自苗床拔取时二者的根系均应保留，或用营养钵育苗，同时播种在一个营养钵内，嫁接时不用拔出，直拉靠近。嫁接时只在砧木胚轴离子叶节1厘米处，用刀片作40°向下削一刀，深及胚轴的1/3～1/2，长约1cm；在接穗的相应部位向上斜削一刀，深度、长度与砧木劈口相等，砧木与接穗舌形切片的外侧应轻轻削去一薄层表皮，将二者的切片相互嵌入，捆扎固定，并同时将砧木与接穗栽入育苗钵，置苗床培育。栽苗接口须离土面3～4cm，避免西瓜接口着泥生根。经10天左右接口愈合，及时切断西瓜的根茎部分以及去掉砧木的生长点，及时解除捆扎物，以免紧靠接口的下部发生不定根。此法因接穗带根嫁接，苗床保湿管理不如劈接、插接要求严格，成活率高，但操作较麻烦，工效低。靠接法要求砧木和接穗的高度尽可能相近，因此接穗的播期应比砧木提前5～7天，接穗第一真叶显露，砧木子叶充分平展为嫁接适期（指拔出苗嫁接）。

（3）*劈接法*

①砧木及接穗的准备 砧木及接穗播种与嫁接时间基本与顶插接相同，可参考顶插接。应注意砧木苗龄过大时，接穗可能插

入胚轴的髓腔，常易发生砧穗愈合不良或接穗发生不定根自髓腔中空部位往下长，达不到嫁接换根的目的。接穗苗龄过大，蒸腾量大而引起凋萎，影响成活。因此应计算好砧木与接穗的播种期。人为控制苗床温度的高低来调节砧木与接穗苗的适当大小，也是嫁接成活的关键之一。

②嫁接　一是劈砧木，先将砧木苗的真叶和生长点去掉，用刀尖于胚轴的一侧自子叶间向下劈开，劈口长度 1.5cm 左右，只劈一侧，不可将胚轴全劈开，否则子叶向两边披开下垂，无法固定接穗。难于成活。二是削接穗，将接穗离子叶 1～1.5cm 处朝根部方向斜削两刀，使其成楔形，削面长 1.0～1.5cm，将接穗插入劈口，使二者的削面紧贴，用棉线、塑料条或专用嫁接夹固定。此法易于掌握，成活率高。但砧木的维管束只在插入的一面发达，另一面不发达；嫁接成活，解线和松夹以后，若遇强寒流、低温、保护措施不力，接口容易破裂，严重时接穗还会掉落；嫁接速度慢，熟练者一人一天嫁接 800～1 000 株左右。

（4）**贴接法**　又称单叶劈接法。刀片与砧木子叶成 75°，一次削去生长点及一片子叶，切口长 0.7cm 左右。取接穗在子叶下 1 厘米处，与茎成 25°角切削接穗的茎，切口长 0.7cm 左右，将接穗贴在砧木上使两切口吻合，用夹子夹好。

贴接法的接穗和砧木播种期与顶插接基本相近，不过接穗苗龄较宽松，可在子叶期至一心叶甚至二叶期进行嫁接。一般一天可嫁接1 000株左右。

除以上几种常用嫁接法外，还有切接法、芯长接、二段接、断根接等方法，在此不予一一介绍。

（六）嫁接苗成活管理

嫁接的成活率虽然与砧木的种类、嫁接技术的熟练程度有关，但更为重要的是嫁接后的管理。管理不当，即使嫁接技术再好，成活率也会很低。特别是最初 5 天是成活的关键，应创造适宜的环境条件，加速愈合及幼苗的生长。嫁接苗管理除靠接法可同日常管理外，其他几种嫁接方法嫁接后瓜苗必须在苗床保湿保温培育，苗床要垫必要的酿热物或安置电热线，嫁接一批放置一批，苗床地表先喷上一点儿水，放好后可以浇水或嫁接前把砧木苗浇透。重点做好以下几个方面的管理工作。

1. 温度管理 嫁接苗伤口愈合的适宜温度是22～25℃，有加温设备的（地热线）苗床的温度容易控制。刚刚嫁接的苗白天保持25～26℃，夜间22～24℃。当1周左右，伤口已愈合，逐渐增加通风时间和次数，适当降低温度，白天保持22～24℃，夜间18～20℃，定植前一周应让瓜苗逐步得到锻炼，晴天白天可全部打开覆盖物，接受自然气温，但夜间仍要覆盖保温。

2. 湿度管理 嫁接苗在愈合以前接穗的供水全靠砧木与接穗间细胞的渗透，其量甚微，如苗床空气湿度低，蒸发量大，接穗失水萎蔫，会严重影响成活率。苗床空气相对湿度应保持在95%以上，在嫁接前或嫁接后砧木应浇一次透水，然后盖好膜。嫁接后2～3天内不通风，苗床内薄膜附着水珠是湿度合适的标志；3～4天后根据天气情况适当通风，适当降低湿度。苗床保温保湿是发病的有利条件，为避免发病，床内进行消毒，带病的砧木或接穗严格清除。只要接穗不萎蔫，不要浇水。

3. 光照管理 嫁接后进行遮光。遮光是调节床内温度、减少蒸发、使瓜苗不萎蔫的重要措施。方法是在拱棚膜上加盖竹帘、草苫或黑色薄膜等物。嫁接3天内，晴天可全日遮光；3天后，早晚逐渐见散射光；以后逐步延长见光时间，直至完全不遮光。遮光时间的长短也可根据接穗是否萎蔫而定，嫁接1周内接穗萎蔫即应遮光，1周后轻度萎蔫亦可不遮光或仅在中午强光下遮光1～2小时，使瓜苗逐渐接受自然光照。若遇阴雨天，光照弱，可不加盖遮光物。

4. 抹除砧木腋芽 砧木子叶间长出的腋芽要及时抹除，以免影响接穗生长，但不可伤着砧木的子叶。即使是亲和力最好的嫁接苗，若砧木子叶受损，前期生长受阻，进而影响后期开花结果，严重时会形成僵苗。因此在取苗、嫁接、放入苗床、定植等操作过程中均应小心保护瓜苗子叶。

5. 防治苗期病害 西瓜嫁接苗处于高温、高湿、遮光条件下，病菌易从接口侵入，引起嫁接苗发病。因此在嫁接前 2～3 天和嫁接后 1 周，可选用 50%多菌灵可湿性粉剂 600 倍液、75%百菌清可湿性粉剂 800 倍液、移栽灵乳油2 500倍液喷雾防病。

6. 定植前炼苗 当嫁接后 25 天左右，嫁接苗长至 3～4 片真叶时，可定植于田间。定植前 1 周要进行低温炼苗，白天保持床温 20～24℃，夜间 15～18℃，从而提高定植成活率。

二、嫁接西瓜高产栽培技术

（一）嫁接西瓜春季大棚高产栽培技术

用葫芦或南瓜作砧木的西瓜嫁接苗，植株的耐寒能力明显高于自根西瓜苗，因而可提早进行早春大棚早熟栽培，从而提早采收，提高经济效益。

1. 品种选择及确定播种嫁接时间

（1）品种选择 接穗一般选择低温条件下生长快、与砧木嫁接亲和力强、瓜能正常膨大成熟、品质优的早熟品种。如中型西瓜 8424、京欣 1 号等，小型西瓜拿比特、早春红玉、天赐 208、小天使、天黄、小兰等。砧木品种要与西瓜类型相配套，一般小型西瓜生长势较弱，砧木宜选择生长势较弱的葫芦品种，如“神通力”。中型西瓜可选择生长势较强的砧木品种，如超丰 F_1、甬选葫芦砧等品种。

（2）播种期确定 根据设施保温条件、管理水平及计划安排西瓜上市的时间，确定播种期。一般嫁接西瓜冬季育苗苗期为

50天左右，保温好的设施如3棚4膜（即大棚＋中棚＋小棚＋地膜）特早熟栽培的，12月中下旬至元旦前后播种，于2月上中旬定植，一般在4月底前后即可上市；大棚＋小棚＋地膜栽培的，1月中旬播种，2月下旬定植，一般5月上旬上市。

2. 嫁接苗的培育或选购 早春西瓜嫁接苗的培育，重点是控制好苗床温度。可通过电加温线加温和通风等来调控。应创造适宜的环境条件，加速嫁接苗的愈合和幼苗的生长。在嫁接后25天左右，嫁接苗有3～4片真叶时，可定植。也可到西瓜嫁接苗供应点购买已嫁接成活的适龄种苗进行定植。

3. 定植

（1）植前准备 种植前要进行整地、施肥、作畦。嫁接西瓜与自根西瓜相比较，可少施15%～20%的基肥。基肥宜选用菜饼、鸭泥等有机肥，以提高嫁接西瓜的品质。每667m^{2}用菜饼100kg左右，或鸭泥2 000～2 500kg，另加三元复合肥30kg、硫酸钾15kg。将基肥均匀施于地面，然后深翻30cm左右，把畦做成弓背状，一般6m宽标准棚做2畦（搭架栽培的做4～5畦）。整地后，全棚畦面覆上地膜，搭好中小拱棚，并封闭大棚，利用太阳光将畦内地温提高。

（2）适时定植 一般采用4膜覆盖的定植时间为2月上中旬，即定植棚土温上升到12℃以上时进行。嫁接苗定植时不宜过深，嫁接切口一定要高于地面1～2cm，不可接触土壤。定植密度比自根西瓜适当稀些。每667m^{2}大棚爬地中型瓜（如8424）栽250～350株，小型瓜（如拿比特）栽400～600株。每667m^{2}搭架栽培的中型瓜栽800株左右，小型瓜栽1 200株左右。

4. 田间管理

（1）解线或去夹 采用靠接法等嫁接的西瓜苗（顶插法除外），定植后5～7天可解线或去小夹子。若去得过早，伤口尚未完全愈合好，接穗容易掉落；过晚线条或小夹子勒入胚轴，影响瓜苗生长。解线或去夹应在晴天进行，不可顶着低温寒潮天气解线或去夹，以防受冻，接穗掉落。

（2）去砧木不定芽　及时除去砧木不定芽，以免影响接穗生长。

（3）棚温控制　西瓜为喜光喜温作物，整个生长期以高温、充足光照管理为主。定植至活棵期，密闭棚膜，高温高湿促发新根活棵，在寒潮来临时，晚间大棚应加保温措施，谨防僵苗发生。活棵至伸蔓期，棚温控制在30℃左右，一般先揭小棚，后揭大棚通风。初花至坐果期，温度控制在25℃左右，控制生长速度，促进营养生长向生殖生长转化。随着外界气温的升高，逐步加大通风口，降低棚内湿度。坐果后，提高棚温至30℃，促成果实膨大；果实一定大小时（1kg左右）逐步拉大昼夜温差，提高果实品质。

（4）整枝引蔓　嫁接西瓜大棚早熟栽培的，一般采用3蔓整枝，一主二侧蔓，其余全部打掉，并及时理顺子蔓，使各蔓在畦面上保持一定角度斜向生长。等坐果后，放任子孙蔓生长，提高叶面积系数，促进果实膨大。并利用子蔓侧枝上的雌花坐果，形成二茬瓜。第三、四茬瓜则在第二茬瓜收获后及时整枝疏叶，去除病残侧枝和病叶，在主蔓和子蔓长出的新子孙蔓上坐瓜。搭架栽培的把其中一主一侧蔓采用U字型绑蔓法引蔓上架，做到随长随绑，间隔4～5节绑一道，待两蔓坐瓜后打顶，以利通风透光，促进瓜果生长，另一侧蔓则以爬地式留在畦面上，增加根基部叶面积，促进地下部分生长。

（5）坐果　西瓜属于雌、雄花同株异花植物，一般极少有雌雄同花的两性花，除两性花外其他雌花均需依靠昆虫传粉才能在自然条件下坐瓜。由于棚栽嫁接西瓜始花期在3月中下旬，此时气温还较低，昆虫活动少，再加上棚内栽培，虫媒、风媒授粉机率少。因此必须进行人工辅助授粉才能确保坐果。人工授粉一般在雌花开放当天的上午，用雄花的雄蕊与雌花的柱头擦碰，或用软毛笔沾雄花花粉后在雌花上涂抹即可，授粉完成挂上标记，注明日期，以便根据授粉后的天数及时分批采收成熟瓜。坐果节位宜掌握在第 12 节～25 节，在第 10 节前的应尽早摘去，否则西瓜成熟后易空心或有异味。当第一茬瓜有 1kg 左右时，进行第二批雌花人工授粉，培养二茬瓜。当瓜有鸡蛋大小时进行疏果。对定位的瓜用干燥稻草垫瓜，使收获时果皮颜色均一漂亮。搭架栽培的嫁接西瓜坐瓜是悬吊在蔓上，当瓜膨大到一定重量时，易折伤蔓或果柄断裂，须进行吊瓜。吊瓜方法可用宽编丝绳在竖竿上紧紧打一死结，然后扣在瓜柄部位将瓜吊住，有条件的可以编丝绳织成的网袋套瓜方法进行吊瓜。

（6）肥水管理　嫁接西瓜与自根西瓜相比更喜湿润，定植活棵后可适当浇施稀释 100 倍液的复合肥液 2～3 次。在伸蔓期，依据气候条件、植株长势，追肥宜适量少施，且以磷钾肥为主，切忌偏施氮肥；在瓜苗出藤之后，坐果之前不再轻易追肥。进入膨瓜期，根据植株长势进行浇水施肥，在离根 15～20cm 处打一施肥孔，间隔 7 天左右，用 0.6％浓度的硫酸钾复合肥浇孔 2～3 次，后期用浓度为 0.2％磷酸二氢钾叶面喷施 2～3 次，以提高果实含糖量，改善品质。在每茬瓜收获后，每 667m^2 用 15kg 碳铵加 15kg 过磷酸钙对水1 500kg浇孔促进后茬瓜生长。

（7）预防急性凋萎病　用葫芦作砧木的西瓜嫁接苗在坐果期易发生生理性急性凋萎病。因此不宜整枝过度，以免根系生长不良。同时注意水分均衡供应，尤其干旱时不使失水凋萎。

（8）病虫害防治　嫁接西瓜苗主要能防止西瓜枯萎病等土传病害的发生，对斑点病、蔓枯病、白粉病、炭疽病等病害仍须加强防治。害虫主要有地老虎、蚜虫、叶螨、蓟马、瓜绢螟、黄守瓜、斜纹夜蛾等。具体防治方法见本书“西瓜主要病虫害生态防治及药剂防治技术”的部分。

5. 采收　根据不同品种的成熟天数，适时采收。一般大棚嫁接西瓜较难以外观或弹瓜听声来判别成熟度。宜采用授粉计时法来鉴定果实的成熟度。到时可按日期分别采收。嫁接西瓜宜采熟不宜采早，一般比自根西瓜迟 2～3 天采收。嫁接西瓜瓜形偏大，单果重稍高于自根西瓜，每 667m² 产量可达3 000kg 以上。

（二）嫁接西瓜夏秋季大棚高产栽培技术

东南沿海地区由于气候及大棚设施等各种条件的限制，西瓜的栽培季节主要集中在春季。随着西瓜嫁接技术和新设施的不断应用，西瓜的栽培季节不断延长，连作地、重茬地进行夏秋季延后种植嫁接西瓜生产已成为可能。夏秋季西瓜的上市，不但丰富了市场，且极大地提高了瓜农的收入，市场前景十分广阔。

1. 品种选择 夏秋季嫁接西瓜由于育苗和栽培前期正值 7～8 月份的高温、台风暴雨季节，因此，接穗品种必须选择耐高温多雨，在高温条件下表现坐果稳定，且在结果后期温度较低情况下能有较高的糖度。一般以早中熟品种为主，瓜型以中、小型为佳。砧木宜选择在高温下适应性强，生长势一般、与接穗嫁接亲和力强、对西瓜品质无不良影响的品种。

2. 嫁接苗的培育 夏秋季西瓜栽培，秧苗嫁接时正处在高温、干旱的季节，空气相对湿度低，嫁接苗的管理以降温保湿为主，特别是嫁接后 1～5 天内，温度和湿度应控制在适宜的范围内。一般要求白天保持到 28～32℃，夜间 25℃左右，温度过高则嫁接伤口不易愈合；湿度管理要求小拱棚内空气相对湿度保持95％以上，可用小喷雾器轻轻喷洒带药的清水细雾，但要注意嫁接口不要有水流进，否则嫁接口遇水易感染腐烂，降低成活率。嫁接后 2 天内应采取遮荫措施，避免见强光。2 天后增加秧苗的弱光照时间，并早晚短时间通风换气。3～4 天后除中午仍需少量遮荫外，增加通风和弱光照时间。但要避免遮荫过长，形成秧苗黄化，降低成活率。6～7 天秧苗成活后，可进行常规温湿度管理。10～12 天后定植大田。

3. 定植

（1）植前准备　由于夏秋季栽培生育期较短，对土壤肥料要求较高，基肥以腐熟有机肥为主，无机复混肥为辅。有机肥以菜饼、鸭泥为好，667m^2 施入菜饼 100kg 或鸭泥2 000～2 500kg，加硫酸钾 40kg、过磷酸钙 30kg。撒施后整地，一般 6m 宽标准棚做 2 畦。

（2）适时定植　定植前 1～2 天，根据瓜地墒情，灌一次底水，以保证底墒充足和幼苗成活。定植宜选择傍晚或阴雨天进行，定植后第二天如发现因高温而造成幼苗萎蔫，应在下午补浇水。随后进行地膜覆盖。定植密度小果型礼品西瓜搭架栽培的株距为 0.45m，双行种植，每 667m^2 栽种1 500株左右。中瓜型西瓜爬地栽培株距 0.5m，单行种植，每 667m^2 栽种 400 株。

4. 田间管理

（1）去夹、抹芽　定植后 5 天左右应及时解线或去夹（顶插法除外），并抹除砧木抽生的不定芽。

（2）合理施肥　嫁接西瓜夏秋季栽培生长快，生育期相对缩短，对肥料的需求为速效和比较集中。前期以活棵肥为主，于定植活苗后 4～6 天用复合肥 100 倍液隔 3～5 天浇 1 次，浇施 2 次。在瓜如鸡蛋大小时施膨瓜肥，每 667m^2 可用尿素 5～10kg，加硫酸钾 5～6kg，结合田间浇水施入畦沟。果实成熟期视瓜苗长势，叶面喷施磷酸二氢钾 1～2 次。

（3）整枝、坐果　嫁接西瓜苗 5～6 叶时摘心，采用子蔓结瓜方式。一般爬地西瓜 3 蔓整枝，一株平均留 2 果，在第 2～3 朵雌花坐果。坐果节位前发生的孙蔓均需打掉，防止疯长，影响坐果；坐果节位后的孙蔓可放任生长，提高营养面积。种植密度较低，生长不旺的也可不整枝。

（4）人工授粉　人工授粉一般在上午进行，即采摘当天清晨开放的雄花，用雄蕊轻而均匀地涂抹在刚开放的雌花柱头上。幼果拳头大小时进行疏果。小型嫁接西瓜授粉后 25～26 天成熟，中型嫁接西瓜授粉后 26～28 天成熟。

（5）及时灌水　由于栽培时期正值夏秋季高温，而葫芦作砧木的嫁接苗又比自根西瓜更喜水分，因此必须根据土壤墒情及生长情况及时灌溉，以保证瓜苗的正常生长，特别是幼果迅速膨大期，需水量大，需保证充足的水分供应。

（6）病虫害防治　夏秋季栽培生育期正值高温，蚜虫、叶螨、斜纹夜蛾等虫害旺发，须及时防治。特别是蚜虫，有条件的可用防虫网覆盖栽培，可减轻病毒病为害。病害等防治方法同春季栽培。

（7）延后栽培保温管理　第一茬瓜收获后视植株生长情况可继续进行秋季延后栽培，但由于气温逐渐下降，不利于果实的膨大和糖分积累，需及时加盖大棚薄膜保温，必要时可在大棚内搭中棚以保温。

5. 适时采收，包装上市　夏秋季西瓜成熟期短，须及时采收，采后清理瓜面，按大小分级包装，提高产品档次。

西瓜主要病虫害生态防治及药剂防治技术

赵海棠

一、西瓜病虫害发生情况

西瓜苗期病害有猝倒病、立枯病、灰霉病、菌核病等，害虫有蛴螬、小地老虎、地蛆（种蝇）、蝼蛄、蜗牛、野蛞蝓、瓜蚜、黄足黄守瓜等。

西瓜成株期病害有枯萎病、蔓枯病、斑点病（叶斑病）、灰霉病、白粉病、病毒病、根结线虫病等，害虫有瓜蚜、叶螨（红蜘蛛）、棕榈蓟马、瓜绢螟、斜纹夜蛾、斑潜蝇等。

西瓜生理性病害有粗蔓病、裂蔓流液、裂果、空洞果、变形果、肉质恶变果等，还有因使用激素类药剂、杀菌剂、微量元素等不当而产生的药害和氨害、亚硝酸害等气害。

二、西瓜枯萎病、蔓枯病、斑点病等防治技术

（一）选栽优质、抗病西瓜品种

1. 小型西瓜

（1）红肉西瓜　拿比特、早春红玉、红小玉、黑美人、春光等。

（2）黄肉西瓜　黄小玉、小兰、特小凤、小天使等。

（3）黄皮红肉　宝冠、黄美人等。

2. 中型西瓜　早佳（8424）、抗病948（申蜜948）、京欣1号、苏蜜5号、浙蜜2号、浙蜜1号、美抗9号、美都、仙都、丰乐5号等（均为红肉西瓜）。

3. 大型西瓜　新征、西农8号和9号、青峰等（均为红肉西瓜）。

4. 日本大和种苗公司西瓜品种

（1）小型西瓜　大和红小玉（绿花皮、瓜肉红色）、大和黄小玉（绿花皮、瓜肉黄色）、初恋（无籽西瓜、绿花皮、瓜肉深红色）。

（2）中小型西瓜　蝉鸣（绿花皮、瓜肉深红色）。

（3）中型西瓜　天下一（绿花皮、瓜肉深红色）、必胜（绿花皮、瓜肉粉红色）。

（二）西瓜枯萎病生态防治及药剂防治

1. 西瓜枯萎病症状特征　西瓜枯萎病是由土传病菌西瓜尖镰孢菌侵染根部引起的一种维管束病害。它是当前危害西瓜最为严重的病害，也是世界性的病害。病害在连作、重茬地死株率一般可达30%左右，严重的高达50%以上，甚至绝收，至今尚无特效的药剂完全控制其发生为害；据近年试验研究，采用药剂防治防效最高的也仅80%左右。病害症状特征是：①由初侵染引起的全株性枯萎和再侵染引起的主茎中下部分枝枯萎，叶片自下而上萎蔫，中午更为明显，早晚可恢复，历经15～30天枯死；②纵剖病茎，维管束变褐色；③后期茎基部稍缢缩、淡褐色，有的纵裂，高湿时产生白色或粉红色霉状物。据近年田间调查研究，西瓜枯萎病症状表现时间，一般在定植后30天左右。

2. 西瓜枯萎病生态防治技术措施

（1）西瓜地轮作防病措施　西瓜地连作、重茬是导致枯萎病严重发生的主要原因，采用西瓜与水稻等粮油作物轮作，是防治西瓜枯萎病有效的农业防治措施。

西瓜与水稻（水田）轮作需3～5年，西瓜与旱地作物（麦、玉米、棉、油、番薯等）轮作需6～8年。

（2）西瓜嫁接栽培防治技术　专讲介绍，此处略。

3. 西瓜定植期枯萎病药剂预防技术

（1）定植时施毒土　每667m²面积可选用50%多菌灵可湿性粉剂1.5～2kg，拌细干土150～200kg（药∶土＝1∶100）；20%地菌散粉剂3～5kg，拌细干土150～200kg（药∶土＝1∶30～50），先撒施于定植穴内，定植后再撒施于定植株四周。

（2）定植后至发病前药液灌根　于定植后20～25天开始灌根2～3次，间隔10～15天灌1次，每株灌药液500ml。可选用15%三唑酮（粉锈宁）可湿性粉剂＋50%多菌灵可湿性粉剂＋水，配成1∶2∶1 000～1 500倍液；或40%根腐宁可湿性粉剂600～800倍液；30%苗菌敌可湿性粉剂800倍液；25%卡菌丹可湿性粉剂600～800倍液，进行灌根。

三、西瓜育苗期病虫害防治技术

（一）西瓜（砧木）种子消毒杀菌处理

1. 在浸种前药剂消毒　可选用50%多菌灵可湿性粉剂500倍液，浸种1小时；40%甲醛（福尔马林）100倍液，浸种0.5小时。冲洗后再浸种。

2. 温汤浸种杀菌

（1）西瓜种子　在55℃温水中，边浸边搅拌0.5小时，冷却后再常温下浸种4～6小时，搓洗种子表面黏液后待催芽。

（2）嫁接砧木种子（葫芦等）　用70℃热水烫种，边浸边搅拌，待水温降至30℃，搓洗种子干净后，在常温下浸种24～

36 小时，浸种过程中再搓洗 2 次，待催芽。

（二）育苗营养土消毒杀菌处理

采用营养钵育苗方法时，应在播种前一个多月选用未种过瓜菜的园土，或经晒白的水稻土，或风化河塘泥等作营养土，配施适量的经充分腐熟的有机肥和氮、磷、钾化肥，进行堆制，覆盖塑料薄膜 30 天。然后选用下列方法消毒杀菌。

1. 福尔马林消毒杀菌　在堆制结束前 3～5 天，用 40％甲醛（福尔马林）100 倍液（每 500kg 营养土需药液 25L），打孔灌入营养土中，继续堆制 3～5 天后摊开，过筛备用，待福尔马林气味散发光后，制钵播种育苗。

2. 苗菌敌药剂消毒杀菌　按 $1m^3$ 营养土用 30％苗菌敌可湿性粉剂 80～100g 的比例，药土混匀后覆膜闷 48 小时，制钵播种育苗。

（三）苗床消毒杀菌处理

采用直播育苗方法时，可选用下列方法消毒杀菌。

1. 福尔马林消毒杀菌　播种前用 40％甲醛（福尔马林）100～150 倍液，浇湿床土，再用塑料薄膜覆盖 4～5 天后揭去，耙开床土，经 10～15 天待福尔马林气味散发完后，播种育苗。

2. 多菌灵等药剂撒施消毒杀菌　50％多菌灵可湿性粉剂，或 30％苗菌敌可湿性粉剂 $10g/m^2$（可加入 80％敌百虫可湿性粉剂 5g，杀地下害虫），撒施并耙入土中，播种育苗。

3. 立枯净等药剂喷洒消毒杀菌　苗床用 50％立枯净可湿性粉剂 $2～3g/m^2$，对水1 000倍液；或 20％移栽灵乳油 1～3ml，对水 2～4L，均匀喷洒苗床，待床土稍干后播种育苗。

（四）出苗后防治病虫害

1. 出苗后防病　为提高秧苗抗逆力和抗病毒能力，可喷施 20％移栽灵乳油2 000倍液；0.1％磷酸二氢钾溶液加 5％菌毒清水剂 250～300 倍液，或加 1.5%植病灵乳剂1 000倍液，或加 20%病毒 A 可湿性粉剂 500 倍液；每 10 天左右喷一次，连喷 2～3 次。

2. 减少病源 发现病株，应立即拔除，并清除病株邻近病土，然后喷药防治。

3. 发病初期（病株率不超过1%时）**防治**

（1）防治猝倒病、立枯病 可选用 75%百菌清可湿性粉剂 600 倍液，50%多菌灵可湿性粉剂 800 倍液，30%苗菌敌可湿性粉剂 800 倍液，58%甲霜灵锰锌（雷多米尔锰锌）可湿性粉剂 800 倍液，80%大生可湿性粉剂 600 倍液等喷雾，每 7 天喷 1 次，连喷 2～3 次。

（2）防治灰霉病 可选用 50%速克灵可湿性粉剂2 000倍液，65%甲霉灵可湿性粉剂1 000倍液，50%多霉灵可湿性粉剂1 000倍液，37.5%速安（多·霉威）可湿性粉剂 800 倍液，50%农利灵水分散粒剂1 000倍液等喷雾，每 7 天喷 1 次，连喷2～3 次。

4. 防治瓜蚜、黄守瓜 可选用 10%吡虫啉（一遍净）可湿性粉剂2 000～3 000倍液，1%灭虫灵（7051、杀虫素）乳油 2 500倍液，1.8%爱福丁乳油2 000倍液等喷雾，每 5～7 天喷 1 次，连喷 2～3 次。

5. 防治蛴螬、小地老虎、蝼蛄、地蛆 可选用 50%辛硫磷可湿性粉剂1 000倍液，80%敌百虫可湿性粉剂1 000倍液等，喷雾或灌根，每 5～7 天 1 次，连续防治 2～3 次。

6. 防治蜗牛、野蛞蝓 可选用 5%梅塔颗粒剂 50～70 粒/m^2苗床撒施；每 667m^2 用 8%灭蜗灵粉剂或 6%密达颗粒剂 250～500g，每隔 1～2m 撒施成直径约 10cm 的圆面。

四、西瓜开花结果期防治病虫害技术

1. 防治西瓜蔓枯病、斑点病 西瓜蔓枯病主要为害茎蔓和叶片。初发病时，多在近地面处茎蔓、叶柄出现暗绿色、油渍状、长短不一条斑，分泌琥珀色胶状物，后向茎蔓上下蔓延，叶片青枯，茎蔓变褐色、干枯，上生小黑点，即分生孢子器。叶片上出现圆形或不规则形、黑褐色病斑，直径1～3cm不等，上生小黑点，病斑中部质薄，易脆裂。

西瓜斑点病又称叶斑病。主要为害叶片。多在开花结果期发病。叶片正、背面初生褪绿、黄色小斑点；后扩大为近圆形或不规则形小型病斑，直径为0.2～5mm不等，边缘深褐色中部灰白色，微具轮纹，周围有黄色晕环，后期病斑中心常穿孔。

防治方法有高温闷棚和药剂防治：

（1）高温闷棚　根据病原菌生长发育对温度的适应范围，将生态环境调控到不利于病菌生长发育的温度，从而达到抑制病害发生蔓延的目的。

春西瓜生产期4～5月份，在气温升高的晴天，上午10～11时关闭大棚使温度升高至40～45℃，保持2小时后开门降温即可。每隔7～10天高温闷棚一次。

（2）药剂防治　在病害初发期，交替使用下列药剂喷雾防治，每7天防治一次，连续防治3次左右，供选用药剂有：70%甲基托布津可湿性粉剂800倍液，10%世高可湿性粉剂1 000倍液，58%雷多米尔锰锌可湿性粉剂500倍液，40%百可得可湿性粉剂1 000倍液，40%福星乳油5 000倍液等。

2. 防治西瓜灰霉病

（1）大棚西瓜烟熏剂、粉尘剂防治　可选用百菌清烟熏剂（一熏灵Ⅱ号）、6.5%万霉灵粉尘剂等，每7～10天防治1次，也可与喷雾剂交替使用，连续防治3次以上。

（2）喷药防治　可选用50%速克灵（腐霉利）可湿性粉剂2 000倍液，37.5%速安（多·霉威）可湿性粉剂800倍液，65%甲霉灵可湿性粉剂1 000倍液，50%多霉灵可湿性粉剂1 000倍液，50%农利灵水分散粒剂1 000倍液等喷雾，每7天喷1次，连喷 2～3 次。

3. 防治瓜绢螟、斜纹夜蛾 主要发生为害时间，瓜绢螟在 5～11 月，斜纹夜蛾在 7～9 月。

（1）防治适期 卵孵盛期至 3 龄幼虫前，及时喷药。

（2）防治药剂 可选用 48％乐斯本乳油1 500倍液＋80％敌敌畏乳油1 500倍液，40％虫不乐乳油1 500倍液＋80％敌敌畏乳油1 500倍液，5％锐劲特悬浮液2 500倍液，5％卡死克乳油2 000倍液等，每 5～7 天 1 次，连喷 2～3 次。

4. 防治红蜘蛛、瓜蚜、棕榈蓟马、斑潜蝇等小型害虫 主要发生为害时间，红蜘蛛在 4～10 月，瓜蚜在 4～9 月，棕榈蓟马在 6～10 月，斑潜蝇在 6～10 月。

（1）防治适期 在害虫发生为害初期，宜早不宜迟。

（2）防治方法 采用“五天两头治”的方法，间隔 3～5 天喷药 1 次，连喷 3 次以上。同时，喷药要均匀周到，植株上下、叶片正反面、地面、杂草都要喷到药液。

（3）防治药剂 可选用 10％吡虫啉可湿性粉剂1 500～2 000倍液，1％灭虫灵乳油2 500倍液，20％好年冬乳油2 000～3 000倍液，1.8％爱福丁乳油2 000～4 000倍液，10％高效灭百可乳油2 000倍液等，交替使用。

网纹甜瓜大棚栽培技术

王毓洪

网纹甜瓜作为新兴的果品，外观美品质优，深受人们欢迎，栽培效益较好，但栽培技术要求也较为严格。网纹甜瓜适应高温干燥、光照强、昼夜温差大的气候，我国南方大部分地区气候夏季高温高湿，早春低温阴雨，光照不足，秋冬季虽光照充足，但温度低，露地栽培较难满足网纹甜瓜正常生长发育所需的光照和温度条件。而利用大棚遮雨保护栽培，可满足网纹甜瓜生长所需条件。根据多年栽培网纹甜瓜的经验，将宁波地区大棚栽培技术和生产上应特别注意的问题介绍给大家。

一、网纹甜瓜营养价值

网纹甜瓜可食用部分水分约占 85%～90%，热量较少，每 100g 碳水化合物约产生 16.7kJ 热量，灰分较多，其他各种成分含量因品种、类型和栽培条件而略有差异。干物质含量为14%～20%；糖度可达 16%；维生素含量在 200～391mg/kg 之间；果酸含量约0.005 4%～0.098%；果胶含量为 2%～4.5%；纤维素、半纤维素在 4%～6.7%之间。干物质中 85%为碳水化合物，其次较多的是粗蛋白质，约占 8%，粗脂肪和粗纤维不足 1%。碳水化合物中以蔗糖为主，还有少量的果糖和葡萄糖，幼果中含有一定量的淀粉。蔗糖是造成甜瓜甜味的主要糖类，三种糖在味觉上果糖的甜味最强，蔗糖次之，葡萄糖最不甜。若以蔗糖的甜味为100的话，则果糖为173.3，葡萄糖只有74.3，有时我们用折光仪测得两个甜瓜糖度相同，但给人的味觉却有差异，这正是因其所含三种糖的比率不同所致。折光仪所测得的数值并非是单纯糖的浓度而是可溶性固形物的百分含量。网纹甜瓜在采收后贮放5～7天食用口味最佳；一般在10～25℃温度下，贮藏于通风阴干处；保质期在常温下可达15天。

二、栽培技术

（一）播种育苗

1. 适期播种　根据当地气候特点，结合网纹甜瓜的生育期和各生长发育期所需要的气候条件安排播种期，原则上将营养生长、开花期、结果期安排在光照充足、少雨适温、昼夜温差大的季节，网纹甜瓜开花授粉期及膨瓜期最适温度白天在30～35℃左右。一般地区，特别是长江中下游地区，春季栽培一般在12月中下旬至翌年2月上旬播种，5月下旬至7月中旬采收，生育期在120天左右；夏季栽培在2月下旬至3月中旬播种，6月中下旬至7月上旬采收；秋季栽培一般在7月上中旬至8月上旬播种，10月下旬至11月中下旬采收，因前期高温，生育期相对要短些。

2. 翻地施肥　夏天深翻晒土2～3次，每667m^{2}施生石灰100kg消毒，改良酸碱度，并结合翻土扣棚、盖膜，利用强光照彻底消毒土壤，杀灭根结线虫等害虫。高畦栽培，畦面宽90～120cm，沟宽60～80cm。深施基肥，667m^{2}施腐熟农家肥2 000kg、与农家肥沤过的磷肥50kg、含量45%的三元复合肥50kg、沤过的饼肥50kg、硫酸钾15kg，深施后与土拌匀。

3. 浸种催芽　要培育无病、健壮苗，未经包衣剂处理或干热杀菌处理的种子，晾晒种子1天后，必须采用55℃温汤浸种或800倍的多菌灵浸种15分钟消毒，以防种子带病原菌；再用清水浸2～3小时，甩干水后用干净毛巾包好，在33～35℃温度下催芽36小时，待种子露白后播种，或置于内衣袋内利用体温催芽。

4. 培育壮苗 育苗方式根据季节不同而采用不同方式，一般早春要采用电热线加温结合多层覆盖保温，育成带3～3.5片真叶、苗龄30～35天的大苗，技术关键是增温、增光、降低湿度，防止低温弱光雨雪等灾害天气。夏季高温期则直接采用穴盘播种，育小苗甚至子叶苗，苗期要求在20天以内。育苗基质可选用谷壳灰、蛭石或草炭等疏松、透气、保水保肥材料混合物，技术关键是要求通过控制水分、降低夜温等手段控制小苗徒长，防止因高温天气而形成高脚苗。

（1）播种、分苗　苗床土为1/3田园土与2/3充分腐熟的堆肥混匀，适量添加化肥。每667m²播种量为1 300～1 600粒，播种时要求种子芽眼向下平放，覆土可用细沙或细营养土。3～4天即可出苗，齐苗后逐渐降温，增加光照，防止高温高湿。子叶展平时带药分苗，尽量不要伤根。

（2）温度管理　出苗前，白天温度为25～30℃，夜间20℃。苗期温度过高，容易形成弱苗，影响开花坐果；温度过低，幼苗生育迟缓。分苗后，日温30～32℃，夜温22℃，保持3～4天；成活后日温28～30℃，夜温20℃。定植前炼苗夜温为15℃。

（3）水分管理　灌水在晴天上午进行，以防止好湿性病害发生。

5. 适时定植 网纹甜瓜的根主要分布在距地表10～25cm处，需要良好的通透性和水肥条件。施肥应以有机肥为主，并注意前作残效。采用地膜覆盖＋大棚栽培。苗龄不宜过长，在真叶3叶1心、棚温稳定在15℃以上时定植。采用立架栽培，每667m²密度以1 200～1 500株为宜，行距80～100cm、株距35～45cm。也可采用大畦双行，或小畦单行。定植选择温暖无风的晴天进行，午后尽早结束，带药定植（加600倍的多菌灵及300倍的磷酸二氢钾），注意定植深度。缓苗后控水，促进根系生长，同时积极换气，以便花芽分化。

（二）田间管理

1. 肥水管理 是栽培网纹甜瓜的关键技术，尤其是果实膨大期的管理，否则不易形成粗细均匀的网纹，失去商品性。水分管理的原则是：要求从定植到开花阶段少用水，控制生长势，保持植株健壮，以促进坐果。定植至成活期间灌水1～2次。成活后适当控制水分。授粉前10天，为了促进生长、便于交配，应适当灌水。坐果后是网纹甜瓜果实的膨大期，需逐渐加大灌水量及追肥量，坐果后10天灌水量较大，大肥大水促进果实的膨大，掌握保水管理。坐果后15天左右，果实达到1kg左右，竖网纹开始形成（网纹的形成一般是先竖裂、再横裂、最后相接而成，即有两次果实膨大期和两次网纹形成期），应适当控制水分，以利于果实裂纹伤口的愈合，否则裂纹伤口过大，网纹太粗不美观，甚至造成烂果。在横网纹开始形成至网纹完全形成期间，为促进果实膨大及网纹形成，应进行灌水（春季和秋季栽培浇水应适当控制，夏季栽培浇水稍多）。裂网纹时，如天气高温、空气湿度过于干燥，可用喷雾器对瓜或整个植株喷雾，增加相对湿度，促使愈伤组织形成网纹。生长期至瓜膨大期（坐瓜后20天内）保持土壤湿润，坐瓜中后期（采收前20天），即网纹形成后30～35天停止浇水。在水分管理上，最好采用膜下软管滴灌。坐果后30天左右，瓜面网纹基本形成，逐渐减少肥水供应，采收前1周停止水分供应，促进果实糖分积累，提高网纹瓜品质。

施足基肥，定植后20天内不追肥，以后根据苗情，逐渐地增施磷钾肥料，15～20天追肥一次，以增强植株的抗逆性。增施的肥料可选用消毒鸡粪或菜饼等有机肥，配适量的氮磷钾混合肥，追肥时注意避免肥料直接与根系接触，防止烧根，施后覆土。后期可根外喷施磷酸二氢钾等叶面肥，防止植株早衰。基肥利于糖分积累，肥施足后，整个生长期不再追肥，特别是氮肥。如后期肥料严重不足，叶片变黄，可根外喷 0.5%的尿素液补充。可结合喷农药，每次加 0.3%的磷酸二氢钾和 0.1%的锰、锌、镁微量元素。

2. 温、湿度调节 在宁波大棚栽培，春茬生长后期 4 月下旬至 6 月、秋茬生长中后期 9～10 月中旬气温一般在 20～33℃，此期可只盖顶膜遮雨。冬春茬生长前期和秋冬茬后期根据网纹甜瓜各生长发育期所需的适温，通过盖膜、揭膜通风调节棚内温度，各生长期尽量将湿度降至最低。长期低于 15℃、高于 36℃均不利于生长。花期最适温度为 25～30℃，夜温不能低于 18℃，昼温不能低于 22℃，不高于 33℃。温度过低，易落花且单瓜小；温度过高，子房、花粉发育不良，谢花或不坐瓜。生长中后期是两次网纹形成和果实膨大的关键时期，对温度管理要求较严，温度过低或过高对产量及品质影响较大，结果后期最适夜温 16～20℃，昼温 28～34℃，过高的夜温、过低的昼温均对糖分积累不利。在保温同时，要尽可能多见光，延长光照时间，但在连续低温弱光阴雨天气后突然回晴，温度上升快，则要适当回帘（即遮荫），否则植株不适应易造成凋萎。开花后 7～8 天左右网纹甜瓜表皮停止发育，果肉靠近表皮处部分先停止发育，内部稍迟一些，中心部直到收获才停止，这样就产生了网纹。网纹发生的好坏，与表皮的硬度密切相关。坐果后 11～12 天，为了促进表皮硬化，温湿度稍低一些为好。但网纹发生时，温度应控制在 25℃左右，湿度为 70%～80%。在实际生产中，常在果实上套纸袋，以提高商品性。

3. 整枝引蔓

（1）单蔓整枝 真叶 5～7 片时，将植株直立，先用麻绳、撕裂膜等物把植株缠绕至生长点附近，再将其小心直立。尽量将生长点的高度调整到同一水平面上。当主蔓 8 至 9 叶时，摘除坐果枝下面的侧枝。若过晚，则对生殖生长有影响；过早，则对根系生长有影响。一般来说，1 株 1 果，第 10～15 节的子蔓为结果预定枝。坐果预定枝上面的侧枝顺次尽早除去。主蔓摘心，坐果枝上面确保 10 片叶，整个植株保证 20～23 片叶。当结果节枝长 2～3cm 时，为确保结果枝的生长，应适当追肥。坐果枝在授粉交配前 2 天保留 1～2 叶后摘心（大约在结果节位以上 5cm 左右处），主枝叶腋处的花蕾及侧枝全部及时摘除。若在授粉后摘心，不利于果实膨大。结果枝一般留 2 片叶，生长势弱时可留 3 片。开花前后 1 周是整枝管理最为集中的时期。

（2）双蔓整枝　主蔓 4～5 片真叶时摘心打顶，选留健壮子蔓 2 条，其余子蔓及时摘除。及时吊蔓，绑蔓上架，选择子蔓上的孙蔓结瓜，1 蔓 1 瓜、2 蔓 2 瓜或 2 蔓 1 瓜均可（视密度和植株营养生长旺弱而定）。留瓜位置一般离地 80～90cm 高（春植子蔓上第 15 节位左右，秋植子蔓上第 12 节位左右），每条子蔓预留 2～3 条孙蔓结瓜，其余孙蔓全部及早摘除。待坐瓜后，坐瓜孙蔓留 2 叶摘心，当子蔓长至 200～220cm 高（子蔓上数约 25～30 片真叶），摘心打顶。

为防病菌侵入和有利伤口愈合，整枝必须在晴天露水干后进行，下午 3 时前结束。整枝的工具使用前必须消毒，整枝后喷世高、大生、雷米多尔或代森锰锌等药剂保护，防止病害发生与传播。

4. 辅助授粉　大棚中虫源少，可采用：①蜜蜂授粉，蜂箱搬入前 1 周到授粉完这段时间，不能喷洒农药。开花前 3 天傍晚，把蜂箱搬进，以便使蜜蜂适应环境。蜂箱放在大棚的北侧，蜜蜂出入口朝南。②采用人工授粉，在盛花期每天早上 6:00～10:30 进行人工授粉，以提高坐瓜率。选择当日开放的雄花，去掉花瓣，露出花药。将其在雌花柱头上轻轻涂抹数次，确认花粉附着后，在开花的叶片上，写下日期。

5. 选果吊果　当幼瓜鸡蛋大时，每条子蔓只选留 1 个果形正、长椭圆形、果柄短、果座小、最大的幼瓜，其余幼瓜、子蔓及早全部摘除。幼瓜拳头大小时及时用绳或网兜吊瓜固定。在摘果的同时，把留下的果实吊起来，结果枝与果梗部呈十字形。

6. 病虫害防治 网纹甜瓜整个生长期易受枯萎病、白粉病、蔓枯病、病毒病、霜霉病，及蚜虫、蓟马、斜纹夜蛾、甜菜夜蛾、美洲斑潜蝇、黄守瓜的危害。应采用健身栽培和生态防治为主的方法，如选用抗性品种，合理安排茬口，利用夏季高温闷棚杀菌，保持设施内部清洁，降低湿度，减少病源基数，培育壮苗，增强植株抗性等。一般情况下，生长中后期均采用防虫网覆盖。枯萎病可用嫁接的方法防治，或用甲基托布津或瓜枯宁灌根预防，或采用井冈霉素调配多菌灵等药粉成糊状、涂抹发病植株根茎部。蔓枯病是网纹甜瓜栽培上主要的病害，除了注意通风降低大棚内湿度、及时而适时整枝外，可用使百克、冠菌清、甲基托布津、世高或雷多米尔加托布津调成糨糊状，用牙刷上下反复刷几次进行防治。白粉病可用福星、朵麦可防治。病毒病可用病毒A、菌克毒克等防治。霜霉病可用杜邦克露、大生等防治。根结线虫多发地区，从苗期开始预防，用5%好年冬颗粒剂、乐斯本等药拌营养土，定植前每667m^{2}用5%好年冬1～2kg施于定植沟内。黄守瓜幼虫、美洲斑潜蝇、甜菜夜蛾、瓜蓟马等害虫可用农地乐、快灵、虫螨克、马灵、好螨克、灭虫灵（杀虫素）、吡虫灵等药剂喷防。

（三）采收

网纹甜瓜的糖度在成熟末期迅速提高，所以，直到收获都要确保植株的健壮。网纹甜瓜成熟期的判定非常复杂，高温期坐瓜成熟期稍短，结果期温度低时成熟期稍长，要根据开花日期（开花至收获一般为50～55天）、果皮颜色、果实弹力、结果枝第一叶的枯萎程度、试食等因素综合考虑，成熟后要及时采收，以保证良好的品质和风味。采收时网纹瓜剪成带“T”字形果柄，网纹瓜一般单瓜重在1.5kg左右，大的可达2kg，每667m^{2}产量1 500～2 000kg。收获的网纹瓜经分级、保鲜（有的网纹瓜品种需后熟几天风味最佳）、加工（贴商标等）、外包装等工序后销售，产品要求做到有包装、有标签、有品牌，以提高附加值。收获后，要经过5～7天的后熟，果实才能软化，香味也会增加。

三、生产上应特别注意的问题

（一）催芽温度和湿度

国外进口的种子一般都有种衣剂，含有既杀菌杀虫又抑制发芽的酚醛类物质，并且都贮藏了2～4年，有发芽率低的弊病。如按常规催芽，往往发芽率低，且发芽不整齐，特别是在温度过低或过湿的情况下更加严重。因此进口的含有种衣剂的种子浸种时间宜短些，催芽温度宜高些，以浸种2小时，在33～35℃下催芽为宜。浸种洗净后甩干水，用干布包好，置于内衣袋内利用人体体温催芽是较易掌握的方法之一。

（二）根结线虫的危害

根结线虫危害严重的主要原因有：一是根结线虫为寄生性地下害虫，繁殖量大，为害具隐蔽性，其个体小，不易觉察。为害后植株生长前期症状并不马上表现出来，一般只表现长势减缓，大多数植株到后期开花、坐瓜后才慢慢出现萎蔫、枯黄、死亡；二是根结线虫活动的最适温度（25～30℃）也正是栽培网纹甜瓜生长的最适温度；三是植株受害后，根系增生成瘤状物，维管束阻塞，吸水、吸肥能力下降，生长受阻，抗性下降，易感病。防治措施：①水旱轮作；②夏天多次反复翻晒土、扣棚、盖膜闷晒杀死虫源（55℃，10分钟致死）；③从育苗期开始防治，种植沟内施5%好年冬颗粒剂等药，或用乐斯本灌根等。

（三）黄守瓜幼虫的危害

网纹甜瓜芳香味浓郁，极易招来黄守瓜为害。因其幼虫为害根部，具隐蔽性，且繁殖量大，易忽视，不注意防治，往往造成严重损失。植株受害后一般至开花、坐瓜后才慢慢黄化枯死。防治措施：①及时杀灭成虫；②种植沟内施 5%好年冬颗粒剂；③定期用乐斯本灌根。

（四）单瓜大小的问题

据对各地的调查，有些瓜农种植的网纹甜瓜单瓜重量远远没有达到原品种标准。主要原因有：①留瓜节位过低（有些瓜农为赶早上市，冬春茬在第 8 节即开始留瓜）；②开花、坐瓜或膨大期温度低，光照不足。昼温低于 25℃，夜温低于 15℃，结出的瓜均小；③瓜膨大期缺水；④留瓜过多，1 蔓多瓜或 1 株多瓜。改进措施：①提高留瓜节位；②合理安排播期，将花期、结果期安排在日照充足，适温的季节；花期减少通风时间，提高棚内温度；③坐瓜后浇水 1 次，保证膨大期水分供应；④1 蔓 1 瓜，1 株 1 瓜或 2 瓜。

（五）枯萎病等土传病害防治

枯萎病等土传病害可用嫁接法防治，其优点和嫁接方法可参见本书“优质西瓜嫁接与高产栽培技术”部分。

（六）甜瓜畸形果的产生及防治

在甜瓜生产中，环境条件不适、水肥和其他管理不当都会导致果实发育异常形成畸形果。

1. 扁平果 果实横径明显大于纵径的果实，在圆球形或近球形品种中表现突出。

（1）产生原因 幼果生长前期纵向未能充分发育；植株营养

生长弱，叶形小，叶片面积不足，果实生长因得不到充足的同化养分而受阻；结果节位低，结果发育处于较低温度；夏季高温下也易形成扁平果；花期为促使坐果而控水，后期为促进果实膨大而大量灌水施肥，更易形成扁平果。

（2）防治方法　防治扁平果的方法是：①调节栽培季节和改善设施栽培的光温条件，使果实发育处于正常温度，前期适宜温度 23～24℃，果实膨大期理想温度 27～30℃；②控制结果部位，使其在适宜节位结果，保证果实发育期间得到充足的同化营养；③植株生长势差的可以推迟结果，必要时摘除低节位的幼果，促进营养生长，而后促进其结果；④开花坐果期要注意水分供应，控水不可太狠。

2. 长形果　与扁平果相反，果实纵径明显大于横径，在圆球形、椭圆形等品种中表现突出，对外观影响较大，多数果实果肉较薄、含糖较低。

（1）产生原因　高节位结实，功能叶片大，初期生长速度快，纵径发育充分，但果实膨大后期，由于植株早衰或叶部发生病虫害，功能叶面积骤减，养分供应不良，导致横径发育不好，形成长形瓜。

（2）防治方法　防治长形瓜的方法是：①适当降低坐果节位；②加强坐果后期肥水管理，防止植株早衰；③加强叶部病虫害防治，维持叶片功能；④整枝控制不可太严，全株始终保留 1～2 个生长点，促进其不断形成新叶，防止叶片过早衰老。

3. 小果　发育正常的果实大小无多大差别，但在实际生产中常常会发生一部分个体特小的果实，果重不及 200g 的均称为小果。

（1）产生原因　植株生长过于衰弱；低节位上早期所结的果实，由于功能叶片不足，果实得不到充足的同化营养而不能正常发育；放任生长，植株结果数太多，养分分散，果形变小；植株营养生长过旺，不能及时坐果，而后在高节位上所结的果实会因营养不足而成为小果。

（2）*防治方法* 防治小果的方法是：①前期加强肥水管理，促进营养生长；②根据品种特性和栽培方式，合理整枝，控制结果部位，一般每株蔓留 1～2 果；③植株生长势弱时，可摘除幼果，促进营养生长，推迟结果；④对生长旺盛的植株，应采用人工授粉，促进其坐果。

4. 裂果 在果实表面形成大而深的裂口，难以愈合，严重影响品质。

（1）*产生原因* 裂果是果实表面硬化后，内部发育剧烈而发生的。裂果的发生受果皮硬化程度和含水量的影响，天晴日光强时，表皮就会发生硬化，阴雨天浇水太多，植株吸水后会引起裂果。保护地栽培的，在通风换气时，表皮遇到冷风也容易硬化，引起裂果。

（2）*防治方法* 防治裂果的方法是：①选用采前裂果少的品种；②合理灌水，注意灌水时期和灌水量，在膨大期少灌水，果实生育后期多雨地区要加强排水，避免田间积水，控制果实膨大期以后的水分供应；③保护果实附近叶片健全，防止果实直接暴露在阳光下。可在果实上盖草、盖叶，以免果皮提早硬化。

（七）如何防止网纹不美观

网纹甜瓜作为厚皮甜瓜中的高档品种，不仅具有普通厚皮甜瓜的糖度，还具有独特的口感、风味及优美的网状裂纹。种植网纹甜瓜时，由于管理技术不当，常常导致果实表面形不成网纹，或形成的网纹不美观，影响了果实的商品性。根据我们近几年的实践，将发生不美观网纹的原因及其防治对策介绍如下：

1. 坐瓜节位高 高节位坐的瓜，由于瓜的上位叶片少，造成植株后期生长势衰弱，不仅瓜个小、含糖量低，而且果实表面常常不能形成网纹或网纹稀少。防治对策是选择适宜的留瓜节位。中部节位坐的瓜，不仅瓜个大，含糖量高，而且形成的网纹美观，因此留瓜节位要注意选择中部或接近中部的节位。生产实践及试验证明，大棚栽培的网纹甜瓜宜留瓜的节位为第 11～15 节，且留瓜节位以上留 10～15 片叶。

2. 水分管理不当 如果网纹形成初期（指网纹形成的前 5～7 天）浇水太多，果面容易裂缝，形成较粗的网纹。网纹完全形成以后，如果土壤过于干燥，则果面形成的网纹很细且不完全。防治对策是搞好水分管理。网纹甜瓜授粉后 7～10 天，坐住的幼瓜长到鸡蛋大小时，果实进入快速膨大期，植株需水量增大，应及时浇足膨瓜水。授粉后 14～20 天进入果皮硬化期，果实表面开始出现网纹，网纹形成时期（约需 7～10 天）不要浇水，否则果面易产生裂缝，形成较粗的网纹。网纹完全形成以后，再逐渐增加水分，以促进果实肥大和网纹良好发育。

3. 植株缺钙 网纹甜瓜喜钙，如果植株生长期钙肥不足，则果实表面网纹粗糙、泛白。防治对策是科学合理施肥。施肥时既要从整个生育期来考虑，又要注意施肥的关键时期，不但要注意氮、磷、钾三元素的全面应用和合理配比，而且要适当增施钙、镁、硼、锌等中微量元素。定植前施足基肥，生长期间及时追肥。网纹甜瓜从开花授粉到果实停止膨大是吸收肥料的高峰期，膨瓜期则是追肥的关键时期。瓜膨大盛期还要叶面追施 0.2%～0.3%的磷酸二氢钾，以促进网纹完美。

4. 强光直射果实 在网纹形成时期（指开始出现网纹到网纹完全形成这一时期），如果温度过高或果实受到强日光直射，果面容易形成不完全网纹。防治对策是避免强光直射果实。网纹形成时期和网纹完全形成以后，应用报纸包住瓜，或吊瓜时用叶片遮掩瓜，避免强光直射到果实上，以使果实着色均匀、网纹优美。

5. 病虫害严重 如果网纹形成时期病虫害严重，造成植株生长势衰弱，导致果实表面不形成网纹，或网纹稀少。防治对策是及时防治病虫害。网纹甜瓜的授粉期和网纹形成期，是病虫害容易发生、流行的时期，因此应掌握好用药的 4 次关键时期，做到及时防治病虫害。第 1 次用药在开花授粉前 1 天；第 2 次用药在网纹甜瓜授粉结束后，浇膨瓜水前 1 天；第 3 次用药在网纹形成初期；第 4 次用药在网纹完全形成以后。防治以霜霉病、白粉病、蔓枯病、病毒病及蚜虫等为主，及时喷施杀菌剂（如大生 M-45、普力克、杜邦克露、菌毒杀星等）、杀虫剂（如一遍净、海正灭虫灵、农地乐等），使植株健壮生长，形成优美网纹，提高果实商品质量。

菜用瓜类高效栽培技术

王毓洪

瓜类是葫芦科中以果实供食用栽培植物的总称，分为菜用和水果用两大类。菜用瓜类在我国栽培的种类很多，其中有黄瓜、瓠瓜、南瓜、苦瓜、丝瓜、冬瓜、节瓜、蛇瓜等，大多为一年生的草本植物，雌雄同株异花，雌花子房下位，性喜温暖，不耐寒冷，一般生长适宜温度为20～30℃，15℃以下生长不良，10℃以下生长停止，5℃以下开始受害。菜用瓜类按结果习性分为三大类：第一类以主蔓结果为主，如早熟黄瓜、西葫芦等；第二类以侧蔓结果为主，如瓠瓜等；第三类主蔓和侧蔓都能结果，如南瓜、丝瓜、苦瓜、冬瓜等。

菜用瓜类蔬菜的营养生长和生殖生长是互相影响、互相制约的，如何使其协调发展以达到高产优质，是一个具有普遍意义的课题。根据多年生产实践，就目前生产上主要的菜用瓜类介绍如下。

一、瓠瓜栽培技术

（一）早熟大棚栽培技术

1. 品种选择　作为蔬菜栽培的瓠瓜，根据果实的形态可分为瓠子、长颈葫芦、大葫芦和细腰葫芦四类，其中作为早熟栽培或秋延后栽培的瓠瓜主要是瓠子。各地均有一些地方品种，在品种的选择上，应该注意不要盲目从外地引进品种，因为不同的瓠瓜品种在同一个地区栽培，很可能会因发生天然杂交而使果实变苦。目前在长江下游地区栽培的瓠瓜品种主要有甬瓠1号、杭州长瓜、安吉长蒲等。

2. 播种期 大棚栽培瓠瓜，采用电热温床育苗，能提早上市。播种育苗期则可根据覆盖方式而定。长江中下游地区用单层大棚栽培，可在12月下旬播种；采用大棚套小棚栽培可提前至12月初播种。日光温室栽培的，则可于11月中下旬在日光温室内播种育苗；小拱棚栽培的，可于1月下旬播种。

培育大苗、壮苗是大棚栽培瓠瓜获得早熟高产的重要关键，并结合护根育苗，使其移栽时不受损伤或少受损伤，移栽成活棵快，生长健壮，从而能为夺得高产打下一个良好的基础。瓠瓜进行冬春季育苗时，可利用阳畦、电热温床、大棚等进行。

3. 育苗设施

（1）阳畦　又称冷床，是利用日光能加温的苗床。冷床的床址应选在避风向阳、地势高燥、排水良好且近一二年内没有种过瓜类的田块。一般采用东西向延长，北面可设置风障。目前比较实用的是采用塑料薄膜覆盖的冷床。

（2）大棚加小棚　小棚用细竹竿或竹片作为拱架，高度为0.5～1.0m，宽度以便于操作为原则，一般为1.4～1.5m。大棚采用整膜覆盖，每侧多留10～15cm的薄膜盖住地面，以提高保温性能。

（3）电热温床　是电加温线加温苗床的简称，由隔热层、电加温层、培养土、塑料小棚膜或玻璃框，以及控温仪器箱组成。隔热层可用稻草、麦秸、棉籽壳等。电加温线常采用DV系列，铺线密度（每平方米上的功率）的确定，应根据当地的气候、温床的散热等因素来考虑，一般为80～100W/m^2。电热温床的建造程序如下：

①挖建苗床　播种苗床应选择背风向阳，排水方便的田块。

农村蔬菜区，如前作为水稻，提早翻晒、搭大棚或中棚保温。每个标准大棚需苗床 2～3m²。挖建规格基本同冷床，但要比冷床深挖 5～10cm。

②垫隔热材料　在床底垫一层隔热材料，然后再在隔热材料上铺一层 2～3cm 厚的床土，踏实后的隔热层厚度应为5～10cm。

③铺电热线　在平均间距不变的前提下，可把边行电热线的间距适当缩小，中间部位的间距适当加大。

④填入床土　铺好电热线后，即可把预先准备好的床土填入床内，厚度为 10cm 左右，或摆放营养钵，浇足底水后，开通电源，24 小时后即可播种。

4. 种子处理及营养土配制

（1）种子处理　瓠瓜种子从采收到播种大约要保存半年时间，此时种子含水量一般在 10%左右。此外种子本身也带有一些病菌或病毒。因此，为促进瓠瓜种子早出苗、出齐苗、出壮苗，增加芽和幼苗的抗寒性，需要进行播前种子处理。

①消毒　主要杀死种子所带的病菌或病毒。方法有：一是沸水变温处理，将开水倒入盛种子的容器内，随即再对入 1/3 凉水，搅拌 10～20min，浸泡搁置；二是热水烫种，将种子浸入 4～5 倍种子容积的 50～55℃的热水，烫种子 10～15min，搅拌至 30℃再进行浸泡；三是高锰酸钾消毒，将浸泡过的种子放入 0.1%的高锰酸钾溶液中，浸泡 30～60min，可杀死附在种子表面的病菌。种子浸泡后洗净即可进行催芽。

②浸种　瓠瓜种皮较厚，不易透水，因此，必须保证种子吸足水分。在实际操作中，首先在浸种前将种子于晴朗天气晒种一天，在 30℃水温下保温浸种 7～8 小时，以种子切开不见干心为度，捞出用清水搓洗几遍，洗去表面黏液。每 667m² 用种量约 200g。

（2）催芽　将浸种后取出掺上与种子等体积洗净的沙子，拌匀后用干净湿布包好，置于 25～30℃下催芽。每天淋水翻动 2～

3次，经3～5天露芽，即可播种。

种子进行冷冻处理，能增强芽和幼苗的抗寒性，促进早熟，提高产量。方法有：①将消毒、浸泡过的种子放在0～2℃环境下，处理24小时，再放入室内缓解，然后进行催芽；②种子先催芽至刚刚露白时，将其放入0～－1℃低温下24小时，看到结冰就拿出来，在室内缓解后再行催芽。

（3）营养土准备　将腐熟的有机肥（如堆肥、厩肥、大粪、饼肥等）、无机肥（氮肥、磷肥、钾肥）及多种微量元素和肥沃田土，按一定的比例配合，并充分搅拌混合在一起，即是营养土。

营养土的配方较多，可视各地条件而定，原则是要保证营养土有一定的肥力，土质疏松，通气良好。生产上一般采用没有种过瓜类蔬菜的大田土6份，腐熟的饼肥或粪肥4份，如果土壤黏重，则可掺入部分炉灰、沙土等，然后每立方米营养土中对砻糠灰或草木灰10kg，25％多菌灵150g。将上述田土和粪肥过筛，混合均匀。在配制营养土时还应注意以下几个问题：一是所用的饼肥和粪肥必须充分腐熟，否则会出现烧苗现象；二是营养土必须充分混合，使养分均匀一致，以保证生长势整齐一致；三是在使用化肥配制时比例要适当，以免影响幼苗生长或使种子不能出苗。因此，在有机肥量足的情况下，无机化肥（尿素、碳铵等）最好不用。

另外，瓠瓜根系木栓化早，再生能力较弱，根系受损后不易再发新根。因此，在进行育苗时需采用护根育苗，防止伤根过多，影响定植后的生长。护根育苗期营养条件好，水分及温度容易控制。护根育苗是用配制好的营养土制成营养钵或营养土方（块），具体方法有：①纸筒（或纸杯、纸袋），用旧报纸裁成，卷成筒状，内装营养土，一个靠一个摆在苗床内。纸筒直径和高均为8～10cm；②塑料薄膜筒，将薄膜粘（缝）成直径10cm的圆筒，然后裁成10cm长的一个个小筒，内装入营养土；③塑料钵，用聚乙烯塑料压制而成，多数产品为圆形，上口略大，底部有排水孔，瓠瓜用直径为 8～10cm 的即可；④营养土方（块），将配好的营养土用水和泥和好。在苗床上撒一层细沙或炉灰，然后把和好的营养土摊开抹平，用刀切成 10cm×10cm 的土方。每个土方中央用小棍插一小孔，在孔中播种或把小苗移入。

5. 培育壮苗，适时定植

（1）培育壮苗　经催芽的种子播种在事先准备的苗床内。播种方式可点播，也可撒播然后用手指轻按，盖细泥 2～3cm，铺零星干稻草，再铺地膜，盖好大棚薄膜。出苗前温度宜适当偏高，白天掌握在 28～30℃，夜间 18～20℃，不能低于 15℃；出苗后温度适当降低，白天 25℃左右，夜间 15～18℃，当有 30%～40%种子出苗后及时揭去地膜、稻草，遇低温盖薄膜保温。种子播后 7～10 天，秧苗未绿化时在晴天边脱帽边假植，并用500～1 000倍液多菌灵浇根。在播种的同时，应制作营养钵，以备假植。

假植前一天，营养钵浇足底水，放入大棚内预热，营养钵的下面仍须铺设电热线。假植后应及时搭小拱棚，覆膜，密闭 3～4 天，温度掌握在 25～30℃，以后逐步通风换气，白天温度保持在 20～25℃，夜间 15～18℃，若晚上低于 15℃，应加盖草帘、薄膜保温。

瓠瓜属喜温蔬菜，培养健壮的幼苗关键是温度管理，苗期白天温度保持在 27～32℃，夜间 15～20℃，地温 20～25℃。温度太高，易徒长；温度太低，易形成僵苗。在子叶平展后，可用 0.2%的磷酸二氢钾喷施 2～3 次，用 800 倍的双效微肥喷施一次。

（2）整地与作畦　瓠瓜适宜于保肥保水力强而且排水良好的土壤中栽培，而且瓠瓜生育期长，产量高，需肥量大，应施足基肥。一般每个标准大棚施用腐熟的栏肥 700kg，河泥或优质农家肥 500kg、三元复合肥 8～10kg、尿素 3kg、人粪尿 700kg，可开沟深施也可全层施入。一个标准大棚作 4 畦，龟背形畦面宽 110cm，沟宽 40cm，畦高 25cm。畦平整后用敌草胺（除草剂）喷施，喷后覆地膜闷 2～3 天。在定植前 10～15 天扣棚预热。前茬出地后，及时耕翻，667m^2 施有机肥 3 000kg、过磷酸钙 25kg、复合肥 60kg。采用撒施或条施，地膜覆盖。

（3）适时定植　在幼苗具 2～3 片真叶时，抢冷尾暖头晴天中午定植。每畦 2 行，行距 60cm，株距 40～50cm。如采用爬地栽培的，行株距 1.5～2.0m，每穴 3～4 株。定植时实行三膜配套，即采用地膜、小拱棚膜、大棚膜覆盖，以充分提高棚内地温和气温，促进幼苗及时发根缓苗。当瓠瓜具 5 片真叶时，花芽分花已达 22 节左右，而且在主茎 12 节以下的花芽，雌雄性别已经决定，因此，花芽是从幼苗期即已开始形成，它影响到后期结果，如果直播，则环境条件不易控制，很难保证获得壮苗。

（4）肥水管理　定植活棵后及时浇一次稀粪水，以后在开花坐果时再施一次肥。开始采收后分期追肥 2～3 次，以促进后续瓜的生长。高温干旱时，土壤、植株蒸发、蒸腾量大，土壤易干，应及时浇水或灌水。

6. 加强田间管理

（1）搭架引蔓　瓠瓜栽培主要有支架栽培和爬地栽培两种类型，早春大棚生产一般采用支架栽培。支架类型主要有“人”字架、大棚吊架、“H”形架和圆弧架等。其中大棚吊架适用于大棚内的密植栽培，圆弧架则是利用大棚内的架材引蔓上架。通过合理的引蔓上架，增强植株的通风透光性，提高植株的光合作用能力，达到高产优质的目的。定植后约 30 天，植株长至 10 片真叶，卷须 5～7cm 长时，就要搭架，一般搭“人”字架。由于瓠瓜叶片大，枝蔓庞杂，结果多，所以架材要粗而长，高约 3m，架材插在离瓜秧 8～10cm 处，在 1.3m 高处交叉，并于人字架上适当设置 2～3 行小横杆，做到插牢绑稳。架搭牢固之后，将植株主蔓引放在架材上。等新长出 2～3 片叶后用尼龙绳将主蔓绑在架上，以后主蔓每长 20～30cm 绑一次，注意只绑蔓或侧枝，不要扭伤枝蔓，以免引起暗伤，影响植株正常生长。

（2）喷洒激素促进结瓜　当瓠瓜的幼苗具有 4～5 片真叶时，用浓度为 150μl/L 的乙烯利叶面喷洒，从主蔓的第 8、9 节开始，每节都可以发生一个雌花。如喷洒 2 次，则连续着生的节数更多，雄花的发生也大大减少。经测定，经过乙烯利处理的植株，其早期产量和总产量均比对照明显提高。在实际生产中，为考虑授粉的需要，应留 1/4 的幼苗不喷乙烯利，以提供花粉。

（3）适时调整植株　瓠瓜蔓长可达数米，分枝力强，一般主蔓着生雌花节位很晚，但侧蔓第 1、2 节即可发生雌花，因此为了促进侧蔓早发雌花和早结瓜，不论采取何种栽培方式，均应进行摘心。瓠瓜的整枝不宜太早，可在定植后任其生长，当瓜蔓爬满整个畦面时，结合搭架进行整枝理蔓。一般将基部的侧枝剪去，将主枝引上竹架。一般情况下，瓠瓜以侧蔓结果为主，但使用乙烯利后，主蔓上雌花较多，而每个叶腋处又能发生侧枝，这些侧枝上雌花也多，对于这些侧枝，可保留 1 个果实后，留 2～3 片叶子摘心。如果苗期没有进行乙烯利处理，则为促进侧蔓早发雌花和结果，应于主蔓 11 叶时开始摘心，子叶位腋芽及早摘除，留 4～5 个子蔓，子蔓留 1～2 条孙蔓再摘心，每个侧蔓可选留 1～2 个健壮硕大的雌花，并在开花前将雌花上部留 1～2 片叶摘心。各蔓上选留瓜条均匀的雌花留果，保留的雌花在植株上的分布应该均匀，并及时摘去多余的雌花（或幼果）、发育不正常的畸形瓜或雌花。植株进入旺盛生长期后，应观察叶片生长情况，及时摘除基部老叶、遮住果实叶、相叠叶、长柄叶等，整个生长期间共摘叶 5～6 次，以改善通风透光条件。

（4）促进坐果　在生长早期，由于温度较低，花粉少且生活力低，加上昆虫活动少，瓠瓜不能坐果，可用“早瓜灵”（2ml 药液＋0.5kg 清水）涂子房。一般情况下，瓠瓜植株上雌花较多，没有必要对所有雌花进行处理，通常对子房饱满、发育正常的雌花进行涂抹，涂抹时要均匀，子房的上下两面都要涂（不能只涂一面，否则容易形成畸形果）。4 月下旬后，温度升高，可用雄花药进行人工授粉。

瓠瓜属雌雄异花植株，虫媒花，因早春保护地昆虫受阻，坐果率低，采用人工辅助授粉，可显著提高坐果率，提早上市，而且瓜型好。方法是：每天清晨或傍晚将当开盛开的雄花摘下，去掉花瓣，然后将花粉均匀涂在雌花柱头上，一般一朵雄花花粉可供 2～3 朵雌花授粉。授过粉后做上标记，以免重复。

（5）加强田间综合管理　瓠瓜喷洒乙烯利后，雌花数和结果数都有明显增加，所需养分较多，因此，要增加追肥巧用微肥。具体办法是：在喷洒乙烯利时，勤浇速效性肥料，可用 20%腐熟人粪尿加 0.5%尿素或 1%复合肥液交替使用，并用 0.2%～0.3%磷酸二氢钾进行根外追肥；插支架前每 667m^2 施 50%腐熟人粪尿1 500～2 000kg；结瓜后，可再施 1 次同样的肥料，以满足结果的需求。从抽蔓期开始喷洒 600 倍双效微肥，每隔 7～10 天 1 次，连续使用 3 次，并配合用喷施宝 2～3 次或8 000倍植保素 2～3 次，能明显促进早熟，增加前期产量。当干旱时，前期因温度低可适量浇水，中后期可沟灌，但水不能漫畦，并迅速排除积水。

为植株创造适宜的生长环境，增强植株抗病能力，应经常进行通风换气，防止棚内因湿度过大而发病。

（二）秋延后栽培技术

秋延后瓠瓜是一种反季节蔬菜，具有生长快、生育期短、早投产、产量高、效益好等优点，对缓解淡季市场供应起到积极作用。

1. 适期播种，营养钵育苗　秋延后瓠瓜于秋初播种定植，秋末冬初采收。一般于 8 月中旬至 9 月上旬播种，9 月下旬至 10 月上旬开采。采取营养钵育苗，移植不伤根、生长快。但高温季节苗钵要放置遮阳网拱棚里育苗。苗龄掌握 5～7 天定植；也可采取直播，每穴 1～2 粒种子，在出苗 3～5 天定苗。

2. 选好瓜地，整畦开沟 瓠瓜适宜种植在排灌方便的水旱轮作地。在整畦前，畦土要耕翻晒白，捣碎土块，然后整成宽 1.5m、高 40cm 的畦，畦面呈馒头形，沟宽近 30cm，田边围沟深 40cm，然后开好畦中央施肥沟和定植穴。

3. 施足基肥，及时追肥 秋延后瓠瓜生长期短，投产早，往往在短时间内从幼苗生长很快转入开花结果期，当营养生长和生殖生长同时进行时，消耗养分多，对肥水要求高，施肥应掌握重前期、促中期、保后期的方法。因此，必须以有机肥为主，氮、磷、钾结合，基肥用量占总施肥量的 70%，追肥占 30%。基肥结合整畦进行，于中央施肥沟每 $667m^2$ 施腐熟人粪 2 600kg、猪粪1 000kg、复合肥 20kg、氯化钾 7.5kg，施后覆土。在定植时施入穴肥，$667m^2$ 用量为人畜粪 715kg 加复合肥 3.5kg、土杂肥5 000kg。

秋延后瓠瓜整个生长过程多处在高温时期，有机肥分解快，耗肥量大。可根据瓠瓜生长情况分 4 次进行追肥：第 1 次掌握在首次采果后追肥，然后每隔 7 天追 1 次，每次 $667m^2$ 施复合肥 6kg、尿素 3kg，掺水 600kg 浇施。

4. 科学管水，及时排灌 瓠瓜既怕旱又怕涝，在整个生长过程中遇阵雨、暴雨，要及时清沟排水；同时又正处在高温少雨季节，需水量较大，苗期每天要浇水 2 次以上，挂蔓至结果期，晴天每日灌 1 次，掌握夜灌日排，以不淹畦面为度，灌水应湿透畦土后即排，切忌中午灌水蓄在畦沟里，以防热水烫根。

5. 及时修剪，增强通风透光 瓠瓜生长到中后期，侧蔓多，叶片茂密，及时修剪侧蔓以增强瓜园通风透光，减少养分损耗，减轻病虫危害，提高瓠瓜质量和产量。修剪应修除基部枯叶、病叶和茂密重叠的老叶，剪除茂密多余的侧蔓及劣果等。

6. 喷洒植物生长调节剂，提高成瓜率 喷洒三十烷醇浓度应掌握在 1g/L，于苗期和花期喷洒 2～3 次。苗期喷可促进壮苗，花果期喷可调节源库矛盾，提高成瓜率和单果重，有利预防早衰和枯萎病。

二、黄瓜栽培技术

黄瓜起源于气候温暖潮湿的环境，形成了它特有的植物特征。为了使黄瓜在周年的多茬栽培中都能得到很好的收益，就要根据它对环境的要求，在不同的种植季节、不同的保护设施内制定相应的生育时期，并创造其所需的适宜条件。表 1 中列出了大棚黄瓜不同栽培形式的生育期。

表 1　宁波市不同栽培形式黄瓜生育期

栽培形式	育苗方式	播种期	定植期	采收期
冬春茬大棚	大棚或日光温室	9 月下旬至 10 月上中旬	11 月中下旬	2 月上旬至 4 月下旬
春大棚	大棚或日光温室	2 月中下旬	3 月中下旬至 4 月初	4 月下旬至 7 月中旬
秋延后大棚	直播	8 月上旬	8 月中下旬	9 月中旬至 11 月上旬

（一）冬春茬大棚栽培技术

1. 品种选择　选择具有早熟、丰产、抗病性强、一定程度上耐低温耐弱光、雌花节位低、坐果率高的品种。一般为以主蔓结瓜为主的春黄瓜品种。

2. 育苗时间　播种过早，易徒长，病多；播种过晚，苗小，越冬较难。播期应在 9 月下旬至 10 月上中旬。

3. 育苗嫁接

（1）配制营养土　大田土与有机肥按 1∶1 配制，另加过磷酸钙 2kg/m³，草木灰 10kg/m³，多菌灵粉剂 80g/m³。

（2）种子处理　黄瓜一般用温烫浸种法，黑籽南瓜用一般浸种法。

（3）播种后管理

①播种后马上扣小弓膜，把温度控制在 28～30℃，出齐苗后控制在 24～25℃。

②黄瓜第一片真叶长到 1cm 左右，黑籽南瓜第一片真叶在 3～5cm、高 6～8cm 左右时，嫁接最适宜。一般用靠接法，嫁接后温度控制在 25～30℃，长好后及时断根。

③定植前要进行 1 周左右的低温炼苗，控温在 17～20℃。

4. 定植

（1）整地、作畦、施肥　667m² 施不少于7 500kg有机肥，后作成高垄，再集中施入大粪干或鸡粪1 000kg、过磷酸钙 50kg、草木灰 100kg。

（2）定植时间　定植苗标准：3 叶 1 心或 4 叶 1 心，茎粗色绿，根系发育良好。在 11 月中旬定植，最迟不低于 12 月 10 日。

（3）定植密度　一般采用 40cm（行距）×27cm（株距）或 50cm×25cm 或 45cm×26cm，每 667m² 定植大约为5 000株。

5. 大棚内管理

（1）冬季管理

①温度控制　白天 25～30℃，夜间 15℃左右。若是阴天，白天控制在 20℃，夜间不低于 12℃。

②水分管理　定植后浇一次缓苗水，一直到坐瓜前都不要浇水，以防徒长、化瓜。坐住根瓜后，要视土壤情况，可适当浇小水。

③草苫拉盖　大约在早 8 点左右，拉开草苫，白天使阳光照射全棚；大约在下午 3:30～4:00 左右，盖上草苫，日落前棚内应不低于 18～20℃。若是阴天，也要拉开草苫，透入散射光。

④通风散湿　湿度大时，易发生病害；不通风，棚内二氧化

碳缺乏，影响植株正常生长。无论晴天、阴天都要通风换气。

⑤施肥　一般情况下，冬天不进行追肥。

⑥整枝　拉绳、吊蔓、整枝、去须、去雄、去老叶等措施，要及时跟上。

⑦特殊天气处理　下雪、下雨时，只要棚温不低于 10℃可以不盖草苫。若有大风或大幅度寒流降温，不要通风换气，并人工加温。

(2) 春季管理（2 月份以后）

①温度管理　白天 25～32℃，夜间不低于 12℃。

②肥水管理　进入 3 月份，可适当加大浇水量和通风面积。施肥要随水冲施，半个月施一次，尿素与三元复合肥交替用，每 667m^2 用量 10～15kg。

（二）春大棚早熟栽培技术

大棚春茬黄瓜栽培采取增温保温配套措施，春季采取早扣棚、多层覆盖。定植时扣小拱棚，棚外围草苫子，4 月 8 日定植，4 月 30 日上市。

1. 定植前准备

(1) 扣棚烤地　定植前 20 天至 1 个月扣大棚膜，使冻土解冻，提高地温，有利于黄瓜定植后根系发育良好，迅速缓苗。

(2) 整地施肥　前茬蔬菜收获后，应在秋、冬季进行土地的翻整和施肥，以培养地力，减少病虫害。根据土壤条件，每 667m^2 施圈肥或土杂肥5 000～6 000kg，并混施过磷酸钙 100kg（冬前与有机肥混合发酵）、硫酸钾 60kg 或复合肥 60kg，然后深翻、晒地。定植前 10 天作畦，为提高肥力，可施优质有机肥，如腐熟的鸡粪或堆肥等每 667m^2 施用1 000kg，先浅耕 1～2 次，把肥料砸细，与土混合均匀，使肥力均衡并利于提高土温，再将地耙平，使整个棚内成地面水平，即可开始作畦。畦有两种类型，平畦便于浇水及其他操作，高畦可以提高土温，前期产量高。平畦畦埂要坚实，畦面要平，土块要细小，作畦要注意栽培行的位置，保证棚膜滴水不落在黄瓜叶片上，以减少病害发生。畦宽 1.2m，每畦栽 2 行，行距 50～60cm，也可先作 1.3m 宽的平畦，然后在畦内起高垄，在垄的半腰栽 2 行瓜苗，这样既能保持行间土壤疏松、透气，又能保水保温，满足黄瓜多浇水的需求，同时利于多层覆盖，一般垄宽 70cm。高畦栽培畦宽 1.3m，行距 40～50cm，每畦 2 行。

为了提高前期产量，可采用高、矮秧密植栽培，就是以原栽培行为主栽行，在主栽行之间再加 1 行黄瓜，矮化整枝，增加前期密度，当前期产量满足后，群体叶面积也达到一定数量时，将加行拔除，不影响主栽行后期的产量，使产值成倍增加。定植时采用半高垄栽培，主栽行行距 1m，株距 0.2m，加行设在距主栽行 40cm 的向阳面，株距与主栽行株距相同使得密度比原来增加 1 倍。

2. 定植 定植前每 667m^2 可用 5%百菌清粉剂或 5%加瑞农粉剂或 5%灭蚜粉剂 1kg 对苗进行防治，起苗时淘汰病、虫、弱苗。

(1) 定植期 不同地区气候条件不同，覆盖材料使用的多少、种类不同，定植期会不一致。大棚黄瓜早春栽培的定植期主要决定于大棚内的气温和地温，当气温达到 5℃以上、10cm 处土温稳定在 8～10℃以上时即可定植。膜（地膜或小拱棚）覆盖或多层覆盖时，定植期可以比不加保温措施的相应提前。

(2) 定植技术 定植要根据天气情况，选择经过一段阴冷天气后的晴天上午定植。因此，可提前 1 天把苗运至棚内，集中定植。开沟最好在定植前 1 周完成，以晒土提温。沟深以苗坨放入后与畦面或垄面平齐为好，沟内按每 667m^2 均匀施入发酵腐熟的豆子 50kg 或磷酸二铵 20kg。然后按 20～25cm 的株距摆放苗，注意不要散坨，以免伤根，每 667m^2 常规种植密度4 000～4 500株。用开沟起出的土埋坨，坨要露出，不能埋得过深。浇水可采用先定植后顺沟浇水，或浇暗水，即先天沟浇水，带水按株距栽苗，水渗后覆土成垄，3～5天后再在一侧天沟浇水。无论哪种方法，浇水量都不能过大，以保证地温不会降低过多。平畦栽培以水渗透土坨为度，高畦栽培可适当放大水量。如条件允许，还可采用软管滴灌法，栽后在行间铺设塑料滴灌管放水，水从软管小孔中流入黄瓜根际四周土中，这种方法即可满足植株水分需求，又不会因浇水而降低地温，浇水量也好控制。

为保温保墒，常常铺设地膜。铺地膜可在定植前进行，即平畦上铺膜，定植时用苗铲将薄膜成十字划开，按株距挖穴栽苗，覆土后浇水。若畦面土壤干燥、疏松，可于定植后覆膜；若土壤湿度大且黏重，应于定植后2～3天内进行1～2次划锄，再盖膜。膜要求宽度不能小于畦宽，四周用土盖严，利于保墒保温。覆膜时用力要一致，使膜伸平、绷紧，最后将苗扒出，用土把苗四周空隙埋严。试验证明，黑色地膜具有防草功能，可在生产中参考使用。实行多层覆盖的，可在定植后的下午及时插拱棚，扣棚膜加盖草苫。定植时，若土壤墒情不足，应先开沟浇水，补充水分，再整地作畦；若前茬蔬菜浇水量大，土壤湿度大，不好整地，应加大通风排湿，并深翻土，不可在土颗粒大、水分多的情况下定植。

3. 定植后的田间管理

(1) 缓苗期管理

①温湿度调控　定植后1周为缓苗期，此时外界气温尚低，易受寒流袭击，应加强防寒保温工作，以闭棚提温为主。3～5天内关闭所有放风口及窗口。白天保持气温在28～30℃，夜间不低于15℃，一般无过高温度（即长时间超过35℃）不需放风。如有多层覆盖，应在早晨揭开，接受太阳光，提高棚温，从而使地温升高，晚上早盖保温。若温度超过38℃，可短期放小风，防止烤苗。

②水分管理　定植后3～5天，如生长点有嫩叶长出，说明

已经缓苗，若新叶不长，甚至早晨叶片萎蔫，说明根部有问题，应及时解决。定植后7天左右，选晴天上午浇一次缓苗水，使土坨与周围的土壤结合，防止土壤干裂、根系吸水吸肥受阻，对扎根不利。若土壤湿度很大，可不浇水。

③其他管理　浇定植水后，要进行第一次中耕松土，提高地温，促进根系恢复。中耕深度以不碰土坨、不伤根为准。浇缓苗水后进行第二次中耕，加大深度，深约10cm，把土划碎，增加土壤的通透性，做到下湿上干，下实上虚，但仍然不能动土坨。浇缓苗水时每667m^{2}随水追施硝酸铵5kg左右。

(2) 初花期管理

①温湿度及通风控制　缓苗后到根瓜坐住为初花期，这期间应进一步促根，控制茎叶生长，使植株健壮，并由营养生长期过渡到生殖生长期。此时外界最高温度达20℃左右，最低温度5～9℃，晴天中午若不放风，棚内温度可达40℃，将影响黄瓜生长。因此，要适当通风换气，白天保持温度在24～28℃，夜间15℃左右，地温为25℃。放风时可先从顶部开始，而后放边风，由西向东，由小到大，逐渐延长放风时间。从门口放风时，门下部掀上1m高，以免冷空气直接侵入，造成叶片老化、变脆，诱发病害，导致全棚发病。棚内气温降到20℃即停止放风。关闭放风口时，先关西边，后关东边。夜温高于15℃时，要适当放夜风，以加大昼夜温差，使植株增强抵抗力，防病增产。有覆盖设施的要早揭晚盖覆盖物，增加棚内的光照时数，早晨日出后揭去覆盖物，使畦内温度能短时间内上升，下午日落前盖上，保持夜间稳定。以后根据棚内温度变化及外界气温可逐渐减少覆盖材料，夜温稳定在12℃时可不用覆盖物，但应有备无患，以对抗寒流突袭。这一阶段的通风除了调节温度，也是为了排出棚内夜间产生的湿气，减少病害发生。空气相对湿度白天保持在50%～65%，夜间85%～90%，土壤湿度不够则根系吸水不利，植株生长缓慢，结瓜量少。

②水肥管理　这一阶段由于气温还比较低，应以中耕为主，尽量减少浇水，保持较高的土温，促使根系继续向深处伸展，防止地上部徒长，根系不够强大，结果期因营养成分转移到果实中而造成根系早衰减产。可于缓苗水后间隔 10 天浇 1 次水，选晴天上午，将地膜拉至植株基部，顺边沟浇小水，水渗透后将地膜复位。遇阴雨天不要浇水，以免病害发生。浇水量要适度，浇水过多，会引起茎叶疯长，落花化瓜现象发生；水分不足，又会出现花打顶。一般要视土壤墒情、土质及根瓜生长情况而定，土质黏重要缓浇，根瓜初生，尚未坐住时不能浇水；土质沙性、旱情严重、瓜秧不发引起化瓜或苦味瓜的土块，水量可大些。根瓜瓜把变粗变长、色泽变深时，选晴天进行 1 次大追肥，以满足盛瓜期的营养需求。具体做法是沿畦埂掀地膜，在瓜秧一侧开浅沟，将肥料均匀撒施，培土后浇 1 次大水，水渗下后将地膜复位，一般每 667m^2 施硝酸二铵 20kg 或硝酸铵 15kg，也可用发酵腐熟的豆子 75kg 作追肥。

③插架绑蔓　定植后幼苗长到 6～7 片叶后，为防植株倒伏，遮荫挡光，影响光合作用，需要及时插架或吊蔓，架材多选竹竿，立式单排，每排用长横竿绑 1～2 道与竖竿固定。插竿时要插深、插牢，注意斜插在黄瓜内侧，距植株 15cm 左右，以免伤根。有些地区采用吊绳，即地面拉一道绳，两端固定，上边对应拉一道铁丝，中间用尼龙绳，一棵黄瓜旁拴一根绳，随瓜蔓伸长，将其盘旋缠绕在绳上即可。这样可大大节约生产成本，而且使绑蔓的工作更为简便，提高了工作效率，也不易损伤黄瓜茎蔓，同时减少遮光，增加光照。

绑头道蔓要及时，并不使蔓打弯，有利于瓜条顺直，以后随植株生长，一般 5～7 天绑蔓 1 次。根据植株生长状况调整绑蔓角度，植株细弱矮小，绑蔓要松，不打弯；植株粗壮，绑蔓要紧，打个弯再绑，保证植株生长一致。绑蔓时，每株黄瓜的生长点朝向同一方向，且“龙头”要齐，不能有高有低，并且交替变换方向。蔓要顺竿领，不能横领或倒绑，否则影响植株生长，甚至造成化瓜。为了减少水分蒸发及养分的消耗，要及时打掉卷须，去除根瓜以下的侧蔓。

④根瓜的采收　春大棚黄瓜以早熟为目的，前期产量对填补市场，提高效益都至关重要，而且根瓜生长时，植株各部分器官都处于发育阶段，加上还要继续坐瓜，养分争夺激烈，而叶面积有限，同化能力弱，营养物质分配不均，极易化瓜。所以，应适当提早采收根瓜，防止坠秧，促进茎蔓伸长及腰瓜生长。采收的标准因品种和地区而异，可参考各地的优良品种介绍进行。

⑤防病治病　此期间植株刚刚恢复元气，进入正常生长阶段，抵抗力不强，外界温度由低向高过度，棚内小气候调控要保温排湿并举，不易掌握，病菌极易乘虚而入，容易发生的病害主要有霜霉病、白粉病等，不可掉以轻心，必须治早、治小、治了，具体防治方法可参考病虫害防治。

(3) 瓜期管理　根瓜采收后黄瓜植株积累了营养，营养器官与生殖器官齐头并进，都达到了生长的高峰，并逐渐进入结瓜盛期。这一阶段温度变化大，病虫害多，瓜条生长迅速，应通过光、温、水、气、肥的调控，结合植株生长调整、防治病虫等综合管理，延长结瓜期，提高产量，保证品质。

①光、温、湿度的调节　在黄瓜的整个生育期内，这一时期的时间较长，病害较多且发生频繁，因而管理也较复杂。此时，外界气温已升高，光照较强，白天棚内温度偏高，但夜间温度还较低，所以要通过变温处理加大昼夜温差。白天应加大通风量，上午保持在30～32℃，下午20～25℃，夜间适当保温，前半夜14～16℃，后半夜12～13℃，当棚内温度过高时，可适当放夜风降温。温度的调控主要靠通风，要掌握好通风量及通风时间，上午棚温超过32℃时放顶风和侧风，下午温度降到20℃时闭棚，晚上最低气温高于15℃时整夜放风，但早晨太阳一出，要立即

关闭通风口，使棚温尽快升至25℃以上，增加光合作用。雨天闭棚，防止雨水进入棚内，减少病害发生，遇大风天气将风口关闭，其他通风口也要缩小。通风还是调节棚内空气湿度的主要手段。白天相对湿度在50%～60%，夜间在90%左右，比较符合黄瓜的生长发育需求，也是控制病害的一个重要环节。既要保温又要除湿，现有的办法是铺地膜，降低空气湿度，提高地温，可较好地解决这一矛盾。

②水肥管理　地温、气温的升高，瓜条的快速生长，需要有充足的水分供给，一般5～7天浇水1次，但不要在阴天或傍晚进行，以免增加大棚内湿度。结瓜后期，若气温过高，下午可浇水降温，夜间要加强通风。浇水选晴天上午，水量一大一小，交替进行，浇水多少要根据植株长势灵活掌握，若生长点皱缩，叶色浓绿，有尖顶瓜出现，说明缺水；若叶片大而薄，叶色淡，卷须粗直，龙头抬起，有大肚瓜，说明水分适合。结瓜后期进入高温季节，植株也趋于老化，应该小水勤浇，大约两天浇一水。植株进入结瓜的旺盛期，应增加追肥次数，少施勤施，一般随水施肥，隔一次水追一次肥，每667m^{2}施尿素10kg或三元复合肥10kg，可交替施用，也可叶面喷肥，如盛瓜期可喷0.2%～0.3%的磷酸二氢钾或新型复合肥料叶面宝来弥补植株根系吸肥能力的不足。

③植株调整　绑蔓、掐卷等工作都要继续进行，绑蔓时要使瓜秧和龙头保持在一个平面上，以利透光，及时去掉多余的雄花及雌花，集中养分坐瓜，根瓜以上的部位的侧蔓，见到雌花后留2片叶打顶。及时打掉底部黄老枯叶，当植株长到25片叶时，因幼嫩叶片光合能力差，呼吸增加，应及时摘心，节省养分，并促使回头瓜的形成。这段时间采收工作也要跟上，一般在盛果期1天采收1次，阴雨天可2～3天采收1次，保证瓜条商品性状好，使营养生长和生殖生长达到平衡状态，延长瓜的采收期。

（三）秋延后大棚栽培技术

将春茬的老秧清除后，翻土达一锹深，然后把畦面整平耙细，浇透底水，封闭风口，进行高温闷棚 2～3 天，这样做能杀死病菌，减轻病害。

秋延后黄瓜生长期正值高温多雨季节，因而栽培难度大，易受病虫危害。为夺取秋延后黄瓜高产，必须抓好以下关键技术：

1. 品种选择 秋延后大棚黄瓜是在秋季冷凉季节，利用大棚的保温作用继续生产。该茬前期处于高温多雨的季节，后期温度急剧降低。生产上主要选用抗病性强、耐热、丰产性好、长势好的黄瓜品种。现在适宜秋延后大棚栽培的品种主要有津春 4 号、津春 5 号。

2. 播种和定植 秋延后大棚黄瓜播种期不能太早，否则苗期赶上高温多雨，病害较重；虽然早期产量较高，但与露地黄瓜一起上市，价格较低。播种期过晚，生长后期温度急剧下降，秋延后黄瓜一般在播种后 40 天左右采收，南方地区则以 8 月下旬至 9 月上旬为宜。育苗期一般在 20 天左右，幼苗 2 叶 1 心时定植。定植应在傍晚进行。也可以直播，直播以扣好大棚、小拱棚播种较好。也可露地高垄直播，节约塑料薄膜。定植前一定要施入大量基肥，每 667m^2 以有机肥5 000kg以上为宜。同时混合施入一定量的磷、钾肥。播种时正处于高温、长日照的条件下，不利于黄瓜雌花分化，因而黄瓜雌花较少。有些地区为增加雌花数目，常喷施“增瓜灵”之类的激素。其实，所有促进雌花数目的“肥料”或“药物”中，均含有乙烯利。乙烯利释放出的乙烯不仅有促进雌花分化的功能，而且能促进植株衰老。施用时一定注意浓度不要过大，而且一定要在苗期（1 叶 1 心至 2 叶 1 心）施用。乙烯利浓度为 0.01%，隔 2 天喷一次，喷 2～3 次即可。其他促进雌花分化的混合药物，应根据说明使用，浓度均不宜过高。同时，喷施要在早晨进行，中午高温时喷洒易产生药害。

3. 生产管理 秋延后大棚黄瓜应从高温期管理（前期）、适温期管理（中期）和低温期管理（后期）三方面入手。前期（9月中旬以前）处于高温多雨期，应注意防雨防病，通风降温。下雨后及时排水防涝，防止积水；雨后天晴及时遮荫降温。

在黄瓜生育最旺盛的时期（9月中旬至10月中旬），应及时扣棚，白天温度控制在25～30℃，夜间15～18℃，夜间气温在15℃以上不关通风口。这一阶段的管理应注意白天通风换气，降低空气湿度，防止病害发生；同时注意夜间防寒保温。此期逐渐进入结瓜期，肥水供应要充足，一般每次浇水都施肥。施肥以尿素和磷酸二铵为主，适当施入钾肥有利于优质、高产。肥水要少量多次，防止大水漫灌。每次每667m^2施肥量以尿素8kg，或磷酸二铵20kg以内为宜。

在后期（10月中旬以后）温度急剧下降，管理以防寒保温为主。同时，要注意适当通风换气，防止棚内湿度过高造成病害蔓延。白天保持25℃左右，夜间维持在15℃左右。夜温低于13℃时，夜间不再留通风口，封闭大棚。这样，可以尽量延长黄瓜的生长期，提高后期产量。该期黄瓜的生长减慢，对肥水的要求降低，为降低棚内湿度，应严格控制浇水，一般10～15天浇一次水。此时可以进行叶面追肥，如植物动力2003、叶面宝、喷施宝等叶肥，也可以用0.2%尿素或0.1%～0.2%磷酸二氢钾。

（四）大棚黄瓜的嫁接技术

黄瓜早春和冬季栽培，因受低温影响，抗病性差，尤其是枯萎病发生严重。利用南瓜等植物具有抗土传病害、耐低温等特点，用其作砧木，以黄瓜苗作接穗，通过嫁接育苗，促进黄瓜的根系发育，提高耐低温能力，从而增加抗病性，并能克服土壤连作障碍。

黄瓜嫁接用的砧木均用黑籽南瓜。嫁接的方法有靠接法、断根靠接法、水平插接、斜插接和芽接法等。采用靠接法先播黄瓜，5 天后播南瓜；采用另外 4 种方法的南瓜出苗后再播黄瓜。具体嫁接方法和嫁接后的管理参见本书“优质西瓜嫁接与高产栽培技术”部分。

三、西洋南瓜栽培技术

20 世纪 90 年代从日本和我国台湾省引进的西洋南瓜（栗南瓜）属于印度南瓜种内的杂交一代新品种。因其肉质粉、糯，适口性好，嫩果、老熟果品质均好，十分畅销，栽培面积发展迅速，有逐步取代传统中国南瓜之势。

（一）西洋南瓜的营养价值

南瓜果实、嫩梢、种子均可食用，果实的营养和药用价值均较高。西洋南瓜的营养成分较中国南瓜更高，主要是可食部分的含水量较低，干物质含量高，非还原糖和淀粉含量高，蛋白质含量高，纤维素较少，维生素 A、维生素 C 含量高，是优良的保健食品。据浙江省农业科学院新品种引进开发公司分析（1994），西洋南瓜（品种东升）可食部分含水量 76.3%，总糖 13.8%，淀粉 8.18%，维生素 C 310mg/kg，粗蛋白 1.75%；而中国南瓜（品种黄狼南瓜）的相应含量为 90.15%、6.30%、2.25%、18mg/100g 和 1.21%，除含水量外，其余分别较中国南瓜高 119%、261%、72%、46%。另据测定西洋南瓜每 100g 可食部分含氨基酸 20.8mg，并含有色氨酸、苏氨酸等多种氨基酸。

（二）西洋南瓜的特征特性

南瓜生长强健，适应性广，病虫危害较少，容易栽培。西洋南瓜根系生长不如中国南瓜旺盛，苗期根系较少且长，生长和再生力弱。茎蔓性，较粗，圆形无棱沟，淡绿色至绿色，被茸毛，主茎生长势强，分枝性较弱。叶型大，圆形或宽肾圆形，全缘或浅波状，叶正、反面和叶柄上被粗毛，间有刺毛。花蕾圆筒形，萼片细小，花瓣圆形，深黄色。主蔓第七至第八节出现第一朵雌花，其后雌、雄花交替发生，一般间隔5～7节再出现1朵雌花，有时连续发生几朵雌花。果实扁圆或近圆形，果小，重1～2kg，老熟瓜大者可达3kg以上。嫩果20～25天采收，老果则需40～45天采收。果皮色泽深浅因品种而异，有灰绿（浅绿）色、绿色、墨绿色、橘红色，绿果品种的果皮间有浅色条斑。果梗圆形，上下粗细一致，与果实连接处稍膨大，而中国南瓜的果梗具纵棱沟，与果实连接处膨大成五棱形，容易区别。果肉较厚（果肩部肉厚，蒂部较薄），深黄或橙色，质地坚硬，含水少，干物量高，品质粉、糯，耐贮藏。

西洋南瓜对环境条件要求和生育特性基本上与中国南瓜相似。喜温暖，较耐低温，在较低的温度条件下生长较快，适宜于早熟栽培。其耐高温性不及中国南瓜，种子发芽温度25～30℃。据观察，西洋南瓜（品种东升）在气温15℃时开始分枝，主蔓日增长量为4～8cm，在气温为20～25℃时生长迅速，主蔓日生长量为10～14cm，而在26～30℃的较高温度下，瓜蔓生长缓慢，日增长量仅2～6cm。西洋南瓜需要较强的日照强度，在光照度24～28klx的条件下，瓜蔓日生长量10～14cm，而在光照度10～14klx时，瓜蔓生长极慢，日增长量仅为0.4～0.8cm，开花结果期推迟7～10天。

短日照有利于西洋南瓜的花芽分化和雌花形成。在早春育苗期间，由于夜温低，需覆草帘保温，实际日照时数较短，对雌花的分化和形成不成问题，不必另外遮光处理。但在4月份以后播种，自然日照时数较长，不利于雌花花芽分化，雌花出现节位上升，应在播种出苗后遮光进行短日照处理，每天傍晚（16时）至翌日早晨8时，用黑色膜遮光，以促进雌花花芽的分化和形成。

（三）栽培方式和季节安排

西洋南瓜具有耐寒、在低温下长势较强等特性，宜作冬春早熟栽培、春季早熟栽培、一般露地栽培和秋季栽培。冬春早熟栽培应采用大棚覆盖及多层保温措施；早春栽培可采用小拱棚覆盖或半覆盖栽培；秋季栽培后期应覆盖保温。现以宁波地区为例说明如下：

1. 大棚早熟栽培 12 月中下旬至翌年 1 月上旬播种，1 月下旬至 2 月上中旬定植于大棚。大棚内采用地膜套小拱棚覆盖等防寒措施，4 月上旬始收，4 月中旬进入收获旺盛期。

2. 小拱棚覆盖栽培 2 月上旬在大棚中播种，3 月中旬幼苗 4 叶期定植于小拱棚，4 月底或 5 月初揭除小拱棚。5 月上旬始收，6 月初采收结束。

3. 简易小拱棚栽培 2 月下旬至 3 月上旬播种育苗，3 月中旬至 4 月上旬定植于小棚，5 月中旬至 6 月中旬始收，7 月中旬前后收获结束。简易小拱棚棚跨度 80～100cm，可用地膜覆盖，栽培季节较迟，覆盖时间较短，成本较低，适宜水稻种植地区栽培，后茬可安排晚稻。

4. 露地栽培 3 月下旬至 4 月上旬播种，4 月 15 日前后定植于大田，采用地膜覆盖增温，以促进生长。露地栽培定植时，气温须在 10℃以上，以避免霜害。该季栽培管理较粗放，成本较低。

（四）西洋南瓜栽培技术

1. 育苗 西洋南瓜大棚早熟栽培的育苗是在一年中最寒冷的 1～2 月份，为了创造适宜的温度条件，要求具备较为完善的育苗设施，苗床保温采光要好。宁波地区通常采用大（中）棚套小拱棚双层覆盖农膜，床底敷设电热线以提高床温，避免低温危害。随着播种期的推迟，对苗床保温设施要求也降低。

西洋南瓜大棚早熟栽培应采用大苗带土移栽，以提早发育，提早采收。适宜的苗龄以 30～35 天左右，此时幼苗具有 3～4 片真叶。如果苗龄短，则移植时易伤根，影响缓苗。露地栽培，苗龄以 20 天左右为宜，此时幼苗具有 1～2 片真叶。不同地区的适宜播种期，应根据各地气候条件、育苗设施条件、栽培方式和定植时期确定。

壮苗的培育主要是通过温度管理来实现。播种至出苗需要较高温度，30℃有利于种子发芽出土；出苗至第一片真叶出现期内就应适当降温，白天保持在 25℃左右，夜间 15℃，防止下胚轴伸长和徒长；第一片真叶出现后要提高床温，白天 28℃，夜间 18℃，以促进生长；定植前 1 周应降温炼苗，白天加强通风，夜间温度降至 12～10℃。

采用护根育苗，育苗容器可用口径 10cm 塑料钵或塑料袋，也可用营养土块。营养土要求富含有机质、疏松、肥沃，不带病虫，可用稻田表土和少量鸡粪、厩肥堆制，必要时配少量腐熟饼肥或复合肥、过磷酸钙，每 667m^2 的种用营养土量为 1m^3。播种前晒种，浸种时先用 55℃温水烫种消毒，要不停地搅拌，待水温降至 30℃时，继续浸种 3～4 小时后，在 28～30℃条件下催芽 24～32 个小时，每天检查 2～3 次，并用 30℃温水淋洗种子。胚根长 0.3cm 时播种。播种床的苗钵置于地加温线上，要排紧排平，播种前 1 天营养钵土浇透水。播种时种子平放，播种后覆土厚约 1cm，平盖地膜，以利保湿。并盖好大、中、小拱棚膜成四层覆盖，密封保温 2～3 天。经 3～5 天有 2/3 的种子子叶出土时及时揭去平盖的地膜。严寒天气大棚应盖双膜保温，气温高时白天盖单层膜以增强光照，白天保持棚温 30℃，夜间保持 15℃左右。晴天中午前后温度超过 30℃时，应适当通风降温。营养土表发白时，可适当浇水。小苗长至 2～3 叶发生拥挤时，要加大营养钵间距离，以免徒长。定植前 5～7 天加强通风降温炼苗，以增强其适应性。

2. 适时定植 南瓜根系发达，适应性广，对土质要求不严，pH5～7.5的沙土、黏土、贫瘠空隙地均可种植。丘陵黏土地应在冬前深翻冻垡，改善土壤结构，增加蓄水量；平原水田栽培则应注意深沟排水。一般露地栽培，应结合耕地做畦，每667m^{2}施厩肥1 500～2 000kg，三元复合肥30kg；大棚早熟栽培则应增加基肥用量，一般施厩肥5 000kg，三元复合肥40kg。

畦的形式与种植密度、栽培方式、整枝与否有关。一般露地栽培采用宽3～4m的高畦，3m畦单行种植，4m畦双行种植。每667m^{2}种300～500株。小棚爬地栽培以4m畦在两侧做宽约1m的小棚，栽植两行，株距50～60cm，每667m^{2}种600～700株。大棚栽培，一般棚宽4～6m。4m宽大棚纵向做3个小高畦，宽80cm，沟宽60cm，边畦略宽；6m宽大棚纵向做4个小高畦，中间两个畦宽80cm，畦沟宽60cm，边上的两个畦面宽120cm，每畦种1行，株距50～60cm，边行靠近棚边，间种矮生叶菜，每667m^{2}栽瓜苗900～1 000株。

定植时，气温须稳定在10℃以上，无霜冻危害。在长江中下游，2月上、中旬定植，选择无风的晴天，定植深度适宜，定植后应覆盖地膜，控制浇水量以提高土温，促进根系生长。前期可在大棚内再盖简易小拱棚以提高防寒能力。定植后封棚3～5天保温保湿促成活，缓苗后在晴天中午进行间接的通风换气。具体做法是先密封中棚膜，大棚两头揭膜通风20～30min，然后密封大棚膜，再揭开中棚膜，增加光照，下午3时后封膜保温。阴雨天不揭膜，连续阴雨7天以上须短时间揭膜换气。至3月下旬揭去中棚膜，保留中棚架子；或揭去小拱棚膜，拆除小拱棚。

3. 田间管理 西洋南瓜露地栽培，前期管理主要是松土除草，促进根系的伸展。大棚或小拱棚覆盖栽培则应以防寒、控温和增光为主。为了促进前期生长，前期夜间棚温以不低于10～12℃为宜。如遇低温寒潮，可采用双层膜覆盖保温，白天棚温维持在25～28℃，30℃以上则应通风。通风可降低空气湿度，增加透光率，增强植株生长势，同时可减少病害的发生。

（1）整枝　整枝方式分放任不整枝、单蔓整枝、双蔓整枝、三蔓整枝等几种。不整枝的前期结合压蔓把瓜蔓分布均匀，后期放任不整枝。该法的生长、结果期长，结果多，产量高，省工省时，但果实大小不一，整齐度较差。双蔓整枝、三蔓整枝是严格控制蔓数和结果的精细栽培，虽较费工但果型较大且整齐，商品性好，可确保果实品质。双蔓整枝有2种方法：一种是保留主蔓，在基部选留1条长势相当的子蔓，其余孙蔓尽早摘除。因主蔓结果较早，采收期可提前3～5天。另一种是当幼苗具有4～5叶时对主蔓摘心，选留两个生长势相当的子蔓，使其平行生长，争取2条蔓同时结果，果型整齐，便于管理。三蔓整枝是由主蔓和基部选留的2个子蔓构成的三蔓生长。大棚支架密植早熟栽培多数采用单蔓整枝，有利于提高早期产量，分枝全部摘除，并将主蔓按序排列引向两边。整枝必须与密植结合起来，保持一定蔓数，才能保证合理叶面积指数，提高单位面积产量。王建堂（1998）以西洋南瓜为材料进行支架整枝试验，分单蔓式（每667m^2 1 000株）、双蔓式（每667m^2 500株）、三蔓式（每667m^2 350株）3个处理；5月25日前的前期产量分别为783kg、726kg和525kg，总产量相应为2 897kg、2 770kg和2 112kg。以密植单蔓整枝、双蔓整枝为优，三蔓整枝的瓜蔓长势弱不利于早熟，早期和总产量比较低。

（2）留果　留果部位应根据整枝方式和植株生长势灵活掌握。放任栽培主蔓第一朵雌花一般不留，以免影响植株的生长，第二朵雌花以后自然结果；而采用单蔓、双蔓、三蔓整枝的主蔓第二、第三朵雌花开始留果，子蔓第二朵雌花开始留果，生长势强时应提前留果，以利于控制徒长，同时亦可提早采收，故早熟栽培留果部位较低，露地栽培留果较迟。一般单蔓整枝留2果，双蔓整枝留3～4果，三蔓整枝留4～5果。在顶端一定节位进行摘心，以促进果实的膨大。单蔓支架栽培，在结第二个瓜前于第八节摘心；双蔓或三蔓整枝，在结第二个瓜前于第二、第三节摘心，摘心部位 30 节左右。前期提早采收嫩果，后期采摘老熟果。

（3）支架　支架栽培，先在定植畦上搭高约 2m 的篱壁式支架，顶端横向搭平棚，宽约 4m。平棚外侧与大棚拱杆相接，以便揭膜后使瓜蔓向大棚上引伸。蔓长 50cm 时及时绑蔓，主蔓结果后开始向平棚上引伸，及时整枝绑蔓，合理利用空间，争取更多的光照，以促进生长和结果。

（4）追肥　应根据基肥的施用量和植株的生长状况分次施用。前期控制氮肥施用，以防止徒长，影响坐果。大棚栽培基肥用量较多，前期追肥少。第一批果采收时，每 667m^2 施尿素 30kg，硫酸钾 38kg。10～15 天后连续施尿素两次，每次 18kg。小拱棚搭架密植栽培，当第一批果坐住以后，每 667m^2 施尿素 10kg，三元复合肥（15－15－15）10kg 及少量人粪，间隔 10～15 天再施，连施 3 次。露地栽培，在主蔓长约 50cm 时，结合培土每 667m^2 施三元复合肥 20～30kg。当第一批瓜坐稳后，在畦的两侧施复合肥 20～30kg，以促进果实膨大，维持植株长势。施肥后浇水，切忌大水漫灌，以免发生病害和造成果实腐烂。采收前 15 天左右停止灌水。

茄子高效栽培技术

宓国雄

茄子属茄科、茄属，古名伽，别名落苏。茄子是我国南北各地广泛栽培的主要夏秋蔬菜之一，其特点是产量高、适应性强、较易栽培。近年来，随着蔬菜产销的开放搞活以及对种植业结构的合理调整，塑料大棚、小拱棚、地膜等保护地茄子春提早和秋延后栽培配套技术的发展，茄子种植面积日益扩大，宁波市现栽培面积约 2 万 hm^2，现已成为早春和深秋时鲜蔬菜的主要品种之一，并基本上实现了茄子周年生产，周年供应的产销格局。并在夏秋城市蔬菜供应中，发挥了良好的度淡补缺作用。

茄子以肉质柔软的嫩果作蔬菜，可以蒸拌、酱爆、油焖、红烧、炸、炒、烩、煲及腌渍等。茄子营养丰富，据最新食品营养分析测定，每 500g 鲜茄含有胡萝卜素 0.17mg，硫胺素 0.13mg，核黄素 0.17mg，尼克酸 2.2mg，抗坏血酸 13mg，蛋白质 10g，脂肪 0.4g，碳水化合物 13g，粗纤维 3.5g，无机盐 2.2g，钙 96mg，磷 135mg，铁 1.7mg，还含有异亮氨酸、赖氨酸及较多的维生素 P 与维生素 E，其中维生素 P 的含量居果蔬之首。此外还含有胡菌巴碱、水苏碱、胆碱、龙葵碱等多种生物碱。茄子不仅为人们提供各种需要的营养成分，而且还具有良好的食疗保健功能。

茄子大棚栽培产值高的 667m^2 可达近万元，根据宁波市农业局 2000 年统计，全市茄子 667m^2 产值平均也达4 143元，位居茄果类之首，产生了显著的经济效益和社会效益。

一、特征特性

（一）形态特征

茄子为一年生草本双子叶植物，但在热带及亚热带地区能露地越冬，多年生长。茄子茎直立而粗壮，茎上有疏毛。叶单生而大，卵圆形至长椭圆形，因品种而不同。茎基部带木质，株高多在 70～100cm 左右；茄子从幼苗到成株，茎部木质化程度随生长时间的延长而增加，到了结果期，茎已基本木质化。茎的颜色与果实、叶片的颜色存在着相关性，如果实为紫色的品种，嫩茎多为紫色，叶绿色带紫晕；而浅色的白茄、绿茄，茎和叶多为绿色。茄子分枝能力强，其分枝习性具有明显的规律。主茎生长到一定节位后着生第 1 朵花，在花的直下的主茎的叶腋所生的侧枝特别强健，和主茎差不多，因而分叉形成 Y 字形两个长势相当的分枝；这两个分枝的花着生处，其下两个侧枝又形成 4 个分枝。以后按照这种方式有规律的依次发生各级分枝，这种分枝习性被称为双叉假轴分枝。在第一分枝以下的主茎的叶腋，也可以生出侧枝来开花结果；但这些侧枝生长势比较弱，所结果实往往成熟较迟，从栽培上看弊多利少，一般早期都整枝抹去或只留门茄下一档，以利通风。

茄子为直根系，根系发达，吸收能力强，是茄果类蔬菜中需肥量最大的一种蔬菜。在露地栽培条件下，根深 60cm 左右，横向伸展范围在 100cm 左右，大部分根系分布在 30cm 的耕层内。在地膜覆盖的大棚栽培条件下，其根系分布范围明显小于露地，一般根系大部分布在 20～25cm 耕层内。茄子根系木质化较早，根的再生和不定根的发生能力较弱。因此，在茄子育苗、移栽定植时要采用有效的护根措施，减少根系损伤。

茄子花为完全花，由花萼、花冠、雄蕊和雌蕊四部分组成。

花冠紫色或淡紫色，花多为单生，应品种不同也有2～3朵或5～6朵簇生的。花瓣5片，构成花冠，基部合生成筒状，花下垂，花冠朝下开放。花谢后萼片宿存，并随果实生长。萼片上锐刺有无、疏密及软硬程度，应品种不同而有差异。雄蕊5～6枚，极少数也有8枚的，聚药雄蕊，成熟时黄色，着生于花冠筒基内侧，花药两室，顶端裂成一对“双唇”形圆孔进行散粉，花药的开裂时期与柱头的受粉期相同，花粉散落在柱头上，进行自花受粉。并以当日开放花朵的花粉与柱头受粉的坐果率最高。因栽培和气候原因，在花的发育过程中往往会出现长短不一的花柱，柱头长出花药的叫长花柱，柱头与花药齐平的叫中花柱，柱头低于花药的叫短花柱。前两种花柱的花能正常受粉，而后者受粉能力较差，一般不能坐果。茄子为自花受粉，其自然杂交率为3%～7%。早熟长茄类品种在大棚栽培条件下，第一朵花一般着生在主茎第7～9叶位上，而晚熟品种一般在第10叶位以上才着生第一朵花。

茄子的果实为浆果，是子房发育成的真果。心室几乎无空腔，胎座特别发达。茄子果肉主要是由果皮、胎座和心髓部所组成。胎座与心髓部的海绵状薄壁组织，为茄子果实的主要食用部分。这些海绵状组织细胞间隙多，所以果实的比重小，较轻。在子房膨大过程中，开花以前主要是细胞的分裂，而开花以后，主要是细胞膨大及细胞间隙的增大。果实组织的紧密程度，视果形及品种而异。茄子的果实形状有圆形、扁圆形、倒卵形、粗棒形、长条形。果皮颜色有黑紫色、紫色、紫红色、绿色、白色等。其颜色来源是含有花青素，包括飞燕草素、风信子甙、茄素等。茄子果肉的颜色一般与果皮色相关，紫红茄，绿茄、白茄的果肉多为白色，黑紫茄的果肉多为浅绿白色。嫩果含生物碱，有涩味，煮熟后消失，一般不宜生食，但也有生食的品种。

茄子以采收嫩果为食用商品果，此时种子的胚和胚乳尚未发育成熟，为细小的白色嫩籽，因而不影响茄子食用品质。一般采种果需要在茄子开花坐果后 50～60 天的时间，果皮转色为土黄或土褐色，达到生物学成熟时，方可采种。完熟的种子扁平，肾形，表面光滑带革质，呈鲜黄色，千粒重 4～5g。

（二）生长发育周期

茄子的生育周期，一般划分为发芽期、幼苗期、开花坐果期和结果期。

1. 发芽期 从种子吸水萌芽开始到第一真叶显露为止为发芽期。这一时期一般需要 10～15 天，如遇低温则会延长。种子发芽的最适温度是 28～30℃。这期间主要是种子吸水膨胀，胚根和胚芽的伸长和子叶展开等过程。

2. 幼苗期 从第一片真叶显露到茄子现蕾，一般到定植时结束为幼苗期。约需 60 天左右时间，如在冬季气温较低的情况下，幼苗期可长达 90 天以上。茄子秧苗在 3～4 片真叶时，即开始花芽分化，花芽分化之前幼苗以营养生长为主，从花芽分化开始则转入以营养生长和生殖生长共进期。此期间是分化和建成茎、叶、根的基础，也是大部分花芽分化发育的关键时期。

3. 开花坐果期 从茄子现蕾到第一花蕾成熟开花（花的寿命 3～4 天，自开花前日至开花后 2～3 天都有受精能力），称为始花期。

从开花受精坐果到幼果刚伸出花萼，即俗称达到“瞪眼期”称为开花坐果期。此时期较短，一般为 8～12 天。这一时期是茄子定植初期，是继续以根、茎、叶营养生长为主，并逐步转入到生殖生长与营养生长并进的周折时期。一方面植株迅速生长，同时上部花序继续不断分化，下部花蕾陆续成熟开花坐果。这个时期也是茄子生产管理最重要时期。既要防止肥力不足，又要避免茎叶生长过旺造成徒长。若营养生长和生殖生长协调不好，都会直接影响产量和品质。

4. 结果期 从第一朵花的门茄“瞪眼”至上面以后各层茄

子陆续开花坐果、伸长、膨大直到拉秧为止为结果期。在正常生长环境中，茄子从“瞪眼”期到商品成熟期约需 13～14 天，从商品成熟期到生理成熟期约需 40 天。一株茄子，每朵花之间从现蕾到采收的先后，是有规律并相互交替和衔接的。如门茄开花时，对茄现蕾；门茄“瞪眼”时，对茄开花，四门斗现蕾；门茄采收商品果时，对茄“瞪眼”，四门斗开花，八面风现蕾。茄子结果期长短直接与栽培的环境条件和栽培管理水平有关，茄子是陆续开花，连续结果，营养生长与生殖生长同时进行的作物。其结果期短的 60 天，长的可达 120 天左右。

（三）对环境条件的要求

茄子起源于东南亚热带地区，由于受到其原产地气候条件影响，虽经长期栽培训化，但仍具有喜温、怕霜、喜光、耐热的习性。就其栽培环境条件来说，主要包括温度、光照、水分和营养等几方面。只有比较全面地满足其对温、光、水、肥的要求，才能获得高产优质的结果。

1. 温度条件 在茄果类蔬菜中，茄子是喜欢较高温度且是较耐高温的作物。生长发育期间的适温为白天 25～30℃，夜间 18～20℃。不同的生育阶段，其所要求的最适温度不同。发芽期要求 30℃；子叶期要求白天 20℃，夜间 15℃左右；幼苗期要求白天 22～25℃，夜间 18～20℃；结果期要求白天 25～30℃，夜间 18～20℃。茄子不耐低温，经不起霜冻。当温度低于 10℃，就会引起植株新陈代谢紊乱，甚至使植株停止生长；温度在 5℃以下就会使植株遭受冻害；在－1～－2℃时冻死。结果期间，遇到 15℃以下的低温或 30℃以上的高温，则生育缓慢，花芽分化延迟，甚至会产生没有受精能力的不育花粉，常导致落花。即使能坐果也往往是小果或畸形果为多。在盛夏夜间高温条件下，也易形成短花柱花，使之影响受精和坐果。据研究，日平均温度 17.5℃为计算有效积温的起始温度。早熟品种从出苗到始收需要的有效积温为450℃以上，中熟品种为500℃以上，晚熟品种为630℃以上。

2. 光照条件 茄子是中光性作物，对光周期反应不敏感，日照的长短对茄子的发育无太大的影响。光照时间从4小时到24小时花芽都可以分化，但长光照能使幼苗生育旺盛，花芽分化提早，花期提前。反之如光照不足，则叶大而薄，引起植株徒长，开花推迟，坐果差、果实发育不好。

茄子对光照强度要求，虽不像番茄那样要求强光，却比对光照时间的要求来得高。茄子的光饱和点为40 000lx，光补偿点为2 000lx。光照强度对花芽分化、开花结果和果实品质都有很大的影响。光照弱时，叶片稍有增大，色淡而柔弱，且引起植株徒长，光合效力低，花的素质差，植株生长弱，且果实着色不良，尤其是紫色品种，品质下降商品性差。当在光照强度强，光照时间也长的情况下，光合产物积累多，花芽分化早，第一朵花着生节位低，早期产量高，品质好。

3. 水分条件 茄子原产热带多雨地区，虽经长期异地训化，但仍保持了对水分要求较高的特性。加上茄子分枝多，叶面积大，蒸腾作用强，开花结果多，茄子根系虽较深，但其耐旱性比较差。因而它要求土壤含水量较高。以保持植株根系吸收水分和叶面蒸腾的平衡。而另一方面茄子是旱作蔬菜，因此长期形成了其既喜水又怕水的需水特性。如果地下水位高，加上排水不良，空气湿度长期在80%以上，则易导致根尖腐烂和植株发病。而且会引起开花、授粉困难，落花落果严重。反之如土壤水分不足，则植株生长缓慢，易发生早衰，妨碍花的发育，造成结果少，果面粗糙，小果僵果多，品质差。因此在生产管理上，要尽量使土壤含水量保持在14%～18%之间的湿润状态，保持良好的水分条件，以促进茄子的生长发育。

4. 养分条件 在茄果类蔬菜中，茄子是需肥量最大且比较耐肥的作物。其一生中各营养元素的最大吸收量，依次为氮>钾

>钙>镁>磷，其吸收高峰出现在采果至采果盛期。茄子是以幼嫩浆果为产品，对氮肥要求较高。氮素对茎叶的生长和果实发育起着重要作用，是与产量关系最密切的元素。茄子植株的不同部位对氮素吸收的比例为：叶占21%，茎占9%，根占8%，采收的果实占62%，由此可见果实膨大时所需要的氮肥是相当多的。氮肥不足对植株发育各阶段都能引起不良影响，如开花延迟，花的数目减少，产量下降等。因此，增施氮肥往往可获得明显的增产效果。

茄子能耐较高浓度的土壤溶液，一般不会发生肥料的浓度障碍。对肥料的吸收量后期比初期增加30%，从始收期开始，吸收强度明显提高；到了收获后半期，对钾的吸收急剧增加。茄子对养分吸收量比大体为氮5.5、磷1、钾5、钙3。一般施肥量可考虑每公顷氮200kg、磷100kg、钾180kg。一般每生产1 000kg商品果实需吸收氮5.2kg，磷0.8kg，钾5kg，钙2.6kg，镁1.14kg。茄子在土壤酸碱度pH值5.8～7.3的条件下，生长良好。

二、生产技术

(一) 品种

我国的茄子品种资源相当丰富。在不同生态条件下经过长期栽培选择和驯化、演变，形成了许多优良的地方品种。这些地方品种分属于植物学上的三个变种；圆茄、矮茄和长茄。圆茄，植株高大，长势强，叶片宽大而肥厚，果实大，呈圆球、扁球、椭圆球形。果皮色多为黑紫、红紫，少量品种为绿色，大都属中晚熟品种。我国北方各省市栽培的茄子品种多属于圆茄类型。矮茄，株型矮小，长势中等，果实小，果为卵型或长卵型，种子多、皮厚、品质差，但耐热，抗病力较强，多为早熟品种，目前在生产上应用较少。长茄，株型中等，分枝多，叶较小而狭长，叶色多为绿色。花型较小，颜色多为淡紫色。果实长棒状，细长或稍有弯曲，果皮薄、果实种子少、肉质松软，果皮颜色多为紫黑或紫红，也有少数绿色和白色的品种。长茄类品种多为早、中熟品种。我国南方各省市栽培的茄子，多属于长茄类品种。长期以来因各地消费习惯及生态气候不同，各地的栽培品种都有很强的区域性，这一点与其他茄果类蔬菜大不相同，特别是外观品质必须符合当地的消费习惯才能被接受。

主要栽培的长茄类优良品种有以下几种。

1. 宁波藤茄　又叫宁波黑茄，是宁波地方品种。根据植株长势及株型大小，在当地习惯上又分为中树种和小树种。小树种一般株高在70cm左右，中树种稍高大。茎及叶柄紫色，叶中等偏小，呈长卵圆，叶绿色带紫晕。花多为3～5朵簇生，门茄着生于第8～9叶节，在早熟栽培下第一朵花着生部位相对推迟。果实紫黑细长，果长在30～45cm，果径1.8～2.2cm，果型上下均匀，头稍尖，单果重50g左右。果肉浅绿白色，肉质稍紧，品质好。适中晚熟栽培。

2. 甬茄1号　原为"9821"，系宁波市农业科学院蔬菜所育成的一代杂交种。植株生长势强，株高中等，茎紫褐色，叶中等大，长卵型，叶色深绿带紫晕。花多为单生，第8～9叶节着生门茄。果实长条型，长约35～40cm，果径2～2.5cm。单果重65g，果皮紫黑有光泽，果肉浅绿白色，肉质松紧适宜，口感好，品质佳。适作保护地早中熟栽培或露地栽培，亦可秋季栽培。

3. 苏崎茄　江苏省农业科学院蔬菜所育成的一代杂交种。早熟、丰产、耐热、优质。生长势强，株高110cm以上，第9～11叶节着生门茄。长果型，果长27～30cm，果径3.8～4.5cm，果皮紫黑色有光泽，品质佳。可春秋两季保护地或露地栽培。

4. 杭茄1号　杭州市蔬菜科学研究所育成的一代杂交种。

早熟、高产、抗病、耐寒性好、生长势强。株高中等，第8～9叶节着生门茄。果实长条型，果长35～38cm，果径2.2cm，单果重60g左右，果实紫红透亮，粗细均匀，品质优良。可作春秋两季保护地栽培和露地栽培。

5. 长虹2号 浙江省农业科学院园艺研究所育成的一代杂交种。株型紧凑、生长势强、分枝多、节间短、结果层密；叶片绿色带紫晕，长椭圆形，叶缘波浪形，叶脉和茎秆均为紫色。早熟，第9叶节着生第一朵花，花浅紫色，复花序比例为20%～30%。果实长直，粗细均匀，果长30～40cm，果径2.5～2.9cm，单果重60～70g，果面紫红色，光滑美观，光泽度好，皮薄、果肉洁白，组织细腻柔嫩，品质好。每667m^{2}产量在3 400kg以上。适合冬春大棚早熟栽培，也宜高山栽培或秋季露地栽培。

6. 杭丰3号 杭州市江干区杭丰蔬菜良种研究所育成的一代杂交种。中熟类品种，植株生长旺盛，株高120cm，开展度90cm×130cm，第一花序着生于12～13叶节，每花序有花2～3朵。果长30～35cm，果径2.5～3cm，果形较直，头尖，表皮紫红色而富有光泽，果肉柔嫩，商品性好。较耐热耐湿，适宜夏秋露地栽培和秋季延后大棚栽培。

此外，还有引茄1号、鄂茄1号、农友长茄、麻薯长茄、杭茄3号、杭丰1号、杭丰1号、扬茄1号、屏东长茄、丰秀等品种。

（二）栽培方式

茄子在浙东的栽培方式目前主要的有常规的露地栽培、小拱棚栽培和大棚（单、连栋大棚）栽培，3种主要方式。而小拱棚栽培，是露地栽培利用前期小拱棚的保温防冻效果，进行提早定植的一种措施，其实也属露地栽培。

1. 露地栽培 在晚霜过后，当4月中旬气温已回升至15℃

左右，将在阳畦或小拱棚内育成的健壮茄苗定植于大田。采用常规的培育管理，这是一种传统型的种植方法。但目前菜区多增加了地膜覆盖这一措施，以提高地温，促进早期根系生长，有利发棵，提早始收期，达到早熟丰产的目的。这种方法对栽培要求不高，操作相对简单，投入成本低，在各菜区有一定的搭配面积。

2. 小拱棚栽培 这是茄子在前期部分生长期内，采用地膜和小拱棚保护的一种利用短期设施保护的栽培技术。为了使露地茄子能更早的定植大田，而不受早春低温冻害，种植畦采用地膜覆盖，将育成的健壮茄苗定植后，并随即用小拱棚覆盖，进行防冻保温，以促进早期生长。在撤膜拆棚前，主要是根据天气情况与小拱棚内的温度与湿度变化情况进行管理，重点是做好保温和通风降湿管理。撤膜后就成为露地栽培。不少地区，小拱棚栽培是茄子的主要栽培形式之一。这种方法，成本低，效果明显，可使茄子的始收期比露地提早 15～20 天。其商品果上市的时间，正好介于大棚早熟栽培茄子即将落市和露地栽培茄子还未上市之间，能补充这段时间茄子的供应低谷。近年来，这种类型的栽培方式效益比较显著。

3. 大棚栽培 这是一种在全生长期应用大棚设施的保护，在本来不宜种植的寒冷季节进行提早或延迟生产的一种反季节栽培。由于茄子生育要求较高的气温和地温，在晚冬早春季节，单用一层大棚覆盖栽培仍不能较好满足茄子生长所需要的温度条件，早熟效果不显著，前期产量不高，直接影响经济效益。因此，目前真正的大棚早熟栽培，多采用大棚内套小拱棚＋地膜＋遮阳网等，多层覆盖保护措施，进行茄子早熟栽培。这种栽培形式使茄子上市明显提早，生产效益显著，但投入成本相对要高，管理精细。

（三）育苗技术

1. 苗床准备 保护地保温育苗因热源不同可分为温床育苗

和冷床育苗，一般将只利用阳光而没有其他热源的保温育苗称冷床育苗，在利用阳光的同时还有其他加温设施的保温育苗称为温床育苗。育苗床准备的好坏，将直接关系到茄子幼苗期的生长环境，是育成壮健优质苗的关键。

（1）冷床　大棚茄子早熟栽培一般在9月下旬至10月上旬播种，采取在大棚内只利用阳光而没有其他热源的保温苗床育苗。这种冷床育苗的育苗床做法比较简单，先在大棚内做成一个床面宽1～1.2m，苗床四周做成高10cm，宽15～20cm的围沿，使床基凹下。苗床长度应根据播种面积而定。然后往床基中均匀铺入7～8cm厚的营养土，并将床面做平整细以备播种。营养土应预先堆制。一般可用60%～70%的未种过茄果类蔬菜的园地土，加入20%～30%的腐熟有机肥，均匀拌合。如土质较黏重可另加10%的谷壳灰或过筛的焦泥灰，以增加床土疏松度。并在每立方米的混合物中，加入N150g、$P_2O_5$300g和K_2O200g。同时为防止苗期土传病害和地下害虫，可在营养土中拌入1‰的50%多菌灵或甲基托布津及1‰的90%敌百虫，充分混匀后，堆沤腐熟，捣碎后使用。

（2）电热温床　如11月至12月在大棚内播种，则需采用电热温床育苗。电热温床是通过在苗床床基铺设电加温线，将电能转变为热能进行土壤加温的方法。电热加温省力方便，升温快、温度均匀稳定。如果结合控温仪，则可根据不同天气和秧苗生长需要来调节控制温度。电热温床的设置，应先与冷床育苗一样做好育苗床，然后在床基平铺一薄层干净的稻草作隔热层，在稻草上均匀撒压一层2cm厚的细土，以基本盖住稻草为宜，接着在细土上铺设地加温线。顺着苗床纵向直线来回铺设，两端转角处用小竹签固定并控制间距，线与线横向间距一般为10～12cm，因床边散热快，最旁边两条距离可适当稍紧一点，中间的可稍放宽一点，但平均间距不变。铺线必须平整顺直、不重叠，并自然拉直。电加温线两线头必须留在同一头靠近电源处，以便接电源和安装控温仪。布完电加温线后，必须检查所铺电加温线是否能正常通电发热。检查后再在电加温线上均匀加填铺撒 5cm 厚的营养土，整平待播。

2. 种子处理 茄子种子的种皮角质层较发达坚韧，并附着有黏滑果胶物质，致使水分和氧气较难进入。同时又由于茄子的有些病害，如黄萎病、绵疫病、立枯病等，可由种子传带。因此要育好秧苗，播种前必须对种子进行处理，种子处理后可减少种子带菌，提高种子活力，促使出苗快而整齐，增强抗性，提高幼苗素质。种子处理最常用的是温汤浸种和药剂浸种。

(1) *温汤浸种* 将茄子种子先放到冷水中浸泡 5～10min，然后捞出放入已调好的 55～60℃的热水中，并不断搅动，使种子受热均匀，并随时补充热水，用玻棒温度计测水温，使水温稳定在 55℃，15～20min 后，再捞出种子在冷水中散去余热。然后在 25～30℃的温水中浸泡 4～6 小时，其间也可用间歇性浸泡法，效果更好。浸种后，再用清水淘洗，将附在种子上的黏液洗干净，以利于种子的呼吸和萌发。

(2) *药剂浸种* 可杀死种子所带的病菌，防止种子传染病害。药剂处理种子应严格掌握药剂浓度和处理时间。如浓度太低或时间太短则起不到杀菌的作用，但浓度过高或处理时间过长，则会伤害种子影响发芽。主要的常用药剂有：

①福尔马林 先将种子放入清水中浸泡 4～5 小时后，再放入 1%的福尔马林溶液中（即 40%甲醛溶液 1 份对水 99 份）浸泡 15～20min 后取出用湿布包好，放在密闭的容器中闷 2～3 小时熏蒸消毒，然后用清水反复冲洗干净。

②高锰酸钾先将种子在 35℃温水中浸泡 3～4 小时，然后放入到 1%高锰酸钾溶液中浸 10～15min，利用强氧化作用杀死种子表面病菌。而后将种子取出后用清水冲洗干净。

(3) *药剂拌种* 如果干种子播种也可采用以种子量 0.3%～0.4%的 50%多菌灵拌种。

3. 催芽 经上述浸种处理的种子拿出后，摊开晾一晾，用洁净湿纱布包好，放入30℃恒温发芽箱内，或用其他保温措施在30℃的恒温条件下催芽，催芽期间每天用30℃温水淘洗一次，清除黏液，增供氧气，以利发芽。淘洗后仍用湿纱布包好，继续催芽，5～6天可露白齐芽。

4. 播种 为了保证有足够的幼苗，又不用种过多和增加苗床面积，在播种前应确定播种量。目前生产上每667m^{2}茄子的用种量一般为25～30g左右。在充分利用苗床的前提下以适当稀播为原则，如在2叶1心以后分苗，只能播6～8g/m^{2}种子。播种应选在冷尾暖头的晴天进行。播种前，苗床应提早半天至一天用洒水壶缓慢均匀地浇足底水，使床土湿润而不积水不板结为好。然后将种子均匀地撒播到苗床，为使便于掌握播种均匀一致，可用细沙土与种子混匀后再撒播。播种后再覆上0.5～1cm厚的过筛细土和谷壳灰的混合土，覆土要均匀一致，然后平铺盖上地膜保温保湿。苗床温度白天控制25～30℃，夜间20℃，如遇低温应加套小拱棚。催过芽的种子一般3～4天顶土出苗，浸过种而未催芽的一般需10～12天。当有60%左右种子顶土出苗时，必须及时揭去地膜，以防止出现“豆芽苗”。

5. 分苗移栽 分苗也叫移苗、移植或假植。分苗移栽是为防止幼苗拥挤，改善幼苗生长的通风透光条件，扩大幼苗的营养面积，促进侧根发生，促使幼苗整齐一致，达到培育壮苗的目的。分苗移栽期的确定其重要依据是茄子的花芽分化始期。经研究查明，茄子幼苗在展开2～3片真叶时开始花芽分化，为了避免移苗时幼苗受到生理性损伤而妨碍花芽分化，因此，当幼苗展开2片真叶时就应及时将幼苗移入营养钵内。营养钵育苗可避免以后放大苗距进行排苗或起秧定植时对秧苗的损伤，可以缩短定植后的缓苗时间或不出现明显的缓苗现象。分苗前要准备好分苗床、营养土和营养钵。排放营养钵的分苗床可做成电热温床的床基一样，铺上电加温线，和一薄层细土。而后将营养土分别灌装到 10cm×10cm 的营养钵中，排放到分苗床上，再移植秧苗。分苗同样要选在晴好天气进行。分苗前幼苗要浇“起苗水”，以利起苗和减少伤根。移栽后要及时浇水，并随即套上小拱棚覆上塑料薄膜和遮阳网，以避免过强阳光直接照射，进行遮阳、保温、保湿管理，以促进发根活棵。一般 2～3 天后要及时揭去遮阳网，并根据棚内温度情况逐渐开始通风。

6. 苗期管理 从播种出苗到分苗移栽后的苗床管理，主要是抓好温、光、水、气及病虫害防治等，是培育茄子壮苗的关键。

(1) 温度管理 从第一张真叶露出到现蕾为幼苗期约 50～60 天。这一阶段要求适温白天为 22～25℃，夜间 15～18℃。如果温度偏低秧苗生长缓慢，会引起发育不良叶片发黄，影响花芽分化，并导致以后花器变小。当地温降至 10℃以下，则根系停止生长，易形成僵苗。苗床的温度管理有电加温线的除通过控温仪和通电时间来调节外，主要是加强对小拱棚的管理。晴天有阳光天气应揭去小拱棚膜进行通风炼苗，保证有充足的光照条件。阴雨寒冷天气则要把小拱棚膜盖严，夜间加盖遮阳网或草帘子，以满足秧苗生长的温度条件，达到培育优质苗的要求。

(2) 光照管理 浙东地区冬季光照强度低，日照时间短。以宁波为例，从 11 月至翌年 3 月平均日照时间仅 4.27 小时/天。再加上大棚膜的遮蔽，其透光率要降低 10%～20%。因此如何采取措施来提高苗床的日照强度和延长日照时间，是苗床光照管理的关键。白天有阳光的晴好天气，早上 8 点 30 分至 9 点钟揭去小拱棚膜，而在傍晚 16 点前后再覆盖好小拱棚膜，阴雨寒冷天气不揭膜。总之使苗床在保持生长适温情况下，尽量缩短早晚覆盖遮阳网或草帘子的时间，利用晴好天气充分延长光照时间，以达到培育壮苗的目的。

(3) 水分管理 苗床的水分主要靠人工浇水补给，但浇水会降低地温，而苗床和营养钵土过于干燥，会造成秧苗缺水，同样要抑制植株生长，导致秧苗素质差，甚至因缺水出现萎叶。因此水分管理必须要结合温度、日照等因素统一考虑。在日照、温度能基本满足秧苗需要条件下，水分充分供应，有利于秧苗生育和花芽分化；反之在日照不足、温度偏低的情况下，浇水过多过湿则会明显降低地温，影响根系生长会形成老化苗，因此苗床应适度控水保温。苗床水分管理的要诀是尽量减少浇水次数。在必须浇水补充的情况下，应拣晴好天气，进行适当喷水或浇小水。浇水量不宜过大，每次浇水后要及时通风，降低空气湿度，以防止幼苗徒长。

（4）灾害防除　苗期可能出现的灾害主要有冻害、湿害和病害。如果不能很好地预防和控制这些灾害，轻则降低秧苗素质，重则严重降低成秧率，甚至导致育苗失败。冻害的主要防护措施是：采用电热温床育苗，配合使用小拱棚和覆盖物；冷床育苗的，小拱棚膜四周要压住封严，夜间膜上用双层遮阳网或草帘子覆盖，并封闭大棚门，避免冻害。湿害的预防措施是：大棚四周要开通排水沟，降低育苗棚的地下水位，再在苗床四周开好围沟，防止棚内积水。苗床如需浇水要选晴暖天气进行，当棚内起雾湿度过高时，需及时通风降湿。保证苗床不干不湿潮润良好的土壤环境。病害的主要防治措施是：育苗床及营养钵用土均应用经药剂消毒预先堆置过的营养土。其次是尽量降低苗床湿度，幼苗期要及时间苗，去除病弱苗，加强通风透光，适时炼苗。及时分苗移栽，适当放大苗距，防止挤苗，并及时喷药进行防护。

（四）大棚茄子早熟栽培技术

1. 品种选择　大棚茄子早熟栽培，是以获得早熟丰产和优质的商品茄为目的，品种要求选择能耐低温、寡照，株型紧凑，早熟丰产，果型好，适应性强的品种。如杭茄 1 号、引茄 2 号、长虹 2 号、杭丰 1 号、苏崎茄等。

2. 适时播种，培育壮苗　大棚茄子早熟栽培，在宁波适宜播种期一般为9月下旬至10月上旬。播种过早，幼苗过大，不利冬季管理；播种过迟，后期温度低，秧苗生长慢，幼苗个体植株太小，则不利于早熟丰产。苗床一般多采用大棚内冷床育苗。随着气温降低再在大棚内套小拱棚，小拱棚膜上加盖草帘子或遮阳网等多层覆盖的方式。进行茄子春提前早熟栽培，主要目标是早熟高产。因此要培育好壮苗，出苗后要及时间苗和分苗移栽到营养钵。特别对移栽到营养钵后的分苗床管理，要注意防寒保温，控制浇水，加强通风透光和炼苗。出现挤苗现象，需及时进行搬钵放大苗距。既要防止僵苗不发，又要防止徒长和感染病害。要求培育成日历苗龄约100～120天，生理苗龄10～12叶，苗高18～20cm；叶绿、茎粗、带大蕾，根系发达、白根多，无病虫危害的壮健大苗。

3. 施足基肥，及时定植　茄子耐寒力弱，生长期长，对土壤养分要求较高，在土层深厚，保水性强的环境中生长较好。因此，当前作收获，清除田间残株杂草后，在翻耕时要施足基肥。一般每667m^{2}施入腐熟厩肥4 000～5 000kg，氮、磷、钾三元复合肥30kg。复合肥采用翻耕前散施，厩肥采用在翻耕后畦中开沟深施。而后整地作成宽约120cm，高25cm以上的畦。并根据土壤墒情浇一次底水，而后覆上地膜，使地膜铺盖平直贴紧畦面，把地膜四边揿嵌入畦边土中，以达到较好的增温保墒效果。

大棚茄子早熟栽培应力求做到适当偏早，定植日期应根据当地当时大棚内温度情况，以及覆盖保温条件来确定。在宁波一般2月中旬前后可以定植。此时棚外平均气温接近10℃，而棚内平均温度则在10℃以上，有阳光晴天可达20℃以上。定植最好拣气温较高的晴天，在上午9点到下午3点进行。定植时每畦种2行，先在膜上用打孔器打孔。平均行距为75cm，株距为35～40cm，每667m^{2}栽种株数为2 200～2 500株。定植时应尽可能保持秧苗根际营养土块完整，防止散体，减少对根系的损伤。栽苗深度应与营养土块高度基本一致，种下后和畦面相平或稍低，对于高脚苗可适当深栽一点，并要壅土护根。定植当天应及时浇薄肥水过根衔口。如能加入2 500倍的“移栽灵”则更好，以利促发新根。定植后要扣上小拱棚膜，夜间要加盖遮阳网或草帘保温。

4. 温湿度及肥水管理 定植后5～7天内小拱棚不揭膜通风，以保温为主，促发新根，使秧苗较快恢复正常生长。5～7天后中午要适当通风，以降低小拱棚内的空气湿度。为防止冻害，夜间小拱棚上要采用草帘或遮阳网覆盖保温。2月中下旬正值严寒天气，外界气温较低，光照弱。小拱棚上的覆盖物必须采取白天揭，以增加光照，傍晚提早盖，以蓄热保温防冻。白天棚内温度要求20～25℃，夜间要求在10℃以上。由于棚内气温相对要高，小拱棚内土壤水分蒸发和植株叶面蒸腾，易造成棚内空气湿度偏高。因此，遇晴好天气要及时揭膜通风降湿，并要适当控制浇水。棚内空气相对湿度应控制在60%～65%左右。以避免在高温高湿环境中引起植株徒长，而影响早期坐果。3月份外界气温回升，大棚内夜间气温稳定在10℃以上时，小拱棚上可不盖草帘，当大棚内气温稳定在15℃左右时，可撤去小拱棚。此时茄子进入开花坐果期，要注意做好肥水管理，满足营养生长和生殖生长并进阶段的肥水需求。此时，每667m^{2}穴施二氧化碳颗粒气肥40kg，能提高光合同化率，促进植株生长发育，对茄子有明显的增产效果，使用方便、省时、省力，施肥时应注意穴点离开植株15cm左右。在门茄坐果前，一般不宜浇水，避免茎叶徒长。当门茄膨大，对茄开始开花坐果时，植株进入果实旺盛生长时期，这时土壤含水量应保持在80%为好。如土壤过干，植株缺水会造成落花，影响坐果。而此时的温度白天要求达到25～30℃，晚上18～20℃，可采用闭棚升温和开棚通风降温的时间和程度来调节。当外界气温继续升高，就要逐步加大通风口和延长通风时间，防止引起高温为害。在最低气温升至15℃以上时，可以昼夜通风不闭膜。到5月下旬，可以将大棚两边的裙膜卸掉，如是全覆式的可将两边的边膜卷起，只留顶膜防雨。同时为了保证盛果期果实迅速膨大，提高品质，还需经常补给肥水，以“少吃多餐”的方法，即每采收2～3次茄子后追肥一次，每667m^{2}每次浇施尿素10～15kg，钾肥10～15kg。在茄子生长后期，根系吸收能力减弱，可采用根外追肥的方法进行补充，可喷施0.2%尿素，0.2%磷酸二氢钾，1%的硫酸镁，一般每7～10天一次，连喷2～3次。

5. 整枝摘叶、调控植株 茄子的分枝习性是相当有规则的双叉假轴分枝。为了使茄子营养生长和生殖生长更趋协调，使植株既有较强的营养生长，又不发生郁闭徒长，能有较好的透光率，有利坐果和着色。对茄子植株的枝叶生长必须进行适当的调整，进行整枝摘叶。整枝时首次可将门茄以下抽生的分枝抹去，形成双杆式，以后任其生长。当茄子植株第二次分叉后，将以后生长的花下主茎叶腋所发生的芽、侧枝和部分老叶、病叶摘除。这样每株保留4个分枝开花结果。整枝应在晴好天气进行，有利创口愈合。整枝时应用大拇指横向推抹，切忌上下拉掰，如过度损伤导致植株茎表皮伤口扩大，会引发病害感染。以后根据群体郁闭程度，要继续摘除部分叶片，改善植株通风透光条件，促进果实着色。摘叶从结果期开始，根据茄子植株生长情况要进行多次。摘叶不是越多越好，不能贪方便一次摘叶太重，如把功能叶打去一大片，会直接导致光合产物积累不足，而影响开花坐果和果实膨大，造成减产。一般要求叶面积系数保持在3～4左右为好。

6. 防止落花，点花保果 茄子是要求强光照的喜温性蔬菜，不耐寒。栽培环境不良或肥水过多过少，会引起落花。当最低气温低于15℃或最高气温在35℃以上时，影响花的正常受精，也要引起落花。前者落花可用肥水调控，生长过弱可用肥水促进；生长过旺出现徒长落花，则需适当控水、控氮，用磷钾肥矫治。气温过低或过高引起落花则可用激素处理，促使单性结实达到保花保果。一般可用40～50mg/kg的防落素（番茄灵），在花半开放时喷花朵。气温高时可适当降低激素的浓度，气温低时可适当提高激素的浓度。

7. 病虫害防治

（1）病害及其防治　茄子的病害有：猝倒病、立枯病、茄子褐纹病、茄子白粉病、茄子黄萎病、茄子灰霉病、茄子绵疫病和茄子菌核病等。

①猝倒病　症状参见本书“蔬菜病理学常识及病害诊治”的部分。防治方法有：一是农业防治，播种前做好种子杀菌处理，播后用药土盖种；加强苗床管理，避免低温高湿环境，注意蓄热保温和适当通风降湿。二是药剂防治，出苗后应采取无病先防的原则，可用58%雷多米尔.锰锌可湿性粉剂500倍液，或78%科博可湿性粉剂500～600倍液，或75%百菌清可湿性粉剂600倍液喷雾。隔7～10天一次，视病情防治1～2次。

②立枯病　症状参见本书“蔬菜病理学常识及病害诊治”的部分。防治方法有：做好苗期管理工作和药剂防治。药剂防治，在未发病或发病初期可用5%井冈霉素水剂1 500倍或15%恶霉灵水剂450倍液，或75%百菌清喷雾防治。7～10天一次，根据病情连续防治2～3次。

③茄子褐纹病　褐纹病是茄子苗期的重要病害之一。以带菌种子引起幼苗发病，土壤带菌引起茎基部溃疡。后又以分生孢子通过风雨及昆虫进行传播造成再侵染。幼苗受害多在幼苗与土表接触处形成菱形水渍状病斑，以后病斑逐渐变褐色或黑褐色，稍凹陷并缢缩，病斑绕茎一周后致使幼苗发生猝倒。露出木质部形成立枯状，并在病部产生黑色小点。大棚苗床如遇长期阴雨，通风条件差、湿度大、温度偏高、长势嫩、密度高的情况更易发病。防治方法：一是做好选用抗病良种，轮作和药剂浸种、床土消毒工作；二是药剂防治，用75%百菌清可湿性粉剂500倍液，或58%甲霜灵锰锌可湿性粉剂500倍液，或64%杀毒矾可湿性

粉剂500倍液，或50%克菌丹500倍液。每隔7天喷药一次，交替使用不同药剂共2～3次。遇长期阴雨和棚内湿度较大情况下，发病初期苗床可用10%百菌清烟薰剂，或20%速克灵烟薰剂，或10%百菌清加20%速克灵混合烟薰剂，进行烟薰。每667m^{2}每次用药300～400g，每隔7天一次，共2～3次。

④茄子黄萎病　茄子黄萎病俗称半边疯、黑心病，是茄子主要病害之一。可由种子带菌和土传，从植株根部伤口或直接从幼根表皮和根毛侵入，病菌在条件适宜时萌发，在维管束内生长繁殖，并顺液流分散至茎叶和果实。植株发病初期，叶片叶缘及叶脉间逐渐褪绿变黄。在晴天高温时出现萎叶，早晚或阴雨天仍能恢复，病重后不能再恢复。病叶由黄变褐，叶缘上卷，严重时干枯脱落，光剩茎秆，纵切根茎可见变褐的维管束。防治方法：一是做好选用抗病良种、轮作等工作。二是嫁接抗病。三是药剂防治，定植时和缓苗后或在发病初期，用50%托布津可湿性粉剂400倍液，或50%多菌灵可湿性粉剂500倍液，或86.2%铜大师可湿性粉剂1 500～2 000倍液进行灌根。用药量0.4kg/株，10天左右灌一次，连灌2～3次，严重病株要及时拔除集中烧毁。

⑤茄子白粉病　茄子白粉病是近年来大棚茄子栽培中的常发性病害。以子囊孢子进行初侵染，进而产生无性孢子扩大蔓延，叶片、萼片、嫩茎等部位都会被侵染，产生白粉状霉斑。但往往叶片危害较重，先在叶面上产生形状、大小不等的不规则形白粉状霉斑，扩展后遍及整个叶面，致叶片变黄干枯。在通风条件差、枝叶过密、植株徒长、湿度较大的棚室内更易发病。防治方法：一是做好防徒长、减郁闭、降湿度等工作。二是药剂防治，发病初期用15%三唑酮（粉锈宁）可湿性粉剂1 000倍液，或20%三唑酮乳油2 000倍液，或36%甲基硫菌灵悬浮剂500～600倍液，或47%叶福可湿性粉剂500～700倍液，或40%倍生可湿性粉剂8 000～10 000倍液喷雾防治；遇连续阴雨天气，每667m^{2}可用45%百菌清烟薰剂200～250g，闭棚烟薰一夜，次晨

通风，隔 7 天后再重薰一次。或用 1kg/667m^2 的 5%百菌清粉尘剂，或 10%防霉灵粉尘剂喷粉防治。

⑥茄子菌核病、灰霉病、绵疫病　茄子菌核病、茄子灰霉病、茄子绵疫病的症状和防治方法参见本书“春大棚瓜菜主要病害防治技术”部分。

（2）虫害及其防治　茄子的虫害有红蜘蛛、棕榈蓟马、茶黄螨、蚜虫、二十八星瓢虫和小地老虎等。防治方法有：

①红蜘蛛　初发期可用 73%克螨特1 000倍液，或 20%灭扫利乳油2 000倍液，或灭杀毙2 000倍液，或 2.5%功夫乳油4 000倍液，或 20%灭扫利乳油2 000倍液，15%扫螨净3 000～3 300倍液喷雾防治。

②棕榈蓟马　当每株虫口达到 3～5 头时，即应喷药防治。因蓟马到 3 龄末期，即落入表土化蛹，所以在喷药时应采用叶片与地面双结合的喷药方法。药剂可选用 20%叶蝉散乳油 500 倍液，或 20%好年冬乳油1 000～1 500倍液，或 5%喜洋洋乳油5 000～8 000倍液向叶背面喷雾。

③茶黄螨　生活周期短，繁殖力极强，应特别注意在发生初期及时进行早期防治。喷药重点是植株上部嫩叶背面、嫩茎顶端及花器幼果。药剂防治可用 75%克螨特1 500倍液，或 73%克螨特1 000倍液，或 5%卡死克2 000倍液，或 1.8%虫螨克2 000倍液，或 20%螨死净乳油3 000倍液，或 0.6%灭虫灵乳油3 000～5 000倍液喷雾防治。

④蚜虫　用 50%抗蚜威或 50%辟蚜雾可湿性粉剂2 000～3 000倍液，也可选用灭杀毙6 000倍液，或 2.5%溴氰菊酯3 000倍液，或 10%一遍净2 000倍液，或马灵（5%吡·丁乳油3 000～4 000倍液吡喷雾防治。

⑤二十八星瓢虫　可进行人工捕捉和摘除卵块。药剂防治要抓住幼虫分散前有利时机用药，可用灭杀毙6 000倍液，2.5%溴氰菊酯 3 000 倍液，或 2.5%功夫乳油 4 000 倍液喷雾防治。

⑥小地老虎　对幼虫可采用地老虎喜食的灰菜、刺儿菜、苦荬菜、鹅儿草等杂草，堆放诱集地老虎幼虫，采取人工捕捉或拌入药剂毒杀。也可在早晨查苗捕捉，连续 4～5 个早晨就能基本消灭一代害虫。地老虎 1～3 龄幼虫抗药性差，可用灭杀毙8 000倍液，2.5%溴氰菊酯3 000倍液，或 90%敌百虫8 00～1 000倍液对秧苗和地面全面喷药，或每 667m² 撒施高效土壤杀虫剂 3.6%三通颗粒剂 1～1.3kg。

8. 适时采收　大棚内套小拱棚采用多层膜覆盖的早熟栽培茄子，一般在 3 月中下旬可开始采收。因茄子是以嫩果供食用的果菜，无论从食用品质，市场销售或产量产值考虑，都应掌握及时采收，做到宁早勿迟，宁嫩勿老。实际采摘时可以先看“茄眼睛”大小，在茄子萼片与果实相连处，有一节刚从萼片内向外伸出来，但尚未得到一定时间光照，而未转色的浅色环带，俗称为“茄眼睛”。茄眼大即浅色环带宽，表明果实正在快速伸长，茄眼小即环带不明显，表明果实生长已趋缓慢，说明果实已基本长足；同时再看果皮色泽，果实较明显的显现本品种具有的颜色，果实已伸长到一定长度且果色鲜亮有光泽，接近商品成熟期即可以采收。其次也可凭手感，手握捏感觉柔软有弹性表示达到采收适期。手感硬实则表示已经偏老。由于茄子有连续坐果特性，如果实采收偏老，挂果时间过长，营养消耗增多，不利上部幼果膨大。因此如茄子采收不及时，不但果实偏老商品性差、售价低，并会明显影响总产量。其次也要注意在收获商品茄的同时，应把那些已失收或畸形、果皮有斑疤等，不能成为商品茄的果实一并摘除，以促进其他幼嫩茄子的生长，提高总产量。

（五）秋茄延后栽培技术

1. 品种选择　秋茄延后栽培，要选长势旺、耐热抗病、生长期长的中晚熟品种。如杭丰 3 号、农友长茄等品种。

2. 育苗　秋茄延后栽培，育苗期正值高温多雨季节，应采用遮荫育苗，培育壮苗。苗床应选择通风凉爽，土壤排水良好的地块。苗床准备及种子处理与早春栽培相同，播种时间以 6 月中、下旬为宜。播种后，畦面上覆盖草帘或遮阳网，遮荫降温，出苗后及时将草帘或遮荫网揭掉加高，搭成 1m 高的荫棚。早晚去掉遮荫，强光高温和大雨前遮盖。阴天不遮盖，增加光照，培育壮苗。在 2～3 叶时移入营养钵内，幼苗在营养钵内的生长期控制在 20～25 天。如不经营养钵寄苗，则在苗床要及时进行间苗 1～2 次，苗距保持 4cm 左右。整个育苗期，可根据茄苗生长情况追施苗肥 1～2 次，每 667m^2 每次用尿素 2～3kg、或稀人粪水轻轻泼浇。

3. 定植 定植要选择土壤湿润的田块，要求施足基肥，以腐熟有机肥为主，每 667m^2 用量3 000～4 000kg，并增施磷、钾肥。畦宽 1.2m，双行种植，每 667m^2 密度2 000～2 200株左右。当苗 4～5 张真叶时，选择阴天或晴天傍晚定植，栽后立即浇定根水，并在畦面覆盖稻草（勿用地膜覆盖），以利保湿，降低地温，减少雨水直接冲淋。

4. 加强田间管理 前期要适当控制肥水，开花结果期要大肥大水，及时追肥，每 667m^2 用尿素 10～15kg，中耕除草要及时跟上并结合培土护根。干旱时，傍晚要在沟中灌“跑马水”保证土壤充分湿润。做好整枝打杈工作，秋季结果性强，一般前、中期不用激素点花。10 月下旬，天气开始转冷，大棚要在下霜前及时盖上顶膜，逐渐加强保温防冻措施，在温度较低时应用激素点花保果。及时采收和做好病虫害防治。

豆类蔬菜优质高产栽培技术

姚永如

一、豇豆栽培技术

豇豆又名豆角、裙带豆、带豆、饭豆、蔓豆、泼豇豆、黑脐豆等，为豆科豇豆属缠绕性或矮生性草本植物，在新石器时代已有栽培，是世界最古老的作物之一。豇豆广泛分布于热带、亚热带和温带地区，以非洲最多，主产国为尼日利亚。栽培的豇豆多为蔓生型，也有直立和半直立型。豇豆主要以其嫩荚供食用，不但清香甜脆，味道鲜美，而且富含蛋白质，脂肪，碳水化合物，膳食纤维，及人体必需的多种维生素、矿质元素和氨基酸等，每100g豇豆含蛋白质2.7g，脂肪0.2g，碳水化合物4.0g，钙42mg，铁1.0mg，锌0.94mg，磷50mg，维生素C18mg，胡萝卜素0.89mg，膳食纤维1.8g，是营养价值较高的蔬菜。豇豆还可以烘干食用，同时也是制豆沙和做糕点的好原料。豇豆枝叶繁茂是优良的前作和绿肥。

（一）形态特征

豇豆为直根系，主根发达，成株主根长达0.8～1m，侧根可达0.8m，主要根群集中分布于地表15～18cm的耕层内。根瘤菌稀少，不及其他豆类蔬菜发达。根易木栓化，再生能力弱，育苗移栽时幼苗应及早移栽。茎有蔓生、半蔓生和矮生三种，但多为蔓生，长数米，亦有矮生者，茎蔓呈左旋性，侧枝一般，主侧蔓均可开花结荚。豇豆叶盾形、菱形或长圆形，光滑而色浓。有长叶柄，叶柄近节部分常带紫红色，由3小叶而成的复叶，复叶的基部有小托叶。小叶椭圆或广椭圆形而先端细尖。花为蝶形花，总状花序，每序有花4～6朵，近似成对着生，花柄长10～16cm，多为紫红至紫蓝色或浅黄至乳白色。早晨开放至中午闭合，其后即凋谢，开花后子房伸长成荚。荚果颜色有深绿、浅绿、紫红色或间有花斑彩纹等多种色泽，长度不一，30～90cm，每荚种子数10～24粒。种子小，肾形或椭圆形，有白色、黑色、赤色、褐色等。

（二）对环境条件的要求

1. 温度 耐高温、怕霜冻，生育期间要求温度20～30℃。发芽适温为25～35℃，最低温度是10～12℃；幼苗期以25～30℃为宜，15℃左右生长缓慢，10℃以下生长受抑制，5℃以下受冷害，近0℃时植株冻死；抽蔓期以后气温20～25℃生长良好，结荚最适宜温度为25℃，35℃左右仍能生长和结荚。

2. 光照 属短日照作物，但对日照要求不严格，所以适合春夏秋季栽培。不管日照长短，喜充足的光照，特别是开花结果荚期，否则会引起落花落荚。

3. 水分 根系发达，耐旱力较强，但不耐湿。种子发芽期和幼苗期如土壤过湿会影响发芽，使幼苗徒长，甚至烂根。开花结荚期要有适当的空气湿度和土壤湿度，过干过湿会引起落花落荚且豆荚容易老化。当土壤水分过多时会影响根瘤菌活动，甚至引起烂根。适宜的空气相对湿度为55%～65%。

4. 土壤营养 土壤适应性广，但以土层深厚、肥沃、排水良好的壤土或沙壤土为好，适宜pH为6.2～7.0，如土壤酸性过强会抑制根瘤菌的生长。根瘤菌不够发达，固氮能力弱且形成较晚，所以需肥量较其他豆科作物多，前期对氮肥的需求量较大，开花结荚期增施磷肥能促进开花结荚和豆荚的发育。

（三）主要品种

1. 绿豇1号 宁波市农科院蔬菜研究所选育的绿豇豆新品种，蔓性生长，以主蔓结荚为主。分枝较少，2～3个分枝，第1花序着生节位较低，平均为4.3节。嫩荚绿色，长圆棍形，上下粗细均匀，色泽一致，荚嘴无杂色；平均荚长58.1cm，荚宽0.72cm，单荚重18.6g，单株产量228.8g。早熟，综合抗性较强，适应性广。商品性佳，品质优，炒后色泽翠绿，质地脆嫩，风味好；产量高，一般每667m^{2}产量2 000kg左右。

2. 之豇28-2 植株蔓生，全株有22～25节。叶片小，卵形。主蔓第4～5节出现花序，主蔓着生花序5～7个，每花序着花2～4对，花紫红色。单株结荚13～14个，嫩荚淡绿色，长55～65cm，横径0.8～1.0cm，单荚重约22g。每荚含种子18粒左右，种子肾形，紫红色。肉厚，纤维少，品质好。对煤霉病、白粉病及根腐病的抗性较差，耐热不耐涝。早熟品种，播种至始收50～60天，每667m^{2}产量1 800kg左右。

此外，有之豇特早30、之豇14、高产4号、青豇80、901、908等品种。

（四）高效栽培技术

1. 露地栽培技术

（1）播种育苗

①土地选择 选择地势高、排水良好且在前两年内没有种过豆类蔬菜的菜地。

②施肥做畦 每667m^{2}基肥用量为优质腐熟有机肥2 000kg、复合肥30kg（或过磷酸钙15～20kg、硫酸钾10～15kg）。基肥应分两次施，耕土犁耙时，先施1/2有机肥，并与土壤拌匀，起畦后，在畦中央开沟条施其余有机肥和磷钾肥。要求畦宽1.1m、沟宽0.40m、沟深0.30m，畦面平整呈龟背形。

③适时播种　浙东地区在4月上旬至7月下旬为适宜播种期，每667m^2用种量约为1.5kg。播前要精选种子，选饱满、新鲜的种子，剔除瘪籽、未成熟的浅色籽以及破伤、霉烂和发芽的种子，并选晴朗天气晒种1～2天。采用干种子直播，方法是在准备好的畦面上按株距25cm挖穴，每畦种2行，每穴点播3～4粒种子，播种深度4～6cm，播后覆盖细土，用铁锹拍打镇压畦面，视土壤情况浇水，然后喷90%敌百虫晶体800倍液防治地下害虫，防除杂草可用喷33%施田补乳油200～300倍液、或33%除草通乳油200～250倍液、或50%乙草胺乳油750～1 000倍液、或72%都尔乳油400～500倍液等，于播后苗前均匀地喷雾在土壤表面，最后覆盖地膜（紧贴畦面，目的是保温、保湿和避免出苗后风吹开地膜）。并在空闲地撒播一些种子以备补苗之用。

（2）破膜放苗　待苗出土顶膜时，要及时破膜放苗，否则易高温伤苗，破膜最好在阴天或晴天早晚进行，在幼苗的位置处挖“十”字口，将幼苗伸出膜处，并将膜口压严。膜口不能太大，一般在3～5cm。

（3）查苗补苗　直播的在苗出齐后（出苗后3～7天）及时查苗。如发现有缺苗，及时补苗。补苗宜选择在晴天傍晚或阴天进行，补后及时浇定根水（每担加1～2勺人粪尿），有条件的可覆盖遮阳网。

（4）间苗定苗　及时进行间苗定苗，间苗时要间去弱苗、病苗、虫苗、每穴留2～3苗。

（5）搭架引蔓　当植株生长有5～6片叶时，就可搭架，用2～2.5m长的竹竿搭“人”字架，每穴插一根，在距植株基部10～15cm处将竹竿斜插入土中15～20cm，在离地1.2m左右交叉处放一竹竿，用绳子扎紧作横梁，这样既有利于通风透光又便于采摘。搭架后及时引蔓上架，引蔓宜选择晴天上午10时后（避免伤口感染病害）进行，按反时针方向将主蔓绕在架上，使植株茎蔓沿支架生长，一般引蔓 2～3 次，以后让其自然生长。

(6) 抹芽摘心　生长前期抹去第 1 花序下的侧芽、侧枝，生长中期（主蔓长至架顶时）摘除顶端生长点，及时去除老、病、残叶片，以减少养分消耗，改善通风透光，促进开花结果。

(7) 肥水管理　施肥的原则是“花前少施、花后多施、结荚期重施”。一般开花前不施肥料，当第 1 花序坐荚后，每隔 7～10 天每 667m^2 施复合肥 10～15kg，共施 3～4 次。施肥可采用穴施法，即搭架前在每 4 株植株中挖 1 个施肥穴，施肥时把肥料施入穴中，后用水淋入，或者把肥料溶解后浇入施肥穴中。另外，结合喷药，用0.3%尿素加 0.3%磷酸二氢钾混合液进行叶面追肥。

浇水的总原则是“浇荚不浇花”，还苗后到开花结荚前要严格控制水分，坐荚后（豆荚长 2～3cm）开始浇水，以后应逐渐增加浇水次数和每次浇水量，经常保持地面湿润。雨季注意排除田间积水，防止后期落花落荚。

(8) 病虫防治

①病害　主要病害有根腐病、茎基腐病、白粉病、锈病和煤霉病等。根腐病可用 50%多菌灵可湿性粉剂 800 倍液加 15%粉锈宁可湿性粉剂1 500倍液，或 25%移栽灵乳油2 500倍灌根，每隔 7 天 1 次，连灌 2～3 次，每次每穴用量 0.25kg。茎基腐病，发病初期选用 40%拌种双可湿性粉剂，表土施药 9g/m^2，与土拌匀后，施于病株茎基部，覆盖病部；用 75%百菌清可湿性粉剂 600 倍液，或 50%福美双可湿性粉剂 200 倍液，涂抹病茎基部。白粉病可选用 15%粉锈宁可湿性粉剂1 500倍液，或 40%福星乳油8 000倍液，或 10%世高可湿性粉剂1 500倍液，或 4%朵麦可水乳剂2 000倍液，或 2%农抗 120 水剂 200 倍液等药剂防治。锈病，发病初期选用 15%粉锈宁可湿性粉剂1 000～1 500倍液，或 70%代森锰锌可湿性粉剂1 000倍液加 15%粉锈宁可湿性粉剂3 000倍液，或 40%福星乳油8 000倍液等药剂喷雾。煤霉病

选用50%多菌灵可湿性粉剂1 000倍液，或70%甲基托布津（甲基硫菌灵）可湿性粉剂1 000倍液，或65%代森锰锌可湿性粉剂600 倍液，或14%络氨铜水剂 300 倍液，或1∶1∶250 波尔多液等药剂喷雾。

②虫害　主要虫害有小地老虎、豇豆荚螟和蚜虫等。小地老虎每 667m² 选用 2.5%敌百虫晶体 0.5～2.0kg 加少量水与压碎炒香的豆饼或麦 50kg 拌匀，傍晚施于豆苗周围，可起诱杀作用；也可用 2.5%功夫乳油3 000～4 000倍液，或 2.5%敌杀死乳油3 000～4 000倍液，或90%敌百虫晶体 800～1 000倍液，或50%辛硫磷乳油 800 倍液等药剂灌根，每穴用量 0.2kg。豇豆荚螟可用 52.25%农地乐1 500倍液，或 0.6%阿维菌素1 500倍液，或 2.5%菜喜悬浮液1 000～1 500倍液，或 15%杜邦安打悬浮液3 000～4 000倍液，BT 粉剂1 000倍液，或 5%卡死克1 500倍液，或 5%抑太保1 500倍液，或 44%速凯1 500倍液，或 2.5%敌杀死（安全间隔期只有 2 天、成本省、防效好）2 000倍液等药剂防治，喷药应在上午 6～8 点，喷药的重点部分是花蕾、花朵、嫩荚较密集的地方，尽量做到“治花不治荚”把害虫消灭在初龄蛀荚之前。蚜虫可选用25%吡虫啉可湿性粉剂15 000倍液，或 20%好年冬乳油2 000倍液，或 1.8%爱福丁乳油2 000倍液，或 10%高效灭百可乳油2 000倍液等药剂喷雾。

(9) 豆荚采收　绿豇豆一般在花谢后 7～8 天即可采收，当果荚饱满、组织脆实且不发白变软，籽粒未显露时为采收适期。初产期 4～5 天采收 1 次，盛产期每隔 1～2 天采收 1 次。由于每穗花序有 2～4 朵花，采收时要严防损伤，避免引起减产。

豇豆不耐贮藏，尤其在高温干燥天气新鲜度降低更快。市民欢迎现采现售的产品，所以应尽量缩短从采收至出售的时间。在采收、存放、运输和销售时，应置于阴凉环境下，并避免大量堆积，以利散热。

2. 保护地栽培技术　相对露地栽培而言，豇豆保护地栽培尤其要注意以下六个方面：

（1）播种期　保护地春季栽培（大棚加小拱棚加地膜）播种期可提早到2月下旬，秋季（前期遮荫、后期保温）可延后至9月中旬。

（2）播种方式　春季保护地促早栽培一般需要育苗，秋季延后栽培采用直播方式。育苗方法有营养钵育苗和苗床育苗，苗圃宜选择近定植地点。

①营养钵育苗　用腐熟有机肥4份、园土6份，加入0.1%的复合肥，充分混合均匀并过筛后装入营养钵中，播种前将营养钵浇透水，待水渗下后，将种子播在营养钵中（每钵播种3～4粒），然后覆过筛营养土2cm左右。最后覆盖地膜和保温材料，搭上小拱棚。

②苗床育苗　种植667m^{2}大田约需2m^{2}苗床。播种时，苗床先浇足底水，下渗后，均匀撒播种子，以种子不重叠为度，盖土1.5～2cm厚。覆盖地膜和保温材料，搭上小拱棚。

③苗期管理　播种后，如果棚温能保持在20～25℃，则3～4天即可出苗，通常苗床温度达不到这一水平，所以种子播种后大约需要5～7天方能出土。约有30%种子顶土出苗时，拆去小拱棚、揭开地膜和保温材料。待子叶充分展开后，适当降低温度，白天保持在20℃左右，夜间保持在10～15℃，以防徒长。苗期一般不浇水。定植前4～5天，适当通风降温炼苗。

与直播相比，育苗具有以下优点：一是缩短占用保护地的时间，提高大棚利用率；二是由于苗期占地少，便于集中管理，可以提高成苗率；三是节省用种量，有利于节省成本；四是便于茬口安排与下季作物衔接；五是豇豆对低温敏感，通过育苗，可以使幼苗在保护地的时间延长，从而可以提早播种，达到提早采收，提高产量和效益。

（3）基肥用量和株距　豇豆保护地栽培营养生长较为旺盛，

保护地春季促早栽培时基肥的施用量较露地栽培来说要少些，而株距相对要大一些。一般每 667m^2 基肥用量为优质腐熟有机肥 1 500kg、复合肥 20kg（或过磷酸钙 10～15kg、硫酸钾 10kg）；株距为 30cm 左右。秋季延后栽培同露地栽培。

（4）整地覆盖地膜　保护地春季促早栽培的，定植前 15 天完成施基肥整地做畦（方法同露地栽培），后覆盖地膜待栽。

（5）定植　营养钵育苗的，待苗长至 2～3 片复叶时，即可定植；苗床育苗的，待幼苗子叶展开，第一对真叶未完全展开时（苗龄 7～10 天）定植。定植时必须带土，以提高成活率。定植选择冷尾暖头的晴天进行，定植前在苗床浇透水，然后起苗（带土），淘汰子叶缺损、真叶扭曲等不正常秧苗。定植时，每畦按 30cm 左右的株距在覆盖好的地膜上挖 2 行深 10～12cm 的定植穴，每穴栽 2～3 株。定植后浇水（每担加 1～2 勺腐熟人粪尿，目的是使根系与土壤紧密结合促使尽快缓苗），水渗后再覆一点土，使苗坨与膜面相平，然后培土压严膜口，搭上小拱棚，覆盖保温材料。

（6）温度管理　保护地春季促早栽培的，定植后成活前，应保持较高棚温，白天保持在 25～30℃，夜间保持在 15℃以上，密闭不通风，以提高地温，促进还苗。还苗以后，棚温白天保持在 22～25℃，夜间不低于 15℃。若棚温高于 30℃，即通风降温。若遇寒流大幅度降温时，要采取增温措施，夜间还需要在小拱棚上覆盖草片、遮阳网等保温材料。进入开花期后。白天棚温以 20～25℃为宜，夜间不低于 15℃。在确保上述温度条件下，可昼夜通风，以利于开花结果。

秋延后栽培的苗期要防高温，高于 30℃时要及时覆盖遮阳网降温；中后期防低温，当夜间气温低于 15℃时要及时覆盖大棚膜（包括边膜），中午棚内温度高于 30℃时应及时摇开边膜通风降温。

二、毛豆栽培技术

毛豆，又名菜用大豆、枝豆，为豆科大豆属缠绕性或矮生性草本植物，是大豆籽粒饱满尚未老熟的嫩荚，它的鲜豆粒可做日常佐餐下酒的菜肴，加工成罐头或速冻远销日本、韩国等国，经济效益和社会效益显著。毛豆味道鲜美，营养丰富，植物性蛋白在蔬菜中含量最高，高达13%，并且富含谷类中普遍短缺的赖氨酸，另外还含有2.1%食物纤维、磷脂、维生素（其中维生素C含量与番茄不相上下）及铁、磷等微量元素，对降低人体胆固醇有良好作用，是一种很好的保健蔬菜，因而备受消费者青睐。

（一）形态特征

毛豆根为主根系，由主根、侧根和不定根组成。直根粗壮，根系发达，主要分布在5～10cm土层中，再生能力弱。生有许多根瘤，具有固氮作用。毛豆茎秆强韧，茎上有节，不同品种节数稍有差异，熟性越早节数越少，茎有紫、绿两种颜色。茎成熟后呈黄褐色。分有限生长型和无限生长型两种类型，栽培上主要以有限生长类型为主，分枝有2～4个。叶是由三小叶组成的复叶，复叶为互生，卵圆形。花为总状花序，着生于腋间或植株顶端，一般一个花序有8～10朵花，结3～5个豆荚，为自花授粉型。花有白色和紫色。果实为荚果，内含豆粒2～4粒，豆荚为绿色，不同品种色泽有所变化，色泽以绿至深绿色为好。豆荚外有茸毛，毛色以灰白色为主。种子呈圆形或扁圆形，百粒重30～40g，种皮有青色和黄色，种脐以白色居多，偶有黑色。

（二）对环境条件的要求

1. 温度 毛豆是喜温作物。种子发芽适温为15～25℃，生长期间最适温度为20～25℃，低于17℃花芽不能进行分化，开花结荚期温度低于20℃落花严重。

2. 光照 属短日照植物，目前栽培的早熟、中熟品种大多对光照长短要求不严格，在春、秋两季均可栽培。

3. 水分 需水量较多，种子发芽需吸收稍大于种子重量的水分，苗期、分枝期、开花结荚期和荚果膨大期需土壤持水量分别为60%～65%、65%～70%、70%～80%、70%～75%。

4. 养分 毛豆对肥料需求量大，对氮肥吸收量最大；其次是钾肥，缺钾则叶片变黄，出现“金镶边”；第三为磷肥，磷肥可以促进根瘤发育，从而增加毛豆固氮力。

5. 土壤 对土质要求不严，以土层深厚、排水良好、富含钙质及有机质土壤为好，pH为6.5。

（三）主要品种

1. 台75 植株生长势强，株高60～65cm，主茎10节，分枝数3.1个，花白色，单株结荚24.7个，豆荚深绿色，荚形宽大，为6.3cm×1.36cm，2、3粒荚比例79.61%，百荚重268g，豆粒扁圆，鲜豆百粒重60.7g，蛋白质含量高，品质上等，煮熟后口感糯而香，略带甜味，为鲜销、加工最受欢迎品种，播种至收获90天，每667m^{2}产量500～600kg，是我市春季地膜栽培主栽品种，也是出口创汇的主要品种。

2. 292 株高45～50cm，主茎9～10节，分枝数3.5个，花紫色，单株结荚23.1个，豆荚浅绿色，荚形宽大，为6.1cm×1.3cm，2.3粒荚比例78.05%，百荚重255g，鲜豆百粒重55g，适于鲜销和速冻、保鲜加工，播种至收获82天，每667m^{2}产量500～550kg，由于该品种成熟期偏早，栽培方式由露地转为小拱棚。

3. 青酥2号（98－11） 株高45cm，主茎8节，分枝数2～3个，叶色黄绿，花白色，单株结荚20～25个，豆荚色泽鲜绿，

2、3粒荚比例81.60%，百荚重279g，鲜豆百粒重54.8g，口感脆嫩，微甜，播种至收获76天，每667m^{2}产量560kg，由于该品种商品性好，生育期短，株形较矮，极适于大棚、小拱棚促早栽培并有代替292之趋势。

4.99-3 株高60cm，主茎10～11节，分枝数2～3个，叶色深绿，青杆白花，单株结荚24.7个，2、3粒荚比例82.04%，豆荚深绿，百荚重256g，鲜豆百粒重59.1g，口感糯，微甜，播种至收获91天，每667m^{2}产量630kg，生育期比台75长2～3天，且株形紧凑，不易倒伏，豆荚宽大，商品性好，适宜露地栽培，延长春毛豆采收时间。

5. YS-1 宁波市农业科学院蔬菜研究所选育，株高47.2cm，分枝数1～3个，青秆紫花，单株结荚数25.1个，豆荚绿色，表面白毛，平均荚长6.2cm，宽1.37cm，百荚重275g，2、3粒荚比例为81.42%，鲜豆粒百粒重为61.9g，品质上等，口味鲜美、易煮烂、有香气、风味好。播种至嫩荚始收天数为80天，每667m^{2}产量为500～600kg，比台75增产8%～12%。

6. YS-2 宁波市农业科学院蔬菜研究所选育，株高45.8cm，分枝数1～3个，单株结荚数25.6个，白花。豆荚淡绿色，表面白毛，平均荚长5.88cm，宽1.33cm，厚0.92cm，百荚重263g，2、3粒荚比例为82.09%，鲜豆粒百粒重为56.3g，单株嫩荚产量约55.0g，品质上等。播种至嫩荚始收天数为75天，每667m^{2}产量为500kg以上，比292增产10%以上。

此外，还有青酥1号、春丰早、日本青、上海青以及宁波市一些地方品种等。

（四）高效栽培技术

毛豆的栽培要根据品种特性、上市时间，结合市场行情，加工收购单位的需求，栽培方式等因素综合考虑选择品种。若大棚（促早）栽培，可选择青酥2号、青酥1号等品种；小拱棚（半促早）栽培，可选择青酥2号、青酥1号、292等品种，加工需要则选择台75。每种栽培方式可根据生育期长短，选择适宜品种，以错开上市时间，延长供应期。

1. 露地栽培（地膜覆盖）技术

（1）播种育苗

①播种时间　毛豆既可直播又可育苗，早春由于低温阴雨天气较多，一般采用育苗移栽为好。播种期的确定主要条件是温度，当土壤地温12～15℃时即可播种，采用直播的春季在3月中旬至4月下旬播种，夏秋季根据不同品种可以一直播种至8月中旬；采用小拱棚＋地膜覆盖育苗的，大田栽培的播种期在2月下旬至3月中旬，3月中旬后可采用直播方式。

②育苗方法　一是苗床准备，选地势高燥、排水良好、疏松肥沃地块做苗床，播前深翻晒土；若水稻土，结合整地每667m^2施复合肥30kg做底肥，做宽1～1.1m的苗床，后平整畦面。四周挖深沟25cm，保证排水畅通，以免烂种。二是精选种子，播种前1～2天，挑选粒大饱满、剔除病斑、虫蛀、瘪、小的种子，后晾晒。三是播种，选晴天上午，把精选后的种子撒播到苗床上，播种量为1kg/m^2左右，以种子间不重叠为宜。播后覆细土2～3cm，然后平铺一层地膜，搭好小拱棚，盖好棚膜。四是苗床管理，出苗前密闭棚膜保温保湿，出苗后（一般播后10天左右出苗）及时揭掉地膜，晴天适当降温炼苗，棚温白天保持20～25℃，夜间13～17℃；阴天时，两头通风降湿，同时注意大风或冷空气对秧苗造成伤害。五是适时移栽，毛豆根系再生能力较弱，移栽时以子叶展开到第一对真叶抽生为最佳。

③直播方法　播种前应选种，选种后晒种2天，用1.5％钼酸铵1kg拌30kg毛豆种子（可与根瘤菌拌种同时进行），以提高发芽率，后晾干待用。在施好基肥的畦上按一定株行距挖孔播

种，每穴播3～4粒种子，覆细土，镇压畦面，喷90%敌百虫晶体800倍液防治地下害虫，防除杂草可用喷33%施田补乳油200～300倍液等，后覆盖地膜、搭上小拱棚。待苗出土顶膜时，要及时破膜放苗、否则高温伤苗，破膜最好在阴天或晴天早晚进行，在幼苗的位置处挖“十”字口，将幼苗伸出膜处，并将膜口压严。膜口不能太大，一般在3～5cm。苗出齐后要及时查苗补苗、间苗定苗，如发现有缺苗，及时补播或补苗，补苗宜选择在晴天傍晚或阴天进行，补后及时浇定根水；间苗时要间去弱苗、病苗、虫苗、每穴留2～3苗。

(2) 施基肥、整地做畦　毛豆虽然对土质要求不严，但要获得高产，应选择土层深厚、排水良好、有机质含量丰富的土壤为好。若土壤较贫瘠，则在翻耕时每667m^{2}施腐熟有机肥1 000～1 500kg＋复合肥20～25kg＋磷肥15～20kg作基肥；若土壤肥力较高，一般每667m^{2}用复合肥30～40kg＋磷肥20～25kg作基肥。

施好基肥后，要整地做畦，做畦时应采用深沟高畦，一般畦宽1.2～1.4m，沟深20～25cm，畦面呈龟背形，平整畦面，喷90%敌百虫晶体800倍液防治地下害虫，喷33%施田补乳油200～300倍液防止杂草，后覆盖好地膜待用。

(3) 合理密植　毛豆种植时要根据品种熟性的早迟、栽培季节来确定种植密度，若种植过密，则易徒长，分枝少，且不利通风透光，病、瘪荚增多，使豆荚商品性变差；若种植过稀，则土地利用率不高，影响产量。一般早熟品种每667m^{2}基本苗数20 000～21 000株，每穴3株，定植7 000～7 500穴，行距35cm，株距25～27cm。中熟品种每667m^{2}基本苗数15 000～18 000株，如每穴3株，定植5 000～6 000穴，行距40～45cm，株距25～30cm；如每穴2株，定植7 500～9 000穴，行距30～35cm，株距21～30cm。晚熟品种667m^{2}基本苗数11 000～14 000株，如每穴3株，定植3 700～4 700穴，行距45～55cm，株距 26～40cm；如每穴 2 株，则定植5 500～7 000穴，行距 35～45cm，株距 21～34cm。

（4）肥水管理　毛豆较耐旱，毛豆坐荚前宜少浇水，一般土壤不发白不浇水，浇水可穴浇或沟浇，如碰到干旱年份，可通过沟灌补充水分。坐荚后需水量增加，应加强水分管理，促进果荚生长。毛豆耐涝性差，水分过多会引起徒长，植株生长减弱，易感染病害，影响产量和豆荚品质，多雨季节可通过培土加深畦沟，做到三沟配套，保证田间排水通畅，及时排水，防止涝害。

毛豆营养生长较旺，如基肥量足，则前期不必施肥，以免引起徒长，但其幼苗根瘤菌固氮能力弱，如生长不良，应追施速效肥，以促进根系生长，提早抽生分枝，一般每 667m^2 施复合肥 6～8kg；开花结荚期是毛豆需肥高峰期，应重追 1 次肥，每 667m^2 施复合肥 10～20kg，追肥可采用打孔穴施。结合防病治虫用 0.2%～0.3%磷酸二氢钾进行根外追肥 1～2 次，以促进豆荚充实饱满。生育中后期，如出现叶子变黄的“金镶边”症状，并从植株顶部向基部扩展，可在清晨露水未干时，顺风向植株撒草木灰数次，每 667m^2 每次 55kg。

（5）防病治虫　毛豆病害主要有褐斑病、病毒病、霜霉病、锈病等。褐斑病可在初荚期选用 50%百菌清 600 倍液或 77%可杀得 500 倍液进行喷药防治。病毒病主要防治蚜虫为主。霜霉病可选用 58%甲霜灵锰锌 500 倍液，或 70%乙磷锰锌 500 倍液，或 25%瑞毒霉 800 倍液，或 72%克露1 000倍液等农药防治。锈病防治见豇豆病虫防治部分。

虫害主要有蜗牛、小地老虎、蚜虫、蓟马、潜叶蝇等。每 667m^2 蜗牛用 6%密达 0.25～0.5kg 进行诱杀。小地老虎防治见豇豆病虫防治部分。蚜虫、蓟马可选用 0.5%海正灭虫灵1 500倍液，或 1%爱福丁2 500倍液，或 10%一遍净3 000倍液，或 20%好年冬乳油2 000倍液等药剂进行喷雾防治。潜叶蝇可选用 52.25%农地乐1 500倍液，或 2.5%敌杀死3 000倍液，或 1%海正灭虫灵2 500倍液等药剂防治。

(6) 适时采收　毛豆以食用鲜豆荚为主，采收期应根据加工、收购单位的要求和市场行情而定，一般在豆荚已鼓粒充实，色泽鲜绿时采收，可全株一次性采收或分 2～3 次采收，切忌过早或过迟，以免影响毛豆产量和豆荚质量。采收后放在阴凉处，保持新鲜。

2. 早春保护地栽培技术　早春毛豆保护地栽培上市早，价格高，效益显著，深受种植户欢迎，种植面积迅速扩大。保护地栽培主要有两种栽培方式，即大棚＋小拱棚＋地膜和小拱棚＋地膜栽培。与露地栽培（地膜覆盖）相比保护地栽培具有以下优点：①保温性好，由于保护地内气温和土温回升早，播种期和采收期提早，一般播种期提早 15～20 天，采收期提早 10～15 天，产值也高；②温差大，由于保护地晴天白天棚内升温快，夜间降温也快，有利早春毛豆的养分积累；③病害轻，生长期有薄膜覆盖，起到避雨作用，减轻病害发生，提高豆荚商品性。

早春毛豆保护地栽培技术与露地栽培（地膜覆盖）技术基本相同，但要注意以下几点：

(1) 品种选择　早春毛豆保护地促早栽培，应选择耐寒性强、株型紧凑、生育期短的毛豆品种为主，目前宁波市主要栽培品种有 292、青酥 2 号和青酥 1 号等早熟品种。

(2) 播种育苗　早春毛豆保护地栽培以采用育苗移栽为好，一般大棚＋小拱棚＋地膜覆盖栽培的，可在 1 月中下旬开始播种，小拱棚＋地膜覆盖栽培则于 2 月上中旬播种，育苗方法与露地栽培（地膜覆盖）育苗相同。

(3) 整地做畦　为降低棚内地下水位，整地作畦要采用小高畦，即畦面宽 100～110cm，沟深 20～25cm，沟宽 20cm 左右，畦面呈龟背形。

(4) 适度密植　保护地栽培品种多为紧凑型的早熟品种，植株较矮，因此要适当密植，一般每穴 3 株、每 667m^2 定植 7 000～8 000穴，基本苗20 000～24 000株，行距 35cm，株距 24～27cm。

（5）温湿度管理　定植后 3～5 天不通风，以利保温保湿，促使缓苗。缓苗后，晴天适当降温炼苗，棚温控制在白天 23～25℃，夜间 17～23℃，相对湿度 75％左右。随着秧苗的生长发育，大棚（拱棚）要逐渐延长通风时间，加大通风量。3 月中旬前，大棚＋小拱棚＋地膜覆盖栽培的，大棚内小拱棚日揭夜盖，晴天中午可摇开边膜通风；小拱棚＋地膜覆盖栽培的，以小拱棚棚头通风为主。3 月下旬气温上升，可酌情拆去大棚内的小拱棚，如小拱棚＋地膜覆盖栽培的，除两头通风外，每隔 10m 左右开一个通风口，若无强冷空气，夜间可不关闭通风口。4 月中旬后，大棚两边边膜摇开，小拱棚可揭掉棚膜。

（6）加强肥水管理　早春保护地栽培的毛豆品种株形较矮，不易徒长，应在初花期，每 667m^2 追施 10kg 速效氮肥＋5kg 复合肥，在结荚鼓粒期再在叶面喷施 0.2％～0.3％磷酸二氢钾＋0.5％尿素 2 次，可有效地提高结荚数，促进子粒膨大。前期一般不需浇水，并要注意田间排涝，开花结荚期需水量增加，根据天气和土壤墒情灌水，以保持土壤潮湿。

三、菜豆栽培技术

菜豆又叫做四季豆、芸豆、玉豆等，为豆科菜豆属缠绕性或矮生性草本植物，原产地在美洲中部和南部，16 世纪由西班牙人和葡萄牙人把它带到非洲、印度和中国。菜豆食用嫩荚或种子。嫩荚含水分 88％～94％、蛋白质 1.1％～3.2％，碳水化合物 2.3％～6.5％，以及各种矿物质、维生素和氨基酸。干种子含水分 11.2％～12.3％、蛋白质 17.3％～23.1％。现在我国南北各地普遍栽培，已成为春夏及秋季的一种重要蔬菜。

（一）形态特征

菜豆根系发达，由主根和多级侧根形成根群，根系易木栓化，侧根的再生力弱，根上有根瘤可起固氮作用。菜豆有无限生长型和有限生长型两种类型，分枝力弱，茎基部的节上可抽生短侧枝。叶为绿色椭圆或心脏形复叶，互生，有3片小叶组成的复叶，着生在茎节处。花为蝶形花，由茎节的花芽发育而成，花有白、红、黄、紫等颜色，每个花序有3～7朵花。荚果白色、淡绿或绿色，成熟后易扭曲开裂。种子肾脏形，有黑、白、茶色或花色之分，千粒重300～600g。

（二）对环境条件的要求

1. 温度 喜温暖，不耐霜冻，种子发芽适温20～25℃，35℃以上、8℃以下种子不易发芽。幼苗生长适温18～20℃，开花结荚适温18～25℃。

2. 光照 菜豆为喜光植物，不同菜豆品种对日照长短的要求不同，有短日照型、中日照型和长日照型之分，多数栽培品种对光周期反应为中间型，少数品种要求短日照，引种时应注意，短日照有利于开花结荚。

3. 水分 耐旱不耐涝，土壤湿度以田间最大持水量的60％～70％适宜，土壤水分过多，叶片黄，易落花。

4. 土壤养分 要求土壤疏松，通气排水良好，有机质含量高，以有利于根瘤菌活动。对钾需求量较大，硼和钼有利于根瘤菌生长。适宜土壤pH 6.2～7，不耐氯化盐的盐碱土。

（三）主要品种

1. 矮生类型

（1）供给者 株高40～50cm，单株分枝10～14个，开展度55cm×45cm。叶心形，小叶长11～14cm，宽8～9cm，深绿色，有白色茸毛。主枝第 3～4 节开始着生花序，花紫红色，每花序有花 10 余朵，结荚 3～5 个，单株结荚数 20～28 个。豆荚条形，长 11～12cm，宽 0.9cm，厚 0.9cm，横切面圆形，嫩荚浅绿色，单荚重 6～7g，嫩荚表面光滑商品性好。早熟，播种至采收约 55～60 天，一般每 667m^2 产量 700～800kg。

(2) 优胜者　株高 38～40cm，单株分枝 6～8 个，开展度 50cm×45cm。叶心型，小叶长 11～12cm，宽 8cm 左右，深绿色。主枝第 5～6 节封顶，花浅紫色，每花序结荚 3～5 个，单株结荚数 20～25 个。豆荚长条形，长 14cm 左右，横径 1cm 左右，嫩荚浅绿色，单荚重 6～7g，嫩荚表面光滑，商品性好。早熟，播种至采收约 55～60 天，一般每 667m^2 产量 700～800kg。

(3) 丰优地豆王　中早熟，株高 40～50cm，豆荚绿色，圆棍形，长 25cm，50～55 天可采收嫩荚，每 667m^2 产量3 000kg。

(4) 日本无筋王　株高 40～50cm，豆荚绿色，圆棍形，长 25cm，50～55 天可采收嫩荚，每 667m^2 产量3 000kg。

此外，还有 81-6、嫩绿无筋王、古月无架四季豆等。

2. 蔓生类型

(1) 杭州白花　蔓生，株高 3m，有 2～3 个分枝。叶浅绿色，小叶卵圆形，长 15cm，宽 10～12cm。主蔓第 4～5 节开始着生花序，花白色，花序长 12～18cm，每花序有花 4～14 朵，能结荚 2～7 个，而以 4～5 个居多。豆荚近长圆形，稍弯，浅绿色，长 10～12cm，宽 1cm，厚 1.1cm，横切面近圆形，单荚重 7g 左右；每荚有种子 6～8 粒；豆荚商品性好，食用品质优良。中早熟，播种到采收约 65 天，一般每 667m^2 产量 1 000～1 200kg。

(2) 优选绿龙 1 号架豆　豆荚绿色，扁条形，长 28～30cm，粗 1.8cm，春播 50 天、秋播 40 天可采收嫩荚，耐寒耐热，每 667m^2 产量2 500～4 000kg。

(3) 绿龙架豆　早熟，豆荚扁条形，豆荚嫩绿色，适宜 3～

8月份早春栽培应地膜覆盖。

此外，还有黑珍珠架豆、白珍珠架豆和本地的蔓生黑籽、白籽四季豆等品种。

(四) 高效栽培技术

1. 露地栽培（地膜覆盖）技术

(1) 播种育苗　菜豆露地栽培（地膜覆盖），可育苗移栽（详见保护地栽培技术）或干籽点播，但一般采用直播方式。

①土地选择　选择地势高、排水良好、疏松肥沃、土层深厚且在前两年内没有种过豆类蔬菜的壤土或砂壤土地块。

②施肥做畦　每667m²用腐熟有机肥4 000～5 000kg＋过磷酸钙20～35kg＋草木灰100kg做基肥。矮生菜豆的基肥量可以适当减少。基肥应分两次施，耕土犁耙时，先施1/2有机肥，并与土壤拌匀，起畦后，在畦中央开沟条施其余有机肥和磷钾肥。对酸性或缺钙土壤，播种前应施适量生石灰改良。定植前3～4天，精细整地，实行深沟高畦，畦面筑成龟背形，要求畦宽1.1m、沟宽0.4m、沟深0.3m。

③适时播种　浙东地区在3月下旬至8月上旬为适宜播种期，每667m²需种量矮生菜豆为5～6kg左右，蔓生菜豆为4kg左右。

④播前准备　播种前先选粒大、饱满、有光泽、无病虫害和机械损伤的种子，晴朗天气晒种1～2天。经挑选、晒种的种子在播种前作必要的处理。如用托布津500～1 000倍液浸种15min，能有效地预防苗期灰霉病；为预防炭疽病，可在播种前用1%福尔马林浸种20min，再用清水冲洗。经药剂处理后的种子应晾干后再播种，不宜湿种子播种。此外，播种前可用福美双拌种，用量为种子量的0.3%。

⑤种植密度　矮生菜豆每畦种4行，穴距30cm，每穴种2～3株；每667m²栽5800穴左右。蔓生菜豆每畦种2行，穴距

20cm，每穴种 3 株，每 667m^2 栽4 000穴左右。

⑥播种　采用干种子直播，方法是先将地块浇透，有足够的底墒后再播种，忌播种后再浇“蒙头水”。在准备好的畦面上按一定行株距挖穴，每穴点播 3～4 粒种子，播种深度 4～6cm，播后覆盖细土，用铁锹拍打镇压畦面，然后防地下害虫和防除杂草（方法见豇豆节），最后覆盖地膜。并在空闲地撒播一些种子以备补苗之用。

（2）破膜放苗　方法见豇豆节。

（3）查苗补苗　方法见豇豆节。

（4）间苗定苗　方法见豇豆节。

（5）水分管理　菜豆栽培的水分管理总的原则是“浇荚不浇花”，还苗后到开花结荚期，要严格控制水分，否则会引起徒长。初花期水分过多，会造成植株生长过旺，营养消耗多，使花蕾得不到足够养分而引起落花落荚。坐荚后，植株转入旺盛生长，既长茎叶，又陆续开花结荚，需水量增加，要供应较多的水分，以促进果荚伸长和膨大，增加结荚数，并保持较好的长势。一般幼荚有 2～3cm 时开始浇水，以后每隔 5～7 天浇水一次，但要防止雨后涝害。

（6）追肥　菜豆追肥的原则是“花前少施，花后多施，结荚期重施”。一般秧苗成活后追施一次提苗肥，每 667m^2 施 15％～20％的腐熟人粪尿1 000kg，以促进植株多发侧枝，增加花数，降低结荚部位。开花后追施 20％浓度的腐熟人粪尿1 500kg。结荚后追施 20％浓度的腐熟人粪尿2 000kg、过磷酸钙 10kg，也可每 667m^2 每次追施复合肥 15kg，以后每隔 1 周追施一次。菜豆生长后期，可连续重施追肥 2～3 次，每 667m^2 每次用复合肥 15～20kg，以促进植株旺盛生长，继续抽发花序，提高结荚率，延长采收期，增加产量。叶面喷洒磷、钾肥也能促进增产。

（7）及时搭架　蔓生菜豆需要搭架，一般应在植株开始“甩蔓”时搭架引蔓，防止相互缠绕，以利于通风透光，减少落花落荚。一般用2～2.5m长的竹竿搭人字架，每穴插一根，在距植株基部10～15cm处将竹竿插入土中15～20cm，中上部4/5的交叉处放一竹竿，用绳子扎紧作横梁。搭架后按逆时针方向引蔓2～3次，使植株茎蔓沿支架生长，以后让其自然生长。

（8）病虫防治

①病害　主要病害有灰霉病、根腐病、锈病、细菌性疫病、炭疽病等。灰霉病可用50%速克灵（腐霉利）可湿性粉剂2 000倍液，或50%多霉灵可湿性粉剂1 000倍液，或65%甲霉灵可湿性粉剂1 000倍液，或45%特克多悬浮液1 500倍液，或76%灰霉特500倍液等。根腐病、锈病防治见豇豆一节。细菌性疫病可用72%农用硫酸链霉素4 000倍液，或77%可杀得可湿性粉剂500倍液，或新植霉素4 000倍液，或14%络氨铜水剂300倍液，或50%代森铵可湿性粉剂1 000倍液，或50%琥胶肥酸铜（DT）500倍液等。炭疽病可用50%多菌灵粉剂500倍液，或百菌清粉剂500倍液，或2%农抗120水剂200倍液，或50%代森锰锌500～600倍液，于发病初期开始喷施。

②虫害　主要虫害有菜青虫、豆荚螟、红蜘蛛、蚜虫、美洲斑潜蝇等。菜青虫可选用Bt乳剂300～500倍液，或青虫菌6号500倍液，或25%灭幼脲3号胶悬剂500～1 000倍液，或25%溴氰菊酯敌杀死乳油2 000～3 000倍液，或20%速灭杀丁乳油3 000倍液，或21%灭杀毙乳油3 000倍液，或25%喹硫磷乳油1 000～1 500倍液，或10%除尽胶悬剂1 000～1 500倍液，或10%快杀敌（高效安绿宝、顺式氯氰菊酯）乳油3 000～5 000倍液，或5.7%百树得（百树菊酯、氟氯氰菊酯）乳油2 500～3 000倍液，或2.5%功夫（三氟氯氰菊酯）乳油2 500～4 000倍液，或44%速凯（安绿宝＋乐斯本）乳油800～1 500倍液，或5%卡死克乳油2 000倍液等药剂防治。豆荚螟可用52.25%农地乐1 500倍液，或0.6%阿维菌素1 500倍液，或2.5%菜喜悬浮液1 000～1 500倍液，或15%杜邦安打悬浮液3 000～4 000倍

液，BT 粉剂1 000倍液，或 5%卡死克1 500倍液，或 5%抑太保1 500倍液，或 44%速凯1 500倍液，或 2.5%敌杀死2 000倍液等药剂防治。红蜘蛛、蚜虫、美洲斑潜蝇可用 1.8%爱福丁乳油2 000倍液，或 10%高效灭百可乳油2 000倍液，或 1%灭虫灵（7051、杀虫素）乳油2 500倍液，或 20%好年冬乳油2 000倍液，或 48%乐斯本乳油 800～1 000倍液等。

（9）采收　菜豆在定植后 30～40 天即可开始收期。一般来说，菜豆在开花后 20 天左右即达到商品成熟期，可陆续采收，具体的采收标准为菜豆由细变为粗长，显现品种固有的色泽，尚未“鼓豆”。采收过早，则产量低，若采收太迟，则豆荚容易老化，且菜豆落花落荚严重。采收时，用力不宜过重，以免将整个花序、甚至整个侧枝折断。

2. 保护地栽培技术　与露地栽培相比，保护地栽培应注意以下几个方面：

（1）育苗方式　春季保护地早熟栽培的菜豆必须采用育苗移栽的方法，播种期一般在 2 月中旬至 3 月上旬，育苗方法有苗床育苗和营养钵育苗两种。秋季延后栽培的采用直播方式，播期在 8 月中旬至 9 月中旬。

①苗床育苗　在播种前 10～15 天制作苗床，种植 $667m^2$ 大田约需 $2～3m^2$ 苗床。播种时如果床土干湿适宜，则不需浇水，若床土过干，则可适当洒水，但用量切忌过多。撒播者，播种时将种子均匀撒播于苗床，播种密度以种子不互相重叠为度。播后覆土 3cm，并立即铺稀疏稻草或遮阳网，然后覆盖薄膜，夜间要盖草帘保温。

②营养钵育苗　用腐熟有机肥 4 份、园土 6 份，加入 0.1%的复合肥，充分混合均匀并过筛后装入营养钵中，播种前将营养钵浇透水，待水渗下后，将种子播在营养钵中，每钵播种 3～4 粒，然后覆过筛营养土 3cm 左右，最后覆盖地膜和保温材料，搭上小拱棚。

③苗期管理　见豇豆保护地栽培的苗期管理。

④壮苗标准　胚轴粗壮，子叶和基生真叶完整，叶色浓绿，叶肉肥厚，苗龄10～15天。播种前严格选种的种子易达到壮苗标准。

（2）定植　采用保护地早熟栽培的，适宜的定植时间为3月上中旬。由于菜豆根系再生能力弱，要选子叶展开、第一对真叶刚现时的幼苗，在冷尾暖头的晴天定植。采用营养钵育苗的苗龄可稍大。起苗前苗床应浇透水，定植时剔除秧脚发红的病苗和失去第一对真叶的幼苗。定植时地膜破口要小，定植后应及时浇水，并用泥土将定植口封住，以利于成活。

秋季菜豆营养生长不如春播的繁茂。可适当缩小行株距，同时密度增加，可减轻烈日对土壤的暴晒。

（3）管理　见豇豆保护地栽培的温度管理。

秋季延后栽培的，播种后出苗前要搭盖遮阳网降温，出苗后要及时拆去遮阳网，生长中后期当夜间气温低于15℃时要及时覆盖棚膜保温，一般10月中下旬可以扣棚，以延长采收期。

四、豌豆栽培技术简介

豌豆，别名荷兰豆、青斑豆、麻豆、青小豆、淮豆、留豆、金豆等，为豆科豌豆属缠绕性或矮生性草本植物。我国从汉朝起就开始栽培豌豆。豌豆的嫩尖、嫩荚和籽粒均可食用，质嫩清香、营养丰富，被人们所喜爱。

（一）特征特性

豌豆为半耐寒性植物，豌豆幼苗较耐寒，能耐－6℃的低温，生育期适温为12～16℃，开花期适温为15～18℃，荚果成熟期的适温为18～20℃，温度超过26℃时，虽能促进荚果早熟，但品质降低，产量减少。豌豆大都是长日照作物，豌豆在结荚期要求较强的光照和较长日照，但切忌较高的温度，这在栽培上，特别是在春末夏初温度较高的地区要适当提早播种。

我国栽培的品种约有 100～200 个，根据生育期长短可分为早熟、中熟和晚熟种；根据种皮颜色可分为白粒豌豆、绿粒豌豆、褐粒豌豆等；根据种子的形状可分为圆粒豌豆、凹圆粒豌豆、扁圆粒豌豆和皱粒豌豆；根据荚皮是否含革质层可分为硬荚豌豆和软荚豌豆俗称“荷兰豆”等。硬荚豌豆有中豌 4 号、中豌 6 号等，软荚豌豆有白花小荚荷兰豆、食荚大菜豌 1 号等。

（二）栽培技术

宁波市春季栽培的（耐热品种）在 2 月中下旬播种，秋季栽培的在 8 月中下旬播种，越冬栽培的在 10 月下旬至 11 月上旬播种，早春保护地栽培的在 12 月中旬至 2 月上旬播种。

豌豆发育早而迅速，播种后 6 天幼苗尚未出土前，主根便伸长到 6～8cm，播后 10 天在幼苗刚出土时已生有 10 多条较粗的根系，20 天刚展开 2 个复叶时，主根长达 16cm 左右，故在整地和施肥时特别强调精细和早施肥，这样才能保证苗全和苗壮。一般播前应精细整地和施肥，每 667m^2 施入腐熟有机肥2 000kg＋复合肥 30kg 作基肥，最好在整地前将化肥与有机肥料混合施入。

播种用的种子最好是新种子，应选粒大、整齐、健壮和无病害的种子。播前晒种 2～3 天有明显提高种子发芽势和发芽率的效果。豌豆以直播为主，如早春保护地栽培的也可在营养钵中育苗，每钵播 4 粒种子，待 4～5 片真叶时定植。直播的播种方式有条播、点播和撒播，播种量因地区、种植方式和品种不同而异，一般每 667m^2 播种 3～5kg。豌豆播种密度因品种而异，蔓生种行距 60cm，株距 26～30cm，每穴 3～4 粒。采收嫩荚者和矮生种，条播行距一般 30～40cm，点播行距 25～30cm，株距 10cm 左右，每穴播 2～3 粒。对于大粒的软荚豌豆类型，最佳播种密度是 60 粒/m^2 左右。对于小白粒和小褐粒硬荚类型则为 90/m^2 粒。因土壤湿度土质不同，豌豆播种深度宜在 3～7cm 之间，最多不宜超过 8cm。播种前浇足底水，播种后覆土 3～4cm 厚，稍踩踏一遍，使种子与土壤结合，有利于种子吸水萌动。

豌豆苗期生长缓慢，应注意锄地除草，一般两次锄地除草即可，第一次苗高 5～7cm 时；第二次在苗高 20～30cm 时；松土除草在开花期前完成。豌豆茎蔓易于倒伏，凡栽培蔓生品种，应搭架，当蔓长 20～30cm 时须及时搭架，并随时理蔓，不使茎蔓倒挂和相互缠绕，使茎蔓分布均匀，有利通风透光，易于结荚。

豌豆到抽蔓开花时，即可开始灌水，特别是采收嫩荚或鲜豆粒的，更不能缺水，一般灌 2～3 次水后，即可采收鲜荚。生育期间一般追肥 2～3 次，在苗期、植株旺盛生长和开花结荚期各追肥 1 次，每 667m^2 每次用复合肥 15～20kg。开花结荚期如遇干旱天气应浇水 1～2 次，以保持土壤湿润，促使开花结荚和荚果发育；多雨时要注意排水，防止涝害。

豌豆主要病虫害有褐斑病、白粉病和蚜虫、潜叶蝇等，要及时防治。

供作鲜菜用的嫩豆荚或豆粒一般在开花后 14～20 天开始采收，荚仍为深绿或开始变为浅绿色，豆粒长饱满时为采收适期。若采收过早，品质虽佳，但产量低；若采收过迟，豆粒中的糖分下降，淀粉增高，风味差。一般软荚种宜稍早采，应在开花后 12～14 天采收；硬荚种以食籽粒为主，宜在开花后 15～20 天采收。

国（境）外优质瓜菜新品种介绍

王毓洪

一、西　瓜

（一）天下一西瓜

品质佳，特早熟品种。耐低温、弱光照，坐果稳定，适宜大棚、小棚等保护地早熟栽培的专用品种。单瓜重 6kg 左右，圆球形，瓜皮鲜绿色花皮；瓜肉深粉红色，糖度 12 度以上，中心与边缘糖度梯度较小，肉质松脆，口味佳；前期生长势中等，节间短，开花以后生长势变强。4 月份采收，花后约 48 天成熟；5 月份采收，花后约 45 天成熟。

大棚栽培于 12 月～1 月播种，由于前期生长势中等，应重施基肥。该品种应特别注意适时采收，尤其是高温季节。

（二）必胜西瓜

商品率高，品质好。大棚栽培，单瓜重 7kg 左右，不易发生畸形果。鲜绿花皮形，果肉粉红色均匀一致，糖度 12 度以上。前期生长势中等，节间短，蔓较细，坐果稳定；大棚栽培花后 50～53 天成熟。

12 月至翌年 2 月播种，4 月上旬至 7 月采收。适宜宽畦栽培，畦宽240～270cm，每畦种1行，株距60～80cm。

（三）日本蝉鸣西瓜

单瓜重4～5kg，椭圆形，瓜肉深红色，肉质致密，糖度高，品质佳，耐贮藏。中熟品种，较耐高温，植株不易早衰，畸形瓜、空心瓜很少发生。

中、小型大棚栽培，2月上中旬播种育苗，3月中旬定植，6月下旬至7月中旬采收；地膜栽培，3月份播种，4月下旬至5月上旬定植，7月下旬至8月采收。

（四）大和红小玉西瓜

高糖度，极早熟丰产品种。不易裂果，生长势强，低温坐果稳定，连续坐果性强，单株果多；高球形果，果皮薄，花皮，单果重2.0kg左右，糖度12度以上，口感极佳的极早熟小型西瓜。

最适于4～6月收获的保护地栽培；基肥少施氮肥，膨果期及时追肥。

（五）大和黄小玉西瓜

优质丰产黄瓤小西瓜。高球形果，18条果纹，浅绿花皮，单果重1.5～2kg，糖度13度以上，纤维少，口味最佳的极早熟小型西瓜；蔓较细，生长势强，易发生侧蔓，1株可结10个以上瓜。

适宜春秋保护地栽培，也可露地栽培；每株留子蔓4～5条，每条子蔓可坐2～3个瓜，第10节位左右坐果；适当控制基肥，多次追肥。

（六）初恋西瓜

高糖度无籽红瓤小西瓜。高球形果，浅绿花皮，单瓜重2kg左右，糖度12～13度，果皮薄，耐贮运，口味最佳，果肉深红色；前期生长较慢，中期以后生长势强，商品率高；早熟栽培花后40天成熟，普通栽培花后35天成熟。

大棚栽培12月至翌年2月上旬播种，4～6月采收；宽畦栽培，与普通有籽西瓜种在一起。

二、甜　瓜

（一）阿鲁斯达琳（春夏系）

生长势中等，适宜搭架栽培，雌花发生率高，易坐果，适宜坐果部位为主蔓第12～14节，子蔓结果。商品性好，单瓜重1.7kg左右，圆球形，粗网纹，网纹漂亮。瓜肉黄绿色、厚3.8cm左右，糖度在15度以上，爽口，品味佳。早中熟，坐果后18天左右开始裂网纹，开花至果实成熟55天左右，采收后7～10天为最佳食用期，适应性强，较抗白粉病，耐贮藏。

春季于1月上旬至3月上旬播种，5月中旬至7月中旬收获；夏季于2月下旬至3月下旬播种，6月下旬至8月上旬收获。6m×30m大棚，每棚3畦，每畦2行，株距40cm，单蔓整枝。基肥充足，多施有机肥和磷、钾肥。适宜坐果节位为主蔓第12～15叶片处的子蔓，坐果子蔓瓜前留1～2叶摘心，主蔓25叶片摘心。适宜温度，白天为28～30℃，夜间为15～18℃。当果实有鸭蛋大小时，每株选留外观性状优良的果1个。严格水分管理，注意防治蔓枯病、枯萎病等病害。适时采收。

（二）阿鲁斯达琳（秋冬系）

生长势中等，适宜搭架栽培，雌花发生率高，易坐果。商品性好，单瓜重1.7kg左右，圆球形，粗网纹，网纹漂亮。瓜肉黄绿色，糖度在15度以上，品味佳。抗白粉病，花后55～60天可采收。

7月上旬至8月中旬播种，10月中旬至12月上旬收获。其他同上。

（三）拿玻里

生长势强，既可搭架栽培，也可爬地栽培，雌花发生率高，极易坐果。商品性好，单瓜重1.7kg左右，圆球形，网纹较粗且多而漂亮。瓜肉桂红色，糖度16～17度，品味佳。抗白粉病，耐贮藏。花后55～60天可采收。

搭架栽培，春季到秋季都可播种，适宜较大行距栽培。小拱棚栽培，7～8月为适收期。其他同上。

（四）埃梅拉鲁特

爬地栽培专用品种，耐高温，生长势强，雌花发生率高，极易坐果，果易膨大。瓜商品性好，单瓜重1.5kg左右，瓜皮灰绿色，圆球形，中网纹，网纹密而漂亮。瓜肉绿色，肉质脆，糖度16度左右，品味佳。较抗白粉病和蔓枯病，耐贮藏。花后50天可采收，成熟后瓜肉不易变黄。

爬地栽培，春季到秋季都可播种，适宜较大行距栽培，双蔓整枝，留3～4个瓜。

（五）白玉姑甜瓜

早中熟品种，生长势强，坐果率高，既可搭架栽培，也可爬地栽培，可春秋保护地栽培。单瓜重约1.5kg，圆球形，无网纹。很少发生裂果与黄斑果，白皮淡白绿肉，瓜肉较厚、多汁、脆肉型，口味佳，糖度16～17度。较抗蔓枯病，花后约45天采收。

宁波地区春季大棚、中棚采用三膜覆盖栽培，可于1月上旬至2月下旬播种育苗，2月中旬至4月上旬定植，5月上旬至7月上旬采收上市。秋季大棚栽培，6月中旬至7月中旬播种育苗，7月上旬至8月上旬定植，9月中旬至11月上旬采收。爬地栽培，每株留 2～3 条子蔓，共留 4～6 个果。

（六）白郁香甜瓜

早熟品种，生长势中等，既可搭架栽培，也可爬地栽培，坐果性好，可春秋保护地栽培。单瓜重 1.2～1.5kg，圆球形，无网纹。很少发生裂果与黄斑果等，属白皮白肉种，瓜肉较厚、多汁、口味佳，糖度 16～17 度。抗白粉病，花后约 40 天可采收。

宁波地区春季大棚、中棚采用三膜覆盖栽培，可于 1 月上旬至 2 月下旬播种育苗，2 月中旬至 4 月上旬定植，5 月上旬至 7 月上旬采收上市；秋季大棚栽培，7 月上旬至 8 月上旬播种育苗，7 月下旬至 8 月上旬定植，10 月上旬至 11 月中下旬采收；爬地栽培，每株留 2～3 条子蔓，共留 4～6 个果。基肥充足，多施有机肥和磷、钾肥，少施氮肥。适宜温度，白天为 28～30℃，夜间为 15～18℃。注意防治蔓枯病、枯萎病等病害。棚内特别要注意湿度的控制，防止因大棚内水珠的滴落等原因引起烂瓜。

三、南　瓜

（一）黑锦南瓜

单瓜重约 1.3kg，扁圆形，瓜皮浓绿色，瓜肉厚约 4cm、深黄色、粉质致密，品质佳，耐贮藏。生长势强，耐低温，坐果性好，产量高，商品瓜率高。极早熟，花后 25 天可采收。

小拱棚栽培，2 月份播种，3 月中下旬至 4 月中旬定植，6 月上旬至 7 月上旬采收；露地栽培，3 月上旬播种，4 月上旬定植，7 月至 8 月上旬采收；秋延后栽培，8 月上中旬播种，8 月下旬至 9 月上中旬定植，11 月至 12 月中旬采收。施足基肥，作畦宽 1.2m 的高畦，地膜覆盖。秧苗 4 叶 1 心即可定植，每畦栽 1 行，株距 0.6～0.7m。生长前期需控氮肥，开花结果后重施追肥。当藤蔓长至50cm时，及时搭架绑蔓。3蔓整枝，留主蔓和2个健壮侧蔓，及时整去其他侧蔓和老弱病叶，第1个瓜在子蔓的第7～8节位选留。病害主要有病毒病、疫病、白粉病等，虫害主要是蚜虫。开花授粉后约30天即可采收嫩瓜食用，45天后粉质达最高。头瓜宜早采。

（二）大和路南瓜

单瓜重1.4kg左右，高球形，瓜皮橙红色，瓜肉橙黄色，肉厚、粉质、糖度高、风味佳。生长势强，耐低温，坐果性好，较抗白粉病，易栽培。早熟品种，花后45～50天为老熟瓜成熟期。

小拱棚栽培，2月份播种，3月中下旬至4月中旬定植，6月中旬至8月中旬采收；露地栽培，3月份播种，4月下旬至5月上中旬定植，7月中旬至9月中旬采收；秋延后栽培，8月上中旬播种，9月上中旬定植，11月中旬至12月采收。

四、黄瓜、苦瓜

（一）日本黄瓜

日本黄瓜是宁波市农业科学院蔬菜研究所从日本引进的优质黄瓜新品种。果长约30cm，果径3cm，果实浓绿色，果实商品率高，营养丰富，品质佳，不易产生苦味瓜，可作加工用瓜。植株生长势强，侧蔓多，坐果率高，抗病毒病和霜霉病。

大棚早熟栽培，一般于1月中旬至2月上旬播种育苗，2月下旬至3月中旬定植，4月中旬至7月上旬采收；露地栽培，3月下旬至4月上旬播种育苗，4月下旬至5月上旬定植，6月上旬至8月中旬采收；秋延后栽培，7月中旬至8月下旬播种育苗，8月上旬至9月中旬定植，9月中旬至12月上旬采收。单蔓整枝，主蔓20～23叶摘心，主蔓5叶及以下的子蔓全部抹除，主蔓6～9叶的子蔓留1叶摘心，主蔓10叶以上的子蔓留2叶摘心；双蔓或三蔓整枝，当主蔓3～4叶时，摘心，选留2～3根子蔓，子蔓20～23叶摘心，孙蔓留2～3叶摘心。

（二）长福苦瓜

长福苦瓜是宁波市农业科学院蔬菜研究所从日本引进的优质保健蔬菜。果实浓绿色，果长27～30cm，果径6～7cm，单果重200g；果实商品率高，苦味中等，营养丰富，品质佳，耐贮运；植株生长势强，侧蔓多，节成性高；耐热抗病，栽培容易，采收期长，全生育期为150～180天。

大棚早熟栽培，一般于1月中旬至2月下旬播种育苗，2月下旬至3月下旬定植，4月中旬至10月中旬采收；露地栽培，3月中旬至4月中旬播种育苗，4月中旬至5月上旬定植，6月上旬至11月中旬采收。苦瓜种皮较厚，可用50～60℃的温水浸种10min后在常温下浸12小时，捞出后在30～35℃处催芽，露白后即可播种，苗期一般20～30天。前期温度低，在塑料棚内育苗。当幼苗长有2～3片真叶时，选晴天下午定植。施足基肥，667m^{2}施腐熟厩肥5 000kg，过磷酸钙30kg。畦宽（连沟）2m，栽2行，株距50cm。生长前期追肥1～2次，每667m^{2}每次复合肥10kg。开花结果期施1～2次重肥，每667m^{2}每次复合肥15～20kg。分枝力强，及时整枝，减少荫蔽，使养分集中结果。一般花后12～15天采收。

五、砧　木

（一）FR神通力砧木

从日本引进的西瓜嫁接专用砧木品种（杂交葫芦籽），生长势中等，对枯萎病等土传病害抗性强；胚轴粗壮，不易空心，易嫁接，既可采用插接法，也可用靠接法嫁接，亲和力强，嫁接成活率高；嫁接后不仅不改变西瓜品质，而且较自根苗糖度高、口味鲜，产量高，特别适合大棚或小棚早熟栽培，为西瓜嫁接砧木的首选品种。

（二）FR 追思特砧木

从日本引进的无籽西瓜专用砧木品种，生长势强，根系发达，不易早衰，抗枯萎病等土传病害；胚轴粗壮，育苗管理容易，亲和力强；嫁接苗较自根苗糖度高、产量高；适合与生长势较弱的品种嫁接。

（三）FR 不死鸟砧木

从日本引进的西瓜专用砧木品种，生长势中等，耐低温，不易早衰，抗枯萎病等土传病害；胚轴粗壮，不易空心，易嫁接，亲和力强，嫁接成活率高；嫁接苗较自根苗糖度高、产量高，低温下坐果率高；适合与生长势较强的品种嫁接，适合特早熟或露地栽培。

（四）特选新土佐砧木

日本引进的杂交一代南瓜（笋瓜与中国南瓜的种间杂交种），生长势强，吸肥力强，与西瓜、甜瓜、黄瓜等瓜类亲和力均很强，耐热，耐湿，耐旱，低温生长性强，抗枯萎病等土传病害；适应性广，苗期生长快，育苗期短，胚轴特别粗壮；很少发生因嫁接而引起的急性凋萎，能提早成熟和增加产量，比自根苗减少氮肥 30%。

（五）强力一闪砧木

从日本引进的黄瓜、甜瓜专用砧木良种，生长势强，既耐低温，也耐高温，抗病性强；各种嫁接方法均可嫁接，品质稳定，坐果率高。

六、番　茄

（一）金玉樱桃番茄

金玉樱桃番茄系宁波市农业科学院蔬菜研究所从日本引进的樱桃番茄良种。早熟品种，定植后50天可采收，半无限生长型，生长势强，结果多，每穗坐果多达30个。叶色深绿，第1花序节位平均8.5节。平均果实纵径2.7cm，横径2.7cm，果形指数1.0，果实圆形，果面光滑，皮色橙黄，肉色淡黄，果形美观，单果重12～15g，果实糖度为9～10度，口味鲜甜可口，品质优，商品性佳。抗病性较强，适应性广，较耐贮运，早熟性好，一般每667m^{2}产量约1 500kg。适宜于浙江、上海、江苏、广东、福建等地区栽培。

保护地特早熟栽培，9月下旬播种育苗，11月下旬定植，2月中旬至5月下旬采收；大棚早熟栽培，12月上旬播种，2月上旬定植，3月下旬至7月中旬采收；小拱棚栽培，1月中旬播种，3月中旬定植，5月上旬至8月上旬采收；露地栽培，2月下旬至4月上旬播种育苗，4月下旬至5月下旬定植，6月中旬至9月下旬采收；秋季保护地栽培可在7月份育苗，8月定植，10月开始采收。播种后要加强管理，及时分苗，于2叶1心时采用营养钵分苗，苗距10cm×10cm。注重培育壮苗。施足基肥，畦宽（连沟）1.5m，每畦种2行，株距0.4m。采用双秆整枝，及时摘除侧芽。在结果前期，每隔2～3天用10～15mg/kg防落素喷花，促进坐果。生育期间加强管理，适时追肥，防病除虫，及时采收。

（二）以色列 0379 番茄

属自封顶类型，株高 1.2m，生长旺盛，坐果分布均匀，果为苹果形，大小一致，商品率可达 95%以上，采果时不用挑选，全作一级果收购，果色鲜红，味鲜甜，极少裂果，单果重 150g 左右，特耐贮运，综合抗病强，售价高。

春植 1～2 月，夏秋冬植 7～12 月，每 667m^2 用种量 10g，选择病害较轻的地区，注意施足底肥。双行种植，株行距为 40cm×65cm，起高畦种植，畦宽 130cm（垄宽 80～90cm，沟 40～50cm），每 667m^2 种植2 500～2 800株。

（三）以色列 144 番茄

属无限生长型，生长势强，侧枝多，节间长，植株高大。果实圆形，色红、脐小、皮厚，商品性好，果型中等，平均单果重 80～100g。中熟果，第 6～7 片叶着生第 1 花序，每穗着生 8～10 个果，一般可收 15 穗果左右，采收期长达 9 个月。喜肥水，抗病毒病、早疫病、晚疫病能力强。具有良好的耐寒性，非常适合保护地栽培。耐贮运，在室温条件下，可贮藏 20～40 天且保持风味不变。

栽培季节同以色列 0379 番茄。定植密度不宜过大，通常大行距 90cm，小行距 60cm，株距 40cm，每 667m^2 定植2 200株左右。采用单秆整枝，凡发出的侧枝全部打掉，打杈选择晴天用剪刀剪除。及时疏果，一般在每穗中选留 4～6 个大小均匀的果实，太大、太小、畸形果、病果一并疏掉。及时落蔓，日光温室内南部 5 棵植株平均 7～10 天落蔓 1 次，其他植株 10～15 天落蔓 1 次。每次落蔓将底部果实下部叶子全部打去，并且使果实距地面 20cm 左右。生长后期，落下的蔓过长时，应盘成环状用绳系好。落蔓在晴天下午 14 时开始，此时主蔓韧性较强，不易折断。从育苗到始收约 70～80 天，11 月即可收获，由于以色列 144 番茄采收期长达 9 个月，因此要注意肥水管理，每次浇水都要随水追肥。

（四）台湾“圣女”樱桃番茄

属无限生长型，生势壮旺，耐病毒病，青枯病，晚疫病。早熟坐果率高，一花穗可结 30 多个果，采收时间长，产量极高，每 667m^2 产量可达1 200kg以上。果实呈长椭圆形，果色鲜红，有光泽，平均果重 14g 左右，糖度可达 9 度，风味极佳，果肉厚，脆嫩，种子少，不易裂，耐贮运，可作上等水果食用。是目前最佳的水果型蔬菜新品种。

30℃温水中浸种 5～7 小时后，用清水洗涤 3～4 次，然后用湿纱布包好放在 25～30℃处催芽，3～4 天即可发芽。7 月下旬将催好芽的种子撒在育苗盘上，上覆 1cm 厚的营养土，当幼苗长出两片真叶时及时分苗于营养钵中。定植前 667m^2 底施优质圈肥5 000kg、磷酸二铵 50kg 并浇透水。在 9 月初选择苗高20～25cm、具有 8～9 片叶现蕾的健壮植株定植。定植密度为大行 100cm、小行 60cm、株距 45cm。定植后注意温湿度和肥水管理，采用双杆整枝，即在第一花序下留一侧枝，其余侧枝除去。当果实长到第三穗果时，把下部老叶打掉，当植株长到 1.5～2m 时及时落蔓。

七、其 他

（一）日本黄秋葵

日本黄秋葵系宁波市农业科学院蔬菜研究所引进选育的黄秋葵良种。表现植株直立，直根系，平均株高 136.3cm，开展度 92.4cm。叶呈五裂掌状深裂，绿色。花大而黄，柱头顶部紫红色，始花节位在第 3～5 节。果为蒴果，倒圆锥形，宛如羊角，整齐美观，商品果平均长 10.5cm、宽 1.6cm，单果重 15.1g，先端尖，横断面五角形，皮色绿，品质好。适应性强，耐热、耐旱、耐湿不耐涝，喜温暖，不耐低温、霜冻，要求光照充足，抗倒伏能力强，耐病虫。丰产性好，一般每 667m^2 产量约 3 000kg。适宜于浙江、上海、江苏、福建等华东地区栽培。

宁波地区于 3 月中旬至 7 月均可播种。以直播为主，也可营养钵育苗移栽。施足基肥，畦宽（连沟）1.6m，每畦种 2 行，株距约 55cm，每穴定苗 1 株，定苗后要及时追肥，生长旺盛期要保持田间湿润，雨后要及时排水。生长前期要及时摘去基部侧枝，中后期在收获嫩果后保留下部 1～2 片叶后，摘除以下的叶片。病害较少，虫以蚜虫、螟虫、地老虎为害为主。以嫩果供食，一般花后 5～7 天，果长 8～12cm 时采收。

（二）王座甘蓝

王座甘蓝是宁波市农业科学院蔬菜研究所从日本引进的优质特早熟杂交一代良种。肉质软甜味浓，可生食，口味好。叶色深绿，蜡粉中等，叶球紧实，圆球形，单球重 1.2kg，不易抽薹。定植后 50 天采收。可作春甘蓝或秋甘蓝栽培，栽培容易，抗病性强。

适于我国各地春秋种植。若作为春甘蓝种植，一般在 2 月至 3 月中旬播种，在大棚中育苗，于 3 月中下旬至 4 月下旬定植，每 667m^2 栽3 000株左右，5 月中旬至 6 月收获；若作为秋甘蓝种植，一般 7 月播种育苗，8 月定植，每 667m^2 栽3 000株，9 月至 10 月收获。防止春甘蓝的先期抽薹和开春后促进生长与结球是春甘蓝栽培成败的关键。结球甘蓝属于绿体春化，其幼苗必须长到一定的大小才能通过春化阶段。一般说来，当幼苗叶片达到 3 片（早熟品种）或 6 片（晚熟品种）以上时，茎粗达 0.6cm 以上时就可以接受低温的影响。结球甘蓝经过春化阶段的低温范围一般为 0～10℃，在 4～5℃时通过较快。大多数品种在 15.6℃

以上不能通过春化作用。

（三）瑛玉65大白菜

瑛玉65大白菜是宁波市农业科学院蔬菜研究所从日本引进的优质、黄心、特早熟杂交一代良种。肉质多汁甜味浓，品质佳。外叶绿色，叶球紧实，包头形，单球重约1.8kg，内叶鲜黄色，可炒食和腌制。播种后65天采收。栽培容易，抗病性强。

秋季栽培，一般于9月播种，10月上旬定植，11月中旬至12月采收。可直播或育苗移栽。直播按一定的株距开浅穴。如土壤较干，应先浇水待穴中水渗下后，将筛选和消毒过的种子，均匀播入穴内，每穴播种2粒左右，播种后用细土覆盖平整，上盖稻草或搭遮阳棚降温保湿。在施足基肥的前提下，苗期可以不施肥或少施肥。施肥宜在田间仅有少数植株开始团棵时施用。结球肥应在结球前期重施一次速效性肥料，667m^2施硫酸铵20～25kg，复合肥20～30kg或过磷酸钙及硫酸钾各10～15kg。还可在莲座期和结球初期分别喷施一次0.2%～0.3%硼酸，以提高产量、改善品质。

（四）春姑娘萝卜

春姑娘萝卜是宁波市农业科学院蔬菜研究所从日本引进的优质春萝卜良种。肉质多汁松脆，品质佳。叶浓绿色，半直立，萝卜长33cm，横径8cm，青首。低温肥大性好，不易抽薹，栽培容易，抗病性强。

大棚或小棚栽培，一般于12月至2月上旬播种，3月上旬至5月中旬采收。露地栽培，3月中旬至4月中旬播种，5月中旬至6月中旬采收。春季大棚栽培的可采取先覆盖地膜后播种（11～12月播种的）和先播种后覆盖地膜（1～2月播种的），在温度管理上，前期要高温管理，一般白天在20℃以上，晚上维持在5℃以上，目的延缓其抽薹开花，7叶以上白天开始通风换气，温度掌握在 20～25℃，采收期宜实行低温管理（防止受冻），延缓其抽薹开花。

（五）白驹无大头菜

白驹无大头菜是宁波市农科院蔬菜研究所从日本引进的优质大头菜良种。球根从 0.05kg 到 0.5kg 皆可食用，球形，表皮与肉纯白色，肉质致密，有甜味，品质佳。叶浓绿色，直立，叶片基本无茸毛。耐热抗病，栽培容易。

小棚栽培，10 月至 12 月播种，12 月至 1 月采收；大棚栽培，一般于 1 月至 2 月播种，3 月上旬至 4 月中旬采收；露地栽培，3 月中旬至 9 月上旬播种，5 月上旬至 10 月采收。

（六）长乐小松菜

长乐小松菜是宁波市农业科学院蔬菜研究所从日本引进的优质小松菜良种。叶浓绿色，叶肉厚，叶柄粗，品质佳。耐热，耐低温，抗病性强，栽培容易。秋季播种后 25～30 天采收，夏季播种后 20～25 天采收。

适应性强，小棚、大棚、露地均可栽培。大棚一般于 10 月中下旬至 3 月上旬播种，12 月下旬至 4 月中旬采收；露地栽培，3 月中旬至 10 月上旬播种，5 月上旬至 12 月中旬采收。行距 15～20cm，株距 3～5cm。

出口创汇蔬菜良种与良法

薛旭初

一、蔬菜出口现状及其对策

我国的蔬菜出口从20世纪90年代以后逐年增加。特别是1993年后，蔬菜出口量增长加快。1998年我国蔬菜出口量为进口量的30多倍，出口金额是进口金额的50多倍。1999年，我国蔬菜进出口贸易量达到286.5万t，进出口贸易额达到18.6亿美元，其中，出口量为200.5万t，出口额为11.9亿美元。2000年，我国农产品出口额达到135.4亿美元，其中蔬菜出口314.6万t，出口额20.34亿美元，占农产品出口总额的15%。蔬菜出口已成为我国农业中一道亮丽的风景线。显然，大力发展我国蔬菜出口有助于缓解我国蔬菜市场的供求矛盾和解决农村剩余劳动力问题，促进我国经济的发展。但我国的蔬菜出口业仍然问题重重。如产品结构单一，质量较差，各出口商之间恶性竞争，国际蔬菜市场上竞争日趋激烈，等等。因此，我国急需优化产品结构，提高产品质量，推进蔬菜产业化进程，理顺蔬菜出口管理体制，发展电子商务，实施绿色营销，引进和培养专业的蔬菜出口营销人才，大力拓展海外市场，扩大蔬菜出口。

（一）我国蔬菜出口的现状

1. 出口蔬菜品种日趋多元化

（1）保鲜蔬菜　保鲜蔬菜的出口近几年来呈迅猛增长之势，

据统计，1998年我国蔬菜出口196.34万t，其中保鲜蔬菜出口116.96万t，占蔬菜出口量的67.87%。

（2）蔬菜腌制品　腌制菜是一种最大众化的蔬菜制品，我国每年仅向日本出口就近20万t。

（3）蔬菜干制品　我国现有20多个脱水蔬菜品种，主要有洋葱、大蒜、胡萝卜、姜、花椰菜和葫芦条等，年出口量约2.6万t，创汇额达2亿美元以上。

（4）蔬菜罐头　在我国已有90年历史，约占罐头总量的30%～40%，在出口额中，蔬菜罐头约占罐头总额的50%以上。主要品种有芦笋罐头、番茄罐头、蘑菇罐头和荸荠罐头等。

（5）蔬菜汤　该类产品适合一些特殊人群如野外作业、远洋航行、作战人员的需要，甚至某些患特殊疾病人群也需大量消费。我国的汤加工发展缓慢，蔬菜汤加工不多，目前仅有芦笋浓汤等少数品种，需大量开发。

（6）冷冻保藏蔬菜　我国冷冻保藏蔬菜的种类很多，如速冻蔬菜、速冻姜块、速冻芦笋和速冻菜豆等品种。

2. 蔬菜出口遍及世界多个国家和地区　近年来，我国的蔬菜出口市场逐年扩大，出口遍及世界多个国家和地区。例如，保鲜蔬菜主要出口日本、韩国、新加坡、美国和中东国家等，部分特产蔬菜如生姜还出口英国、澳大利亚和法国；腌渍蔬菜主要出口日本、韩国、美国和新加坡；脱水蔬菜主要销往西欧各国、日本、美国、澳大利亚、韩国和新加坡等；蔬菜罐头主要出口西欧各国、美国、日本、韩国；蔬菜汤主要出口美国、西欧各国、日本和我国香港地区，仅我国香港地区每年就消费5 000吨；冷冻保藏蔬菜主要出口日本、韩国、美国、西欧各国、新西兰和澳大利亚。

（二）我国蔬菜出口所面临的机遇和问题

1. 我国蔬菜出口面临良好的机遇

（1）国际蔬菜市场的需求量不断增加　近年来，全世界蔬菜年贸易量不断增加。目前，一些发达国家的蔬菜自给率持续下降，如加拿大为77%，英国为76%，日本为50%，瑞士为42.6%，国际市场蔬菜贸易额已达到100亿美元，其中又以番茄、食用菌、洋葱和大蒜等的增幅最为显著。目前，经济发达国家如美国和欧洲各国都在大力提倡以素食为主，而蔬菜具有其他任何食品所无法取代的保健作用，因此，这将导致全球蔬菜的需求量剧增，同时也为我国的蔬菜出口带来了巨大的机遇。

（2）我国蔬菜出口有较强的比较竞争优势　由于蔬菜的生产属于劳动密集型产业，生产的机械化程度较低，绝大多数农活需要人工操作，劳动强度大，不易实现资本对劳动的有效替代，发达国家的劳动力价格相对较高且有持续攀升的趋势，导致蔬菜的生产成本不断上升。相比之下，我国的蔬菜生产成本较低，国内菜价约为国外的1/5～1/8，具有较强的价格竞争力。而且，我国有丰富的蔬菜资源和良好的自然条件，各地名特优蔬菜种类繁多，为出口贸易创造了良好的基础条件。

（3）入世后，我国蔬菜出口面临的各种关税和非关税壁垒门槛大大降低　过去，我国蔬菜在价格上的强大竞争力，对一些发达国家的农业造成了很大的冲击。为保护本国农业，一些国家经常以反倾销、反补贴和环境保护为名，对我国出口蔬菜实施制裁。而我国的入世将大大降低各种形形色色的关税和非关税门槛，同时，我国还能够利用世贸组织的有关规则，有效地解决我国蔬菜出口所遇到的不公平待遇问题。

2. 我国蔬菜出口还面临不少问题　虽然近几年来我国蔬菜出口大幅上升，但并不是说我国的蔬菜出口一帆风顺，实际上，我国的蔬菜出口仍然面临着不少问题。

（1）出口蔬菜品种少，规模小，市场单一　近年来，我国出口蔬菜的品种虽然日趋多样化，但从总体上来说，出口蔬菜的品种仍然较少，而且规模小。此外，我国的蔬菜出口市场主要集中在亚洲地区，这种单一的市场结构十分脆弱，难以抵御市场风险。

(2) **蔬菜产品质量较差，包装粗糙，产品附加值低** 产品质量是影响我国蔬菜出口增长的主要因素，其中，蔬菜产品农药残留是严重影响我国蔬菜质量的首要因素。而且我国出口的蔬菜包装简陋、装潢水平较低，达不到消费国的要求，不能很好地与进口国文化及消费习惯相吻合，从而限制了出口贸易的发展。

(3) **国内出口商的无序竞争使我国蔬菜出口蒙受损失** 随着蔬菜出口市场的扩大和发展，当初的巨额利润刺激了部分国有、集体、个体、合资及外方独资企业的加盟，多方并举的格局虽然促进了蔬菜的出口，但由于缺乏一致对外的协调机制，再加上市场信息不灵，致使我国蔬菜出口市场出现盲目经营，甚至出现恶性竞争。

(4) **反倾销、反补贴以及绿色贸易壁垒等非关税壁垒重重** 虽然全球一体化进程在加快，但贸易保护主义仍然盛行。一些发达国家为了保护其国内农业，对不少来自我国的蔬菜产品实施反倾销、反补贴制裁，尤其是近几年的绿色贸易壁垒成了我国蔬菜出口的重大障碍。

(5) **其他一些发展中国家和地区对我国的蔬菜出口形成挑战** 现在，在世界蔬菜市场上，美国、泰国、越南等国家和我国台湾省的蔬菜出口也呈上升趋势，与我国出口蔬菜形成一定的竞争。国际蔬菜市场上的激烈竞争对我国的蔬菜出口形成了极大的挑战。

(三) 扩大我国蔬菜出口的对策

1. 理顺进出口管理体制，为支持我国的蔬菜出口创造良好的环境

(1) 保持出口鼓励政策的稳定性。加强政策性金融支持，完善出口信贷和出口信用保险的经营机制，制定合理的出口退税率并保证实施，以增加蔬菜出口企业的经济效益。

(2) 搞好蔬菜出口市场的信息交流和生产经营的指导工作，以便及时调整生产经营品种，适应国际市场的变化。

(3) 加强对蔬菜出口市场的管理，避免国内蔬菜出口商之间的恶性竞争。

(4) 创造良好的外部环境。目前，在尚未形成实力强大的贸易跨国公司的情况下，可由政府划拨专门资金，用于在蔬菜进口国进行公共协调、公益宣传和产品介绍等，以保证我国蔬菜出口顺利地进行。

2. 增加科技投入，优化产品结构

(1) 利用我国农业资源的优势，开发和种植出口新产品，充分挖掘风味独特、品质优良的蔬菜品种，把零星种植的地方性特产开发为大规模的商品化生产，并培育为出口商品。

(2) 增加科研投入，除利用高新技术培育高附加值新品种外，还应研究相应的配套技术，改进出口蔬菜加工工艺和包装，搞好管理，以提高产品质量，开发新品种。

(3) 加速引进国外优良品种和先进技术，经“本土化”后培育成新品种。

3. 推进蔬菜产业化进程，促进我国蔬菜生产和出口的规模化 通过蔬菜产业化经营加速我国蔬菜出口企业发展的步伐，注重培植兴建一批体现支柱产业和重点产品的蔬菜出口生产基地，形成一大批外联市场、内联基地、下联农户的大规模、高起点、外向型的农村经济组织、现代蔬菜生产企业或企业集团等龙头企业，并力求通过不断延长产业链，统筹安排蔬菜产前、产中、产后，使产供销各个环节得到协调发展，实现规模经营。

4. 建立蔬菜标准化生产技术体系，保证蔬菜产品质量 应该根据ISO14000标准，制定我国的检验检疫标准体系，加强农业生产环境、生产过程、加工工艺和出口产品的检疫、检验工作，限制污染、破坏环境和不符合检疫检测标准的产品出口。保证我国蔬菜产品的安全、卫生和营养，提高企业形象和效益。

5. 突破绿色壁垒，实施绿色营销 目前，绿色贸易壁垒已成为我国蔬菜出口的一大阻碍。一方面，我们要及时了解国际上关于绿色壁垒的信息，掌握发达国家的环境法规及其他环境指标的要求，合理有效地利用世贸组织的有关规则；同时，树立绿色环保观念，提高群众对环保、绿色消费与可持续发展的认识；还要注意加强有关技术的研究和开发，积极开发绿色产品，采用绿色包装，实施绿色营销，以突破绿色壁垒。

6. 拓展海外市场，实现蔬菜出口市场多元化 我国的蔬菜出口企业不应把目光只集中在单一市场，应选择合适的区域市场和细分市场，创办跨国公司，建立国际性运销网，实现蔬菜国际化经营和出口市场多元化。同时，加大贮运技术攻关，扩大蔬菜的运销距离和范围，开拓多地域国际市场，增强我国蔬菜出口企业在国际市场上的竞争力。

7. 发展电子商务，实现网上经营 电子商务给我国蔬菜的国际、国内贸易带来了新的机遇。因此，我国的蔬菜出口企业，应大力发展电子商务，构建电子商务平台，以有效地利用有限的资源。现阶段应致力于建立传统营销与网络营销之间相互支撑的结构。

8. 培养和引进专业化的蔬菜出口营销人才 目前我国蔬菜出口的主体大部分是农民。由于不了解国际贸易规则、现代营销知识和国内外市场行情，他们难以把握市场机遇。我国急需引进和培养一大批具有专业知识，懂得国际贸易规则、现代营销知识和外语的专业蔬菜出口营销人才，组建综合性的蔬菜出口网络，直接参与全球蔬菜生产、营销和产品的分配，以获取大量的中间利润，提高我国蔬菜出口的经济效益。

（四）宁波市创汇蔬菜基本情况

2002年宁波市农村经济总收入突破3 000亿元，已到3 297亿元，比2001年增加487亿元，增长17.3%，其中第一产业160

亿元，比2001年增长7.6%。在第一产业中，种植业收入82亿元，增长7.8%。农民人均收入5 764元，比2001年增长7.6%。2002年全市创汇蔬菜面积近2万hm^2，产量58万t，产值4.64亿元，榨菜1万hm^2，产量52.57万t，鲜头产值1.58亿元，加工产值10亿元。

目前宁波市年加工经营产值百万元以上的龙头企业（包括农产品批发市场）共1277家，年加工产值达199.72亿元，带动农户72万户。其中市级农业龙头企业119家，收购农产品219万t，带动农户50.9万户，加工经营产值136.04亿元，纳税1.68亿元，全市产值（交易额）超亿元的龙头企业达23家，其中国家级龙头企业4家（浙江海通食品股份有限公司、宁波五洲星集团有限公司、徐龙食品集团有限公司、浙江水产城象山渔贸发展有限公司）、省级农业龙头企业9家。

目前全市有农产品加工企业19 190家，占农村企业总数的23.88%，2002年实现加工产值670亿元，占全市乡镇企业总产值的23.9%。其中产值在500万元以上规模企业达到721家，实现产值228.5亿元，利润16.3亿元，上交国家税收11.91亿元；从事农产品加工的出口企业282家，自营出口额达3.76亿美元，出口超千万美元的农产品加工企业已有6家。

二、西兰花良种与良法

西兰花又名青花菜、绿花菜、茎椰菜等，原产于地中海沿岸意大利一带，属十字花科芸薹属甘蓝种，是一二年生草本植物。西兰花食用部分是绿色幼嫩花茎和花蕾，营养特别丰富，每100g鲜菜中，含蛋白质3.6mg、糖7.3mg、脂肪0.3mg、矿物质5.9mg、维生素C113mg、胡萝卜素2.5mg，还含有维生素B_1、维生素B_2等许多营养素，同时西兰花碧绿青翠，烹调后颜色更显翠绿，脆嫩爽口，风味鲜美、清香，是优质高级绿色食品，是蔬菜中的精品，是宾馆、高级饭店的高档常用菜，现在已经普及到城乡居民。

近年来，除了国内鲜销市场外，国际市场（特别是日本、欧美等）需要量大，有保鲜、速冻和脱水等加工产品。宁波市是西兰花的主要栽培区，主要在慈溪、象山、宁海、北仑等地，产品主要通过保鲜、速冻和脱水加工后出口。但由于目前栽培的品种主要是中晚熟品种，在秋冬季栽培，采收期过于集中，另外由于12下旬至翌年1月遭强寒流袭击，即将采收的花球受冻害而变紫色，影响到西兰花的生产和销售。因此，根据国外市场的需要，通过早、中、晚熟品种分期排开播种，充分发挥宁波市自然区域气候优势，使西兰花的采收时期延长，有利于出口创汇。

（一）形态特征

西兰花属伸根性蔬菜，但主根不发达，侧根分枝多，主要根系分布在20cm表层土壤，不耐干旱。植株较高大、直立，主茎粗长，茎基部细而木质化，自下而上逐渐增粗，节间伸长，至抽薹时茎长达15～18cm，茎粗2～3cm，外皮青绿色、蜡质，光滑而坚硬。叶披针形，深绿色，有蜡粉。叶缘波曲有缺刻，叶柄明显，有叶翼，基部叶腋处有浅槽，叶背圆形，中肋粗使叶片挺立。叶数较多，早熟品种21～23片，中、晚熟品种可达24～26片。花为复总状花序，主轴形成球状主花球，各叶腋处抽生的侧枝顶端发育成侧花球。青绿色的花球包括肥嫩的主轴、肉质花梗及未充分发育的花蕾。种子圆球形，较饱满，千粒重3.5～4.0g。

（二）生长发育

西兰花的生长发育过程经历发芽期、幼苗期、莲座期、花球形成期和开花结籽期。西兰花为绿体春化型蔬菜，即一定要有相当大的植株体和一定低温才能通过春化阶段，完成花芽分化（表1），进而形成花球。

表 1　西兰花花芽分化所需的条件

品种类型	花芽分化的温度和时间		感应低温期苗的大小		
	温度（℃）	时间（天）	苗龄（天）	展叶数	茎粗（mm）
极早熟	21～23	21	35	5	5
早　熟	16～20	28	36～40	6	6
中　熟	12～15	35～42	40	7	7
晚　熟	8～12	49～56	41～45	8	8

（三）对环境条件的要求

1. 温度　西兰花喜温和冷凉气候，不耐高温。种子发芽温度为 10～35℃，最适 25℃。茎叶的生长适合凉爽气温，白天 15～25℃，夜间 18℃左右最好。幼苗期耐热耐寒性强，中后期抗性变弱。花蕾发育适温为 15～18℃，25℃以上发育不良，5℃以下生长缓慢，只要不受寒害，在低温下可以正常生长，在 －3℃以下的低温下会冰冻。23℃是早熟高温型品种花蕾发育的极限，5℃是晚熟高温型品种花蕾发育的极限，花球膨大期遇 28℃以上高温使花蕾由绿转黄，提早松散。

2. 日照　西兰花属长日照蔬菜，但对日照要求不严，在生长发育过程中喜充足的光照，否则会使植株徒长，花球变小，品质降低。种子发芽具有喜光性，在有光照条件下发芽良好。

3. 水分　西兰花喜较湿润的生长环境，在茎叶旺盛生长期和花球形成期对水需求很大，缺水会导致叶片狭小，早期出现花蕾，花球老化，生长发育不良，影响产量和品质。但雨水过多，排水不及时，产生涝渍，也影响产量和品质。育苗时如湿度过大会使苗高脚、细弱，滋生病害。

4. 养分　西兰花较耐肥，对养分需求大于花椰菜。所需肥料以氮肥为主。氮、磷、钾之比为 14∶5∶8，偏施大量氮肥易造成花球疏松和花茎空心。西兰花对钙、镁、锌和硼较敏感，尤其是硼，缺硼会使茎秆表皮开裂，茎秆中空，所以在施肥时应适量补施微量元素肥料。花芽分化后应追施重肥，以促进花球生长。

5. 土壤 西兰花对土壤要求不十分严格，以沙壤土和壤土为好，如果是黏性土，要求深耕晒白，提高土壤通透性。土壤酸碱度以中性偏酸性为宜，pH 为 6.0 左右，在田块选择上切忌与十字花科作物连作。

（四）主要良种

西兰花按成熟期可分为极早熟种（生育期 90 天以内）、早熟种（生育期 90～100 天）、中熟种（生育期 100～120 天）和晚熟种（120 天以上）；根据花芽分化对温度的要求，又可分为高温型（极早熟种和早熟种）、中温型（中熟种）和低温型（晚熟种）品种；根据植株的分枝能力，又分为顶花球专用种和顶侧花球兼用种。现具体介绍几个主要优良品种：

1. 山水 日本育成。中熟种，生育期 105～107 天，植株直立高大，生长势强，抗病性强，叶片蓝绿色，花球深绿色，结实，花蕾细小，呈高圆形，单花球重 350～400g。适合秋播初冬采收，适宜鲜销，也可保鲜、速冻加工出口。

2. 蒙特瑞 瑞士育成。中熟品种，生育期 102～105 天，植株直立，叶色浅绿，抗性强，花蕾小，单株花球重 350～400g。适合秋播初冬采收，适宜鲜销，也可保鲜、速冻加工出口。

3. 博爱 1 号 韩国育成。中熟种，生育期 102～105 天，植株直立，侧枝少，适应性广，抗病性强。可用于春、秋两季及温和气候条件下越冬栽培，花蕾很小，花球高圆，单花球重 400g，适宜鲜销，也可保鲜、速冻加工出口。

4. 春秋 4 号 美国育成。春秋两季栽培中熟种，秋播生长期 106～110 天，冬播或高山早春播生长期 125～130 天，侧枝少，适应性广，抗性强，容易栽培。花球圆球形，色翠绿，花蕾细小，单花球重400～500g；适宜鲜销和加工保鲜、速冻出口。

5. 优秀 日本育成。早熟种，生育期90～95天左右，植株直立，抗性强，花球坚实圆正，花蕾细小，品质优，适合秋播（7月中旬至8月上旬），10～11月采收。适宜鲜销、出口，是目前浙江省早熟品种的主栽品种。

6. 绿带子 日本育成。中熟品种，生育期105～108天，植株高大，生长势强，抗病性强，叶片深绿色，花球高圆形，厚实，深蓝绿色，花蕾细小，品质优，单花球重一般400g以上，充分长大可在500g以上，适应性广，耐贮运。目前是浙江省秋播冬收的主栽品种，种植面积最大，主要用于保鲜加工后出口。

7. 梅绿90 日本育成。晚熟品种，生育期120天，植株直立，抗性强，耐寒。花球呈高圆形，花粒细小，适合9～10月播种，次年2～3月采收，是浙江省主要栽培品种。

此外尚有蔓陀绿、绿风、圣绿和玉冠等品种。

（五）栽培技术

1. 栽培时期 根据国外市场需要，首先要确定栽培季节、采收时间，选择适宜品种。在浙江省栽培大致可分为4种类型（表2）。

表2 西兰花栽培时期

栽培形式	播种期	品种类型	苗期（天）	采收期	备 注
夏播秋收	6月下旬至7月中旬	极早熟、早熟品种、中熟偏早品种	25～28	9月中旬至10月中旬	高山栽培（海拔800m以上）
秋播冬收	7月下旬至9月中旬	早、中、晚熟品种	30～35	11月至次年2月	
冬播春收	11月中旬至12月中下旬	早熟、春秋两季品种	45～60	4月上旬至4月下旬	大棚育苗

（续）

栽培形式	播种期	品种类型	苗期（天）	采收期	备 注
春播初夏收	1月上中旬至2月上旬	极早熟、早熟、春秋两季品种	45～50	4月下旬至5月上中旬	大棚育苗，平原或高山栽培（海拔800m以上）

（1）夏播秋收　主要在高山上（海拔800m以上）栽培，海拔高播种早，海拔低要适当推迟一些（7月初）播种，品种要选用耐热的极早熟或早熟品种如绿风、优秀、蔓陀绿等，采收期从9月中旬开始。

（2）秋播冬收　是宁波市西兰花主要栽培时期，一般为7月下旬至9月中旬播种，10月下旬至翌年2月采收，主要选用早、中熟及晚熟品种，早熟品种蔓陀绿可在7月下旬播种，晚熟品种梅绿90天最迟可在10月上旬播种，宁波市12月下旬至翌年1月常受强寒流侵袭，气温降到－3℃以下，即将采收的花球易受冻害。

（3）冬播春收　11月中下旬至12月中下旬播种，在大棚等设施内育苗，品种要选择早熟或春秋两季栽培品种，如优秀、春秋4号、博爱1号等品种，第二年1月中下旬至2月上中旬定植，4月上旬开始采收。

（4）早春播初夏收　同样一定要选用极早熟、早熟或春秋两季栽培品种，如绿风、优秀、春秋4号等品种，1月上中旬至2月上旬在大棚等设施内播种育苗，2月下旬至3月中旬定植，5月份采收。高海拔地区栽培的，随着海拔增高播种期可相应推迟，采收期也随之推迟。

2. 播种育苗　目前出口西兰花栽培品种种子都是从国外输入，价格较高，粗放播种，出苗率低，耗种量大，浪费种子，要提倡精确播种来提高播种质量，主要措施：①在保护环境条件下

（大棚或小拱棚）播种育苗。夏播时遮阳降温和防大雨，冬春季播种育苗，应利用电加温或塑料大棚保温，播种后要求保持20～25℃，以保证出苗整齐。②播种前要配制营养土或育苗基质。③播种密度，10g 种子需要 3m^2 左右播种床或育苗盘 4 盘，不宜过密，预防产生高脚苗。④种子处理，没有种衣的种子，可用种子重量 0.4%的 50%福美双或种子重量 0.8%的 2.5%适时乐拌种。

（1）育苗方式　目前西兰花育苗一般采用大田、穴盘或塑料钵、营养液育苗。

①大田育苗　西兰花苗期较短，苗床选择在地势高、排灌方便、土壤富含有机质、两年内没有种过十字花科蔬菜或前作是水稻的田块，苗床走向以南北向为宜。播种前 15～20 天深翻，播种前 7～10 天每 667m^2 施入三元复合肥 15kg 加过磷酸钙 5kg 或泼浇2 500kg 腐熟人粪尿，保证苗期养分的充分供应，翻掏耙碎土地，做宽 1.2m 左右的播种床，秧田比为 1∶20～30。播前苗床浇一次透水，并施入1 000倍辛硫磷等药剂防止地下害虫。播种时，把处理过的种子与适量沙拌匀后均匀撒播在苗床内，播后用铁铲进行镇压，再撒一层混有 0.1%多菌灵、敌克松的药土。夏季苗床平铺一层遮阳网后，搭好小拱棚，再覆盖一层遮阳网，进行双层遮阳保湿降温育苗；冬春季用一层地膜和一层棚膜，进行双膜覆盖保温育苗。

②穴盘或营养钵育苗　目前采用的穴盘（每盘 24cm×60cm）主要有 72 孔、100 孔和 128 孔 3 种，营养钵口径有 5.0cm 和 6.5cm 两种。营养土可用两年内未种过十字花科蔬菜的过筛菜园土 70%、腐熟有机肥 30%、再加入过磷酸钙 2%～3%（或砻糠灰 1/3、腐熟有机肥 1/3、过筛菜园土 1/3，加上复合肥 4kg/m^3）配制而成，播种前用适量多菌灵或敌克松、辛硫磷等农药的药液浇透备用。播种时，把处理过的种子单粒播入穴盘或营养钵内或者撒播到育苗盘内，后覆盖遮阳网或棚膜，方法

同大田育苗。

③营养液育苗　营养液育苗是目前较好的一种育苗方式，具有成本低、管理方便、成苗率高、可集中供苗等特点，受到生产和加工企业的欢迎。①基质：蛭石25%、泥炭65%、珍珠岩10%。②基质堆制消毒：充分混合均匀所有原料后，用50～100倍福尔马林（40%甲醛），均匀喷洒于基质上，然后用塑料薄膜覆盖严实，密闭4～5天后，揭膜通风换气，并翻动营养土，使甲醛挥发出去，2周后即可使用。而且需要调节基质的pH到6.5～7，过酸，用石灰调整；过碱，可用稀盐酸中和。③播种：在穴盘上装满基质，浇透水，后用专用的打穴机器挖好播种穴，用播种机把种子播到播种穴内，覆盖基质。其他同穴盘或营养钵育苗。

（2）苗床管理

①大田育苗　种子播种后3～7天即可出苗，出苗后揭去平铺的薄膜或遮阳网，冬春季育苗的，拱棚覆盖的棚膜要日揭夜盖，夏季育苗的，拱棚覆盖的遮阳网做到日盖夜揭，白天温度20～25℃，夜间12～18℃，30℃以上要通风降温，同时做好防暴雨冲刷覆盖。于1～2片真叶时，间苗1～2次，去除细弱过密苗。当2～3片真叶时要分苗（假植）一次，分苗时要给足水分，育苗期间根据土壤干湿情况进行浇水，幼苗期间一般不施肥，但根据苗情可适当追肥，追肥用0.5%复合肥水或用磷酸二氢钾、爱多收等进行根外施肥，促进生长。待幼苗长至4～6片真叶即可定植，定植前5～7天揭去覆盖物炼苗，起苗前一天晚上将苗床浇透水，有利带土拔苗。

②穴盘或营养钵育苗　如在育苗盘内播种的，当子叶展开时移植到穴盘内，苗期其他管理同大田育苗；如在穴盘或营养钵中育苗的，管理同大田育苗。

③营养液育苗　根据苗情、基质含水量和天气情况浇水，一般每天早、晚各一次，每次以浇透基质为宜，夏季温度高，可以

在中午加浇一次。利用穴盘基质育苗，要喷施营养液（表3）来满足植株的生长需要，其他管理同大田育苗。

表3 营养液配方

（单位：g/L）

配方	硝酸钠	硫酸铵	过磷酸钙	磷酸二氢钾	硫酸钾	碳酸钾	硫酸镁
1	0.52	0.16	0.43	—	0.21	—	0.25
2	1.74	0.12	0.93	0.58	—	0.16	0.53

④病虫害防治　育苗期要注意防治病虫害，西兰花苗期病害有猝倒病和霜霉病，主要虫害有菜青虫、蚜虫、潜叶蝇等，防治方法同大田防治。

⑤壮苗指标　苗高12～15cm，根系发达，须根多，具4～6片真叶（采用孔数多的育苗穴盘可根据具体情况定植，如128孔的在2叶1心定植），茎粗0.2～0.3cm，第一节间短，叶片深绿肥厚，颜色深，无病虫害，无机械损伤等。

（3）整地定植　①土地选择和耕翻作畦　种植西兰花的田块前作为水稻、瓜类、豆类等非十字花科作物为好，酸性土壤耕翻时加施100kg消石灰，水稻田要早排水，耕翻后开深沟作高畦，西兰花不耐涝，田间不能积水。出口西兰花为了提高种植密度，采用宽畦，畦宽连沟1.7～1.8m。

②施足基肥　多施有机肥及磷、钾肥作基肥，每667m² 开沟施入腐熟有机肥1 500～2 000kg、过磷酸钙50kg、硫酸钾10kg，如水稻田种植再加施尿素7～8kg，高山地区水稻田加施钙镁磷肥50kg，如田块缺硼要加施硼砂1.5kg。

③适龄定植　早熟品种及夏秋季节栽培的西兰花要求苗龄短，高温时期苗龄25天左右，对于秋播冬收晚熟品种，苗龄35～40天，冬播春收和春播初夏收的苗龄要长一些要求45～60天。

④种植密度　出口西兰花以个数收购，不求单个花球太大，

花球重 300g（包括下部主茎约 100g）就合格，故要适当提高种植密度，一般每 667m^2 在2 400～3 000株左右，故采用宽畦种植，每畦种 3 行，株距 0.4～0.5m。

⑤技术要求　种植春季西兰花，定植时土温较低，要求先喷除草剂（除草剂可选用乙草胺等）后铺地膜，再打孔定植，以提高土温，促进植株生长发育。定植时做到带土、带肥、带药，即定植前 2 天用过磷酸钙浸出液加 1%尿素喷洒，再施用农地乐1 000倍液加多菌灵 500 倍液，防治病虫。移栽前 2～3 天，畦面上每 667m^2 用 33%除草通 125～150ml 对水 40kg 均匀喷洒。起苗时，用刀小心挖起泥块，不要弄碎，不要伤苗，装入筐内运到大田。在定植槽内，每 667m^2 条施辛硫磷颗粒剂 10kg，然后按一定株距挖种植穴，把苗栽入，土块与畦面平齐，培实四周土壤，不要伤及秧苗子叶，同时大小苗一定要分开种。边栽边浇定根水，隔天复水一次。

（4）田间管理

①肥水管理　要求土地高燥，定植两周内要干干湿湿，促进发根；两周后要保持田间湿润，以水调肥；现蕾后，必须保证充足水分，必要时可沟灌；清理沟系，保证在多雨时季雨停沟里不积水。

出口西兰花要求植株坚实健壮，花球紧实圆正，不空心，故肥水不能过多，要多施有机肥作基肥，追肥氮、磷、钾配合，采用复合肥，适量施用尿素，后期不要片面多施氮肥，以防空心。提苗肥：定植还苗后浇施 0.5%碳铵加 1%过磷酸钙，隔 5 天左右再追肥一次，以定植穴地湿为原则。发棵肥：10 叶左右，以1%尿素浇发棵肥，菜小多施，菜大少施，晴天淡施，雨天浓施，并要经常浇水，保持土壤湿润。花球肥：重施花球肥，花球呈现时，每 667m^2 施三元复合肥 30kg，花球膨大期再施尿素 15kg，促进球茎膨大。

②中耕培土　一般在定植后 5～6 天，地面由于操作或雨水冲击开始板结，并有杂草开始萌发时进行第一次中耕，以后视情

况，雨后土壤干湿适当时中耕1～2次。西兰花植株高大，茎基部也高，容易倒伏，故在植株封行前培土一次，促进发生不定根及茎干粗壮，防止倒伏。雨季及高温期不要培土过多，以免烂根。

③抹芽　出口西兰花只收顶花球，故发生的侧芽一定要及时抹去，减少养分消耗。

④病虫防治　主要病害有猝倒病、立枯病、黑腐病、软腐病、霜霉病和菌核病等。猝倒病，可选用72.2%普力克500倍液，或64%杀毒矾500倍液等药剂防治；立枯病，可用10%世高1 500倍液等喷雾；黑腐病、软腐病，可选用27.72%铜高500倍液，或72%农用链霉素4 000倍液，或77%可杀得600倍液，或80%必备500倍液，或47%加瑞农600～800倍液，或绿亨杀菌王1 000倍液等防治；霜霉病，在发病初期，用72%克露粉剂1 000倍液，或58%雷多米尔600倍液，或40%达克宁800倍液等；菌核病，可选用50%扑海因粉剂1 000倍液，或50%速克灵粉剂1 500倍液，或40%菌核净1 000倍液等。主要虫害有菜青虫、小菜蛾、菜螟、斜纹夜蛾、甜菜夜蛾、蚜虫、潜叶蝇、跳甲、小地老虎、蜗牛、蛞蝓等；菜青虫、小菜蛾、菜螟的防治见菜豆菜青虫防治；斜纹夜蛾、甜菜夜蛾，可用10%除尽1 000倍液，15%安打2 500倍液喷雾；蚜虫、潜叶蝇，可用20%康复多浓5 000倍液，10%一遍净2 500倍液，或70%艾美乐3 000倍液，或3%莫比郎1 500倍液，或2.5%高效氯氰菊酯2 500倍液等；跳甲，可选用4.5%绿百事1 000倍液喷雾；小地老虎，可用2.5%功夫4 000倍液，2.5%高效氯氰菊酯2 500倍液，或5%百事达300倍液等；蜗牛、蛞蝓，每667m^{2}可用5%梅塔350g撒施。采用低毒、低残留量农药防治，孕花球后不能喷药。

⑤采收　保鲜出口西兰花花球标准：直径11～14.5cm，花球坚实，圆正，花蕾细小。单花球重300g以上（包括主茎），故一定要适时采收。采收时连上部6～7叶割下，收割后要及时运

到加工厂，不能堆压，在温度 15℃以上时期，采收后途中运输时间不可超过 8 小时以上，同时要早晨或傍晚采收。

目前出口创汇西兰花主要加工技术是保鲜和脱水加工。

三、甘蓝良种与良法

甘蓝，又名卷心菜、包心菜、洋白菜、茴子白等。起源于地中海沿岸，16 世纪开始传入中国。甘蓝具有耐寒、抗病、适应性强、易贮耐运、产量高、品质好等特点，是宁波市的主要出口创汇蔬菜之一。

（一）形态特征

甘蓝为二年生草本植物，根系主要分布在 30cm 以内土层中。茎短缩，又分内、外短缩茎，外短缩茎着生莲座叶，内短缩茎着生球叶。甘蓝的叶片包括子叶、基生叶、幼苗叶、莲座叶和球叶，叶片深绿至绿色，叶面光滑，叶肉肥厚，叶面有粉状蜡质，蜡质有减少水分蒸腾的作用，因而甘蓝比大白菜有较强的抗旱能力。花为总状花序，异花授粉，甘蓝所有的变种和品种之间能相互杂交。果实为长角果，种子圆球形，红褐或黑褐色，千粒重 4g 左右。

（二）生长发育

在正常情况下，第一年形成叶球，完成营养生长，经过冬季低温完成春化，第二年春通过长日照完成光周期而开花结实。它的生长过程所经过的各个生长时期为发芽期、幼苗期、莲座期、结球期、开花结籽期。发芽期 8～10 天；幼苗期 25～30 天；莲座期，早熟品种需 20～25 天，中、晚熟品种需 30～35 天；结球期，早熟品种需 20～25 天，中、晚熟品种需 30～50 天。开花期 30～40 天，结果期 40～50 天。甘蓝是冬性较强的作物，由营养生长转为生殖生长对环境条件要求严格，要求幼苗长到一定大小以后才能接受低温感应，在0～12℃下，经50～90天可完成春化。甘蓝在未结球以前，如遇低温条件，或在幼苗期就满足了它的春化要求，栽植后一旦遇到长日照条件，就可能出现“未熟抽薹”现象，叶球形成受阻而减产。近几年来，春甘蓝采用塑料大棚育苗，既避免了低温，又大大缩短了育苗期，对防止未熟抽薹，保证早熟丰产有良好效果。

（三）对环境条件的要求

1. 温度 甘蓝喜温和气候，能抗严霜和较耐高温。结球期适宜的温度为15～20℃，但适应温度范围为7～25℃，幼苗能忍耐－15℃低温和35℃高温。

2. 日照 甘蓝为长日照作物，对光强适应性较宽，光饱和点为30 000～50 000lx。

3. 水分 甘蓝要求土壤水分充足和空气湿润，若土壤干旱会影响结球，降低产量。

4. 养分 甘蓝为喜肥耐肥作物，吸肥量较多，在幼苗期和莲座期需氮肥较多，结球期需磷、钾肥较多，全生长期吸收氮、磷、钾的比例约为3∶1∶4。每生产1 000kg叶球，吸收氮4.1～4.8kg、磷0.12～0.13kg、钾4.9～5.4kg。在施足氮肥的基础上，配合施用磷、钾肥，有明显的增产效果。

（四）主要良种

甘蓝依叶球形状和成熟期的迟早，分为三个基本生态型：①尖头类型，叶球顶部尖，近似心脏形，多为早熟和早中熟品种，定植到叶球成熟50～70天；②圆头类型，叶球圆球形，外叶较少，叶球紧实，多为早熟和早中熟品种，从定植到收获50～70天；③平头类型，叶球扁圆形，多为中熟或晚熟品种，从定植到收获需70～100天。当前适合出口创汇的优良甘蓝品种主要有：

1. 京丰1号 植株开展度70～80cm，有外叶12～14片，成叶长37cm，宽40cm，近圆形，叶色深绿，背面灰绿，蜡粉中等。叶球扁圆形，球高14cm，横径28cm，结球较紧，球内中心柱高6cm，宽4cm，单球重2.5kg左右，定植后85～90天开始采收。生长整齐一致，杂交优势比较明显。抗病，适应性强。球叶肉质脆嫩，品质中上，每667m²产量4 000～6 000kg。

2. 中甘11 植株开展度46～52cm，外叶14～17片，叶色深绿，叶面蜡粉中等。叶球近圆形，纵径13cm，横径12.5cm，中心柱长5～7cm，单球重0.75～1kg。叶球脆嫩，品质优良，冬性较强，早熟，从定植至收获50天左右，每667m²产量3 000～3 500kg。

3. 8398 植株开展度40～50cm，外叶12～16片，叶色绿，叶片倒卵圆形，叶面蜡粉较少。叶球紧实，圆球形，叶质脆嫩，风味品质优良。冬性较强，不易未熟抽薹，抗干烧心病。从定植到商品成熟约50天，单球质量0.8～1.0kg，每667m²产量可达3 300～3 800kg，比同类品种中甘11增产10%。

另外，还有周年收获的绿冠、N-S等品种。

（五）栽培技术

1. 栽培季节 甘蓝适应性强，既耐寒又耐热，我市周年均可栽培，具体季节安排见表4。

表4 甘蓝栽培季节表

栽培季节	适用品种	播 种 期	定 植 期	采 收 期
夏秋种秋冬收	早、中熟	6月下旬至8月上旬	7月下旬至8月	8月下旬至10月下旬
秋种冬收	中、晚熟	8月下旬至10月上旬	9月中旬至10月下旬	11月下旬至翌年3月上旬

（续）

栽培季节	适用品种	播种期	定植期	采收期
冬种春收	晚熟	10月上旬至2月上旬	11月中旬至3月中旬	次年3月下旬至6月中旬
春种夏收	早熟	2月下旬至6月中旬	3月中旬至7月下旬	5月上旬至8月下旬

2. 播种育苗 甘蓝栽培都采用育苗移栽。

（1）苗床 应选择地势较高，通风凉爽，易灌能排，土壤肥沃的地块作苗床。前茬作物收获后，应及时清除杂草，每667m^{2}施3 000kg腐熟的有机肥，浅翻耙平。按宽1.2～1.7m作畦，畦高15～20cm，以便雨季排水防涝。

夏季育苗，阳光强烈，气温高，大雨多，为防止日灼和高温伤苗及大雨打击，应设置阴棚。阴棚利用竹、木杆在畦上方搭成拱棚或方棚，上盖遮阳网，以便通风降温。冬春育苗，气温较低，可采用大棚温床育苗，在苗床上搭拱棚，上面覆盖棚膜。各种覆盖物要按时揭盖，齐苗后视情况逐渐撤去。

（2）播种 播种量一般为5～10g/m^2，具体播种密度可根据移苗时间做适当的调整。每667m^{2}需播种苗床面积4～5m^2，假植面积35～45m^2，甘蓝种子比较小，从播种到发芽时间短，一般不用浸种催芽，以干种播种较常见。为保证出苗整齐和防止高脚苗，播种前浇足底水，水渗下后先覆一层薄细土，播种要均匀，撒播后覆细土0.5cm，以盖住种子为宜，再覆盖遮阳网或薄膜。

（3）苗床管理 种子播种后3～7天即可出苗，出苗后及时揭去薄膜或遮阳网，冬春季育苗的，拱棚覆盖的棚膜要日揭夜盖，夏季育苗的，拱棚覆盖的遮阳网做到日盖夜揭，白天温度20℃，夜间12℃左右，25℃以上要通风降温，同时做好防暴雨冲刷覆盖。于1～2片真叶时，间苗1～2次，去除细弱过密苗。当2～3片真叶时要分苗（假植）一次，分苗床与苗床相同，选阴天或傍晚分苗，苗距 10cm×10cm，然后立即浇水。育苗期间根据土壤干湿情况浇水，保持地面见干见湿，幼苗期间一般不施肥，但根据苗情可适当用 0.5%复合肥水或用磷酸二氢钾、爱多收等进行根外追肥，促进生长。待幼苗长至 6～7 片真叶，苗龄 40～50 天即可定植。定植前 5～7 天揭去覆盖物炼苗，起苗前一天晚上将苗床浇透水，有利带土拔苗。

甘蓝也可采用穴盘或营养钵育苗和营养液育苗，具体方法同西兰花育苗。

3. 施足基肥和整地作畦 选择肥沃的田地栽植，前茬忌十字花科植物，否则病虫害严重。早熟品种生育期短，基肥应以速效性氮肥为主，每 667m^2 施1 500kg 腐熟厩肥；中晚熟品种生育期长，基肥应以厩肥为主，每 667m^2 用腐熟厩肥 3 000～4 000kg，加过磷酸钙 30kg、草木灰 75kg，或加复合肥 30kg，缺硼地块加施硼砂 1.5kg，基肥应在种植行间开深沟埋施，然后耕耙平作畦。畦为小高畦，以便排灌。种双行者，畦宽 1.2～1.5m（连沟）；种三行者，畦宽 1.7～1.8m（连沟）。畦沟深约 30cm 左右。

4. 定植和密度 甘蓝根系在土温 5℃以上就开始活动，因此，春甘蓝在日平均气温达 6℃以上时，便可开始定植。夏季高温多雨，尽量多带土，少伤根，栽后浇水，以利成活。定植宜选在阴天或傍晚进行，以免高温灼伤苗。起苗时，应尽量小心仔细，带土坨移植，少伤根系，以利缓苗和提高成活率。定植时要剔除弱苗、病苗，挖穴栽苗，栽苗深度以秧苗土坨表面与畦面相平即可，栽后立即浇水。早春定植要铺地膜，并在户外气温稳定回升到 10℃左右才定植；秋季定植要覆盖遮阳网降温。

合理密植是增加产量的重要技术措施之一，要依据栽培季节及品种来确定定植密度。早熟品种生长势中等，株型较小，宜适当密植，每 667m^2 定苗2 700～3 000株，株行距为 40～45cm×50～60cm；中熟品种株型中等大小，每 667m^2 定苗2 300～

2 700株，株行距为45～50cm×50～60cm；晚熟品种生长势强，株型大，要适当稀植，每667m^{2}定苗2 000～2 500株，株行距为50～55cm×55～65cm。夏秋季或春夏季温度过高或过低，植株生长势不强，可适当密植；而秋冬季适合甘蓝生长特点，植株生长势旺，应适当稀植。

5. 温度管理 夏秋季除用遮阳网或遮荫棚降温外，早晚还需要各浇水一次，以降温。温度较高时，也可增加浇水次数。早春用地膜保温，控制温度在22～25℃。

6. 中耕除草 甘蓝地易滋生杂草，在封垄前要进行2～3次浅中耕除草，并及时培土，以利排灌，后期应人工除草。

7. 肥水管理 甘蓝定植后需浇缓苗水，保持土壤潮湿。结球期开始大量浇水追肥，促进叶球膨大和紧密，结球后期逐渐减少浇水次数。甘蓝不耐涝，雨水多时要注意排涝。

定植后到团棵，可用少量尿素等化肥催苗。进入莲座期，莲座叶封严地面后，植株要形成强大的同化器官，吸收水肥较多，应开始大量追肥，每15～20天追肥一次，每667m^{2}每次施尿素或复合肥15～20kg，追肥一直延续到结球中期，共2～3次。

8. 病虫防治 甘蓝病虫害与西兰花相同，具体参照西兰花病虫防治。

9. 采收 甘蓝结球紧实为采收适期。早秋叶球适当紧实即可采收。选择晴天的清晨或傍晚采收，叶球及时放在避光阴凉的地方，避免阳光直射，尽快包装上市，运输过程要轻放、轻运。目前出口创汇甘蓝主要加工技术是保鲜和脱水加工。

四、榨菜良种与良法

榨菜属十字花科芸薹属芥菜种中以肉质茎为产品的一个变种，由芥菜演化而来，产品主要供加工榨菜用。榨菜是中国特产蔬菜，为腌菜中的佳品，富含维生素和矿物质，含有16种氨基酸，风味独特，深受人们喜爱，国际市场上与欧洲酸菜、日本酱菜齐名，具有鲜、香、脆、嫩的独特风味，被誉为世界三大名腌菜之一。中国榨菜生产，遍及全国 14 个省市，其中以浙江、四川为好，成为传统的出口商品之一，行销日本、东南亚，欧美 10 多个国家。本市已制定了“安全卫生优质农产品榨菜宁波市地方标准”，促进了榨菜的生产和加工。

（一）形态特征

榨菜根由主根、侧根和须根组成。植株成长后，主根入土 25～30cm，侧、须根纵横分布在 15～20cm 的耕作层中。直播的主根入土较深；移栽的主根较短，侧、须根较发达。茎在初期苗龄阶段为缩短茎，即子叶以上至最低膨大叶的一段。中期，缩短茎上部与膨大叶茎部逐渐生长膨大，一般出现 3 层瘤状或乳状突起，成为肥大的肉质茎。肉质茎呈淡绿色或绿色，表皮有光泽或披灰白色蜡粉，茎皮下肉质白色，皮肉之间有少量易剥去的维管束。后期留种用的植株叶心顶端在 2 月下旬现蕾以后膨大茎逐渐延伸而成 1.5m 以上的薹茎。再由薹茎叶腋间的腋芽生出一次分枝，再抽生二次分枝，以后依次抽生三次、四次分枝，直至开花。

叶的生长分 4 个阶段，即子叶、茎生叶、膨大叶和薹茎叶。子叶两片呈肾脏形，当出现 3 至 4 片真叶后，逐渐黄萎脱落。茎生叶生于缩短茎上，由 5 个叶片互生成一个叶环。叶身由短小渐变狭长，叶柄明显，但不肥大。膨大叶生于膨大茎上，叶柄和叶的中肋肥实多肉；叶长 60～80cm、宽 30～40cm；叶形有椭圆、卵圆、倒卵圆等；叶色有绿、淡绿、黄绿、暗紫红等；叶面平滑或绉皱；叶缘波状或锯齿状；叶背及中肋上常有蜡粉和疏软的刺毛。薹茎叶叶身狭而短，生于薹茎和分枝上，是开花结实期的主要功能叶片。榨菜花的花萼及花瓣皆 4 片。雄蕊 4 长 2 短。雌蕊单生，子房上位，蜜腺 4 个。开花在 48 小时内进行，盛花和散粉 10～16 小时。

果为斜生型长角果，果喙长 0.4～1cm，果身长 2.9～3.9cm，果柄长1.2～2.5cm。角果由绿转黄即成熟。一般每株可收获果实10～18g。以薹茎中上部的一、二次分枝着果和着粒数最多，以一次分枝上的籽粒最重。每个角果内生红褐色种子10～20粒，千粒重1g左右。

（二）生长发育及对环境要求

榨菜生长发育过程可分为：①发芽出土期；②幼苗期，指菜苗出现第一片真叶到茎部开始膨大的阶段，这一时期的主要特点是叶片的生长和营养体的增大；③肉质茎膨大期，为100天左右，指茎部开始膨大至现蕾（俗称“冒顶”）的阶段，此时期肉质茎增大及肉质茎上的叶片同时生长；④抽薹开花结实期，从现蕾到种子成熟的阶段。

1. 温度 幼苗生长期生长适温20℃左右，莲座期生长适温17℃左右，肉质茎膨大期要求生长适温8～13℃，16℃以下利于茎膨大。

2. 光照 生长期需充足的光照，植株在长日照和高温下抽薹开花。

3. 水分 喜较湿润的空气，土壤干旱或雨水过多，都不利于榨菜生长。

4. 土壤养分 榨菜适宜生长的土壤为有机质丰富、土质疏松、pH为6.5～7.5、排灌方便、地下水位低，以滨海平原沙质壤土为好。

（三）主要良种

1. 浙桐1号 株高49cm，开展度65cm×53cm，株型半直立。叶长卵形，叶缘呈不规则锯齿状，半裂，小裂片4～5对，叶面平滑无刺毛，绿色，叶柄淡绿色。肉质茎瘤型，近圆球形，瘤间沟不明显，肉瘤钝圆，纵径9cm，横径8.9cm，包皮淡绿，肉质茎重350g。中熟，定植至收获175～180天。耐寒性较强，耐旱性弱。耐病毒病和软腐病。肉质致密，空心率低，水分中等，芥辣味浓。宜加工，加工切丝率高，加工性能优良，净菜率和商品率高。

2. 全碎叶 浙江省地方品种，株高42～52cm，开展度42～57cm，肉质茎高圆球形，纵茎10.9cm，横茎9.2cm，平均单重257g左右。叶柄基部茎节瘤状突起3个，圆浑，瘤间沟不明显。深裂叶片，小裂叶片10～18对，称全碎叶。耐肥、耐寒、空心率中等，加工性能好。

3. 半碎叶 浙江省地方品种，株高39～52cm，开展度39～47cm，肉质茎高圆球形，纵茎9.8cm，横茎8.5cm，平均单重200g左右。叶柄基部茎节瘤状突起3个，瘤间沟不明显。叶片顶部深裂基部，全裂叶片9～14对，故称半碎叶。耐肥、耐寒、空心率低，加工性能好，晚熟，适宜密植。

4. 涪杂1号 由重庆市涪陵区农业科学研究所培育成功的杂交榨菜新品种，株高52cm，开展度58cm。瘤茎近圆形，皮色浅绿，瘤茎上每一叶基外侧着生肉瘤3个，中瘤稍大于侧瘤，肉瘤钝圆，间沟浅。出苗至现蕾145～150天，抽薹较晚，丰产性好。瘤茎含水量低，皮薄，脱水速度快。

(四) 栽培技术

1. 播种育苗

(1) 苗床准备 苗床宜选择前作非十字花科蔬菜地，每667m^{2}施腐熟有机肥500～1 000或复合肥15kg做底肥，翻耕后整地，畦宽连沟1.2～2.4m，畦成龟背形，畦面平整。播种前用辛硫磷800～1 000倍或40%乐斯本1 000倍等防治地下害虫。

(2) 播种时间 播种时间以10月初为宜，过早播种，气温高蚜虫多，利于传播病毒病，过迟播种则苗龄不足影响移栽。

(3) 播种量 每667m^{2}播种量0.4kg左右，采用防虫网覆盖育苗可适当减少播种量，一般秧田比为1∶8～10。

（4）种子处理　播种前种子用10%磷酸三钠浸种处理10min，或用种子重量的0.3%～0.9%的70%代森锰锌等拌种，减轻病毒病危害。

（5）苗床管理

①露地育苗　播种后用细土覆盖种子，喷湿畦面，并用乙草胺50～70ml等除草剂喷洒，覆盖遮阳网等。出苗后及时揭开覆盖物，删去杂、劣、病、虫苗，视苗情，每667m^2施5～7kg尿素，结合天气情况及时洒水保持湿润。苗期防蚜2～3次，药剂可选用一遍净，抗蚜威等；防病2次，药剂可选用病毒A，病毒威等。移栽前3～5天施好肥，做到带药、带土、带肥，移栽时苗地要浇足水，以利于秧苗起土。

②防虫网覆盖育苗　播种后用细土覆盖种子，并选择25～30目的白色或银灰色的防虫网覆盖，四周用土压实，覆盖方法分小拱棚式覆盖和直接平铺苗床覆盖，幼苗生长期间检查网纱密封程度，发现开口立即用土压牢。如发现有霜霉病，立即用甲霜灵等药剂从网纱外向内喷洒防治。移栽前3～5天，揭去防虫网进行炼苗，揭网后施好肥和喷病毒A，做到带药、带土、带肥移栽。

（6）壮苗标准　苗龄35天左右，苗齐苗壮，绿叶4～5片，无病毒感染，根系发达，白根多。

2. 翻耕整畦　大田栽培时要及时清洁田园，清除残枝败叶及杂草，对排水良好的沙壤土，可在移栽时采用边耕边整的方法，以保持土壤潮湿，促使移栽后还苗；对土壤通透性差的田块，宜深耕，然后整地，畦成龟背形。畦宽连沟1.2～2.4m，土块要碎，畦面要高，为有利排水，四周开挖排水沟，做到三沟配套，即畦沟深20～25cm，腰沟40cm，排水沟50～60cm。

3. 定植　定植时间以11月上中旬为好，最迟不超过11月25日，行距24cm，株距12cm，每667m^2保苗1.8万～2万株左右。定植时按照株行距开好定植穴，把苗分散放入穴中，然后用手扶直苗，用细土轻轻压实，使土壤同根系紧密结合，后浇水。

4. 除草培土 还苗后，667m² 用乙草胺 50～75ml 加水 50～60kg 喷洒，防杂草。及时做好抗寒防冻工作，可在畦边培土、盖草，并防止偏施氮肥。

5. 肥水管理 定植后或在还苗后及时施好定根肥，一般每 667m² 施尿素 4～5kg；1 月下旬追施第二次肥料，一般每 667m² 施碳铵 25kg＋过磷酸钙 20kg＋钾肥 10kg 加水1 500kg 浇施；2 月下旬地下茎膨大时施重肥，每 667m² 用尿素 25kg 加水浇施；3 月中旬结合喷药用 0.2%～0.3%磷酸二氢钾根外追肥 1～2 次。

冬前如遇长期干旱，可根据情况进行沟灌水，但不能满过畦面，并及时排干。

6. 病虫害综合防治 榨菜主要病害有病毒病、白锈病、黑斑病和软腐病等。病毒病，种子用 10%磷酸三钠浸种 10min 处理，苗期彻底治蚜，在发病初期（特别在苗期）喷洒 20%病毒A 可湿性粉剂 500 倍液，或 1.5%病毒威 500 倍液，7～10 天喷 1 次，连续喷 2～3 次。白锈病，发病初期开始喷洒 25%甲霜灵粉剂1 000倍液，或 64%杀毒矾可湿性粉剂 500 倍液。黑斑病，发病初期用 70%代森锰锌可湿性粉剂 500～600 倍液，或 58%甲霜灵锰锌 500 倍液，或 50%扑海因1 500倍液喷雾，连喷 1～2 次。软腐病，发病初期及时喷洒或灌根 72%农用链霉素 0.2ml/L，或新植霉素 0.2ml/L，或 14%络氨铜水剂 300 倍液等，连续防治 2～3 次。

虫害有蚜虫和多种地下害虫。蚜虫可用 10%一遍净2 000～3 000倍液，或 50%抗蚜威2 500～3 000倍液等防治。地下害虫主要有蝼蛄、蚯蚓、蛴螬，播种前用辛硫磷 800～1 000倍液或乐斯本1 000倍液喷洒地面。严格执行农药安全间隔期，收获前半个月禁用。

7. 收割 一般 4 月上旬收割，收割时连菜齐泥割平，然后用专用小刀削去根、叶，剥去叶膀及根部老筋并去泥、去杂、去长头、去病株菜头。

（五）榨菜空心的原因分析

榨菜空心是榨菜生产中常遇到的问题，这主要是气候因素和栽培因素造成的，另外病虫害也能引起空心，主要有以下几方面原因：

1. 肉质茎膨大期过短　榨菜肉质茎膨期的生长适温为 8～13℃，16℃以下才利于茎的膨大，这时期约需 80～100 天，茎才能充分膨大。如果这段时期过短，细胞未能充分分裂，营养物质贮藏减少，榨菜髓部养分少的薄壁细胞胞间崩裂，出现裂缝，形成空腔，就会有空心现象。

2. 光照不足、昼夜温差小　各种蔬菜生长都需一定的光照强度，如果光照不足，养分制造不足，不能满足茎膨大时细胞分裂对养分的需求，茎中心分裂的细胞很容易破裂，形成空心现象。如果昼夜温差小，不利于营养积累，茎部细胞也不能得到充足的养分，易产生空心。

3. 水分供应不均衡，干湿交替　在生产栽培中，榨菜要求适宜的土壤水分条件。土壤缺水时，榨菜生长缓慢甚至停止，水分充足时，榨菜又迅速生长，在遇到干旱时，茎内生长迅速的细胞很容易失水，导致部分细胞破裂，很容易产生空心现象。尤其在肉质茎膨大期，土地干湿交替或者水分供应不均衡是造成空心的主要因素。

4. 氮肥使用过多　在栽培中施用氮肥过多，茎部生长较迅速，细胞质浓度小，质地脆弱，易破裂形成空心。

5. 病虫害或异常气候影响　在榨菜生长过程中，如遇到病虫较重的危害，植株停止生长；或出现异常气候，如长时期大幅度降温或降霜，造成生长停止，植株内部养分发生转移，易产生空心。

6. 抽苔影响　栽培过程中，由于采收过晚，受病虫害或干旱影响及喷一些含有激素（如：IAA、NAA、2，4－D、2，4，5－T）的药物都易产生抽苔，由于抽苔要消耗大量养分，榨菜茎内养分转移，易形成空心。

春大棚瓜菜主要病害防治技术

赵海棠

自20世纪80年代以来，伴随大棚蔬菜生产的发展，灰霉病等次要病害上升为主要病害，对茄果类、瓜类蔬菜的前期产量造成很大的损失。据调查，仅茄子灰霉病，苗发病率平均为15.4%，高的达71.9%，果发病率平均为17.7%，高的达47%；番茄、甜椒、黄瓜、瓠瓜等均有不同程度的损失，因病减产达20%～50%。

一、灰霉病等病害的发生与消长

（一）田间几种病害发生情况

宁波地处浙东沿海地区，常年冬春季棚栽茄瓜类蔬菜苗期至结果前期，即12月至翌年5月，由低温、多阴雨天气渐转向高温、高湿天气，容易促发喜低温高湿的灰霉病、菌核病、早疫病及喜高温高湿的绵疫病等多种病害并发或相继发生。据调查，此4种病害又以灰霉病发生最为普遍，为害时间最长，损失最严重；菌核病、早疫病几乎与灰霉病同时发生，但发病不及灰霉病普遍，为害损失也稍轻；绵疫病发生较迟，一般在4月下旬至5月上旬开始为害茄子、番茄果实，此时灰霉病逐渐减少，继而被绵疫病所取代。

（二）灰霉病等病害田间消长及为害情况

春大棚茄瓜类蔬菜灰霉病等病害在田间发生可分 3 个高峰：第 1 个高峰在 12 月至翌年 1 月，初见发病，主害茄子、番茄和甜椒的幼苗，造成烂叶或死苗；第 2 个发病高峰在 2 月中旬至 3 月上旬，主害茄瓜类蔬菜的分苗或定植苗的叶、茎、分枝、花，造成烂叶、枯枝、烂花；第 3 个发病高峰在 3 月中旬至 5 月中旬，主害茄瓜类蔬菜叶、花、果，造成烂花、烂果。

（三）灰霉病等几种病害症状识别

1. 灰霉病症状特征 为害茄瓜类蔬菜的灰霉病由灰葡萄孢菌引起。苗期和成株期均可发病。苗期为害叶、茎、顶芽，成株期为害叶、花、果。叶片被害，多从叶尖开始，初呈褪绿色水渍状，后向叶内扩展，呈 V 字形暗绿色病斑，称急性型；黄褐色、有晕纹病斑，称慢性型。从叶面侵染，形成近圆形或半圆形病斑，也有暗绿色和黄褐色两种。叶片病斑大多有晕纹。苗嫩茎、顶芽被害，呈水渍状、淡绿色或褐色斑，病部以上枯死。花器被害，花瓣萎蔫。果实被害，多从幼果与花瓣粘连处及柱头开始发病，初呈水渍状、黄褐色病斑，扩展后可及全果褐腐。病健部分界明显。在高湿条件下，病叶、病茎、病花、病果均可长出灰色霉状物。

2. 菌核病症状特征 为害茄瓜类蔬菜的菌核病由核盘菌引起。苗期和成株期均可发病。苗期侵害嫩茎和叶，成株期侵害叶、茎、分枝、花、果。苗嫩茎被害，初呈水渍状、褪绿，后扩展绕茎一周变成淡褐色病斑，病部以上萎蔫至枯死。叶片被害，初呈水渍状、褪绿，后扩展变淡黄色或淡褐色病斑。茎分叉处呈淡褐色病斑，病部以上萎蔫至枯死。果实发病多从幼果与残留花瓣粘连处开始，初呈水渍状淡褐色病斑，后扩展至全果，褐腐。

花器被害呈水渍状湿腐，易脱落。高湿时，发病部位长出白色棉絮状菌丝，最后形成鼠粪状黑色菌核。

3. 早疫病症状特征 为害茄子、番茄、甜（辣）椒的早疫病由茄链格孢菌引起，症状差异较大。

（1）*茄子早疫病* 主要侵害茄子苗期叶片，成株期叶片较少发病。多从叶缘或叶面侵入，初为圆形或不规则形、边缘深褐色、中部灰褐色小斑，后扩展成淡褐色、具不明显同心轮纹病斑。高湿时病斑上生黑色细微霉状物，病斑中部脆裂。

（2）*番茄早疫病* 可侵害苗期和成株期的叶、茎、花、果。叶片受害，初为深褐色小斑点，后扩展成褐色至黑褐色、具明显同心轮纹、近圆形病斑，直径0.5～2cm，高湿时生黑色霉状物。茎多从分叉处及其他部位侵染发病，形成褐色或黑色、椭圆形或不规则形病斑。花器受害，花萼上形成褐色点状或不规则形病斑。果实一般从青果蒂部、由染病花瓣引起发病，初为黑褐色凹陷病斑，最后病部腐烂，长出黑色霉状物，但质地较硬。

（3）*甜（辣）椒早疫病* 主要侵害叶片，形成褐色、近圆形小斑，具不明显同心轮纹，生有黑霉。叶上病斑几个至十几个不等。

4. 绵疫病症状特征 为害茄子、番茄的绵疫病由寄生疫霉、辣椒疫霉、茄疫霉引起。症状差异较大。

（1）*茄子绵疫病* 主要侵害果实，也可侵害茎、叶等。果实被害部位，或在蒂部有花瓣粘连处，或在果实中部、端部。一般近地面果实处先发病。初呈水渍状淡褐色病斑，后扩展至全果，变褐色，软腐，高湿时长出白色棉絮状菌丝。茎部多在分枝处发病，变褐色斑，缢缩，病部以上枝叶枯萎。

（2）*番茄绵疫病* 主要侵害青果，又称褐色腐败病。多从果实蒂部附近或果肩处开始病变，初呈淡褐斑，表面光滑，后变为褐色，高湿时长出白霉，病果不软化、不变形，易脱落。

二、灰霉病等病害的灾变因子

（一）温、湿度因子

灰霉病菌生长发育温限2～31℃，适温20～23℃，31℃以上受抑制；相对湿度85%～90%以上，病菌分生孢子遇水滴才能发芽侵入细胞组织。菌核病菌生长发育温限0～35℃，适温16～20℃；相对湿度85%以上有利于病菌生长发育。早疫病菌生长发育温限1～45℃，适温26～28℃；相对湿度80%以上有利于病菌生长发育。绵疫病病菌生长发育温限8～38℃，适温28～30℃；相对湿度85%～95%有利于病菌生长发育。

宁波冬春季12月至翌年4月，大棚内温度大多为5～25℃，0℃左右天数较少，加上在此期间常多阴雨天气，棚内相对湿度常达85%以上，这种低温高湿的生态环境，对低温高湿病害如灰霉病、菌核病、早疫病的发生有利；4月下旬至5月，气温逐渐升高，则对高温高湿病害如绵疫病的发生有利，而对灰霉病等低温高湿病害的发生不利。

（二）气候因子

自80年代开始的导致全球大气升温的“厄而尼诺”现象，使冬春季气温有所升高，大棚内温度常处于0℃以上，有利于灰霉病等病菌的存活与生长发育，从而增加并积累了大量菌源，遇适宜条件即发生病害大流行。此外，灰霉病等病害的发生程度，还与年度之间的气候变化有关。凡冬春季低温、多阴雨天气年份，灰霉病等低温高湿病害发病重，反之则发病轻；春末夏初多雨水的天气年份，绵疫病等高温高湿病害发病重，反之则发病轻。

（三）病菌抗药性变异

在防治灰霉病等病害时，菜农往往单一、连续使用同一类或同一种药剂，会引起病菌产生抗药性。如灰霉病的灰葡萄孢菌分生孢子极易变异，先是对苯并咪唑类（如多菌灵、托布津、特克多、苯来特等）药剂产生抗性，继而对二甲酰亚氨类（如速克灵、扑海因、农利灵等）药剂产生了抗性，目前对氨基甲酸酯类（如乙霉威）还比较敏感，近年生产出的乙霉威混剂（如甲霉灵、多霉灵）对灰霉病防效比速克灵要好。但如单一、连续使用，仍会出现抗性，据报道国内有些地区对此药已产生抗性，欧洲在使用这些混剂后也很快出现抗性，就是证明。

（四）栽培因子

大棚栽培大都固定棚架，多数进行茄果类与瓜类等蔬菜轮作，很少水旱轮作，对病菌的积累、传播、流行有利。

三、灰霉病等病害关键防治技术

灰霉病、菌核病、早疫病、绵疫病这四大病害，以灰霉病危害最重，损失最大，防治策略是“重治灰霉病、兼治其他病害”；关键防治技术是“重视农业防治，重点化学防治”。

（一）农业防治措施

1. 合理通风降湿　要依据天气情况、作物对温度的要求以及病菌对温湿度的反应，进行棚内温湿度合理调控，以创造一个对作物生长有利，而对病菌生长有害的生态环境。如冬春季日平均气温出现低于 15℃时，应采取关闭大棚，覆双层尼龙膜等增温措施；雨后则要及时排除积水，降低地下水位，开棚通风降湿等。

2. 合理施肥灌水 基肥和追肥都应做到氮、磷、钾配方施肥，避免偏施氮肥，不施未经充分腐熟的有机肥。灌水要严格控制，宁干勿湿，切忌漫灌；灌水采用小水勤浇，于晴天上午进行，以利于降低棚内湿度。

3. 及时清除病叶病果 从苗期到花果期，勤查病株，及时摘除病叶、病果和幼果上的残留花瓣及柱头，携出田外深埋或烧毁，以减少菌源和初侵染点。

（二）药剂防治技术——“2－2”化学防治法

近 10 年来防治灰霉病等病害试验示范效果表明，春大棚茄瓜类蔬菜采用“2－2”化学防治法，可有效地防治灰霉病等病害，减少前期产量的损失。“2－2”化学防治法的含义是在苗期和花果期这 2 个生育阶段，交替使用 2 个种类或剂型的药剂防治病害。

1. “2－2”化学防治法技术要点

①重视苗期防治 即在灰霉病发病第 1 个高峰期（12 月至翌年 1 月），当病株率达 5%左右即开始施药防治，宜早不宜迟。

②强化花果期防治 即在灰霉病发病第 2 个高峰期（2 月中旬至 3 月上旬），连续防治多次，保花保果。

③交替使用农药 即交替使用不同种类、不同剂型农药，以提高防效，延缓病菌对农药产生抗性。

2. “2－2”化学防治法应用原则 茄瓜类蔬菜苗期发病，多阴雨天气，应以粉尘剂或烟熏剂为主（不会增加棚内湿度），喷雾剂为辅交替使用；每 7～10 天防治 1 次，连续防治 2～3 次。花果期发病，天气晴好时以喷雾剂为主，粉尘剂或烟熏剂为辅；天气多阴雨时，以粉尘剂或烟熏剂为主，喷雾剂为辅交替使用。每 5～7 天防治 1 次，连续防治 3～5 次。

3. “2－2”化学防治法选用药剂类型

①粉尘剂 6.5%万霉灵（甲霉灵）粉尘剂，5%灭霉灵粉尘

剂，10％灭克粉尘剂，10％杀霉灵粉尘剂等。可防治灰霉病、菌核病、早疫病。

②烟熏剂　一熏灵Ⅰ号（以百菌清为主）和一熏灵Ⅱ号（百菌清加速克灵），10％速克灵烟剂，45％百菌清烟剂等。可防治灰霉病、菌核病、早疫病。

③喷雾剂　以灰霉病为主时，可用50％速克灵（腐霉利）可湿性粉剂（WP）2 000倍液，50％多霉灵 WP 1 000倍液，65％甲霉灵 WP 1 000倍液，45％特克多悬浮剂1 500倍液等防治。以菌核病为主时，可用50％多菌灵 WP 800 倍液＋65％甲霉灵 WP 1 200倍液等防治。以早疫病为主时，可用 50％扑海因 WP 1 500倍液，80％大生 M－45 WP 600 倍液，70％代森锰锌 WP 350 倍液＋65％甲霉灵 WP 1 200倍液等防治。以绵疫病为主时，可用 58％甲霜灵锰锌（雷多米尔-锰锌）WP 800 倍液＋65％甲霉灵 WP 1 200倍液等防治。

④蘸花或喷花的生长素加防病药剂　防落素溶液中，加0.1％浓度的 65％甲霉灵 WP，或加 0.1％浓度的 50％速克灵 WP 等药剂，可起到防病保花、保果的作用。

现代农业设施栽培技术

施永泰

一、设施栽培技术的成就

（一）设施栽培技术在菜篮子工程建设中的地位和作用

设施栽培是通过人工、机械或智能化技术，有效地调控设施内光照、温度、湿度、土壤水分与营养、室内 CO_2 浓度等环境要素，按照栽培的要求为各种作物提供适宜乃至最佳的生育环境，部分或全部克服外界不良条件的影响，科学、合理地利用国土资源、光热资源、人力资源，有效地提高劳动生产率和优质农产品的产出率，大幅度增加经济效益、社会效益和生态效益。

设施栽培是依靠科技进步而形成的高新技术产业，它是随着农业环境工程技术的发展而发展起来的，集约化程度高，是使设施结构、环境调控与农艺栽培结合配套的最有活力的农业生产技术体系。设施栽培是当今世界各国最有活力的新兴产业之一，是向人们提供大量无污染新鲜洁净农产品最为有效的栽培或养殖方式，能大幅度增加农产品的产量并改进提高质量。全天候的设施栽培最终将使人类在月球基地、南极站、生物圈及其他星球种植作物成为可能。

到目前为止，先进的设施栽培还主要集中在发达国家，但近年来的研究显示，除了欧洲和日本外，设施栽培已普及到中国、韩国以及非洲北部的广大地区，其中中国的设施栽培面积已达到

133.3万hm^2，占世界设施栽培总面积的50%，居世界之首。

我国地膜覆盖栽培技术自1978年由日本引进后，经过技术可行性试验研究，1982年在全国推广，1983年覆盖面积达到63万hm^2，跃居世界之首，其中蔬菜瓜果覆盖面积占总覆盖面积的11.4%，1987年蔬菜瓜果覆盖面积达到69.7万hm^2，1996年达到134万hm^2。设施栽培面积发展更为迅速，据有关统计资料显示：以超时令、反季节园艺产品为主的设施栽培面积，1981—1982年度改革开放初期仅有0.72万hm^2，1985—1986年度扩大到6.8万hm^2，1995—1996年度达到69.8万hm^2，1999年已达133万hm^2。另据资料分析，我国大型园艺所占比重逐年上升，1981—1982年度，中小拱棚面积占69%，日光温室及塑料大棚占31%，到1996—1997年度温室及塑料大棚的比重上升到50%，而中小拱棚简单设施由69%下降到50%左右。设施大型化为经济有效利用耕地、提高设施性能、改善作业条件、提高劳动生产率和优质农产品的产出率打下了良好基础。

由于蔬菜设施栽培面积的急剧扩大，蔬菜总产量及人均拥有量大幅度增加，特别是设施内生产的超时令、反季节鲜菜供给量的增加，使蔬菜生产供应淡旺季基本消除，周年均衡供给水平进一步提高，菜篮子工程建设出现了前所未有的大好形势。

（二）农业设施栽培技术的历史和成就

1. 我国农业设施栽培技术的历史 我国设施栽培蔬菜历史悠久。据记载："秦始皇密令人种反于骊山沟谷温处，反实成。使人上书曰：'反冬有实'"遂进行了冬季生产。至今该地还利用温泉种植韭菜。又据《前汉书·召信臣传》记载："冬生葱韭菜茹，覆以屋廡，昼夜蕴火，待温气乃生"。这是我国最早使用的温室。说明我国在2 000多年前就已经在室内加温栽培多种蔬菜。

到了20世纪，设施栽培蔬菜生产发展情况看，40年代仅少量应用风障、阳畦、简易覆盖及土温室；50年代大量应用近地面覆盖，风障、冷床、温床覆盖、土温室等，面积不断扩大，水平不断提高，以后出现了改良阳畦、加温温室等，多以玻璃为覆盖透明材料；60 年代初发展了塑料小棚覆盖及大型温室，以阳畦、温室、日光温室、塑料中小棚为主体的设施栽培取得了迅速发展；1966 年首先由长春市建立了我国第一栋塑料大棚，70 年代在东北、华北、西北的广大地区普及推广，成为设施栽培发展的新热点，有力地推动了我国设施栽培向新高度发展；塑料大棚也由简单的竹木结构向水泥结构、焊接式短柱钢结构、薄壁热镀锌钢管组装式大棚发展；70 年代中后期，我国开始自己设计建造自动化程度高的现代化连栋玻璃温室，并由美国、荷兰、以色列引进现代连栋温室及塑料棚和品种与配套技术，使我国的设施栽培进入了一个蓬勃发展的新阶段。

2. 我国设施栽培技术发展特点 其特点突出地表现在：①设施蔬菜栽培由城镇郊区向农作区发展；②设施蔬菜栽培区向南发展；③节能日光温室发展迅速；④设施结构趋于大型化；⑤种植作物种类多元化；⑥无土栽培发展迅速；⑦绿色食品芽苗生产开始普及；⑧设施类型多样化。

3. 现代农业设施栽培设施与技术引进及消化吸收 我国人多地少、资源贫乏，属发展中国家。资源紧缺已成为制约我国农业以及整个国民经济可持续发展的瓶颈，资源依赖型、粗放经营型农业的增长方式导致的生态失衡、环境恶化、资源萎缩，已严重制约着我国可持续农业的发展。面对加入 WTO 和市场国际化进程日益加快的形势，技术含量低的农产品市场竞争力越来越弱，我国农产品市场实力和农产品企业将面临国际范围的冲击。中华民族要生存、要发展、要早日进入世界强国的行列，必须改变农业高耗低效的增长方式，依靠科学技术进步积极发展设施技术，走农业工业化发展的道路。

我国于 1976 年首先在北京海淀区原玉渊潭公社自行设计和建造了第一座 1.9hm^2 的连栋钢架大型现代温室，以燃油加温供暖进行蔬菜设施栽培获得成功。以后又逐步扩建，总面积达到 4.0hm^2，对当时北京和全国的设施技术的发展产生了深远影响。

我国自国外引进大型温室及配套技术始于 1979 年，首先由北京原四季春公社园艺场自日本引进 2.2hm^2 聚丙烯酸树酯玻璃纤维强化板（FRA）自动化连栋温室开始，到 1999 年的 20 年间，先后有 17 个省、直辖市、自治区从荷兰、美国、以色列、法国、意大利、日本、韩国、西班牙等 12 个国家和地区，通过各种方式引进各类连栋大棚、连栋温室、育苗温室，及其相关配套装置、设备等共 84 座，其中荷兰型温室最多，达 23 座，其次为以色列、法国、美国，这些现代化连栋温室或大棚及其附属装置、设备与配套技术的消化吸收，对我国设施栽培技术的发展起到了积极的推动作用。

4. 发展设施栽培工程技术的意义 我国作为农业大国，人口大国，资源贫乏的国家，在 21 世纪要养活 16 亿人，提高生活质量，达到小康水平，保证优质食品的安全有效供给，是中华民族生存的战略问题，也是社会众多人士共同关心和研究的热点问题。

设施栽培技术是集工程科学、环境科学及生物科学为一体的高科技装备系统，能有效地调控设施内环境，抗御外界条件的不良影响，为作物创造最佳的生育条件，使作物发挥最高潜在生产能力，获得传统栽培技术无法比拟的高产效果。

意义在于：

(1) 大幅度提高单产　露地生产的黄瓜、番茄、甜椒、茄子等每 667m^2 产量仅为2 000～3 000kg，而设施内栽培每 667m^2 产量可达10 000～20 000kg，甚至达到30 000kg，较露地增产 10 倍。

(2) 缓解淡旺季矛盾，实现均衡供给　有效调节设施内环境，充分满足作物对环境条件的需求，在不适季节进行反季节栽培。

（3）增强抗灾能力　设施工程以其牢固的结构和高强度的覆盖材料，在一定程度上能抵抗自然界大风、低温、霜冻、大雨、冰雹以及高温、强光照的不利影响。

（4）节约用水，有效提高水利用率　采用设施内的小水暗灌、滴灌、小喷灌、地膜覆盖保水，有效提高水的利用率，可节约水 50%～70%。

（5）为发展生态型农业提供必要条件　建立温室、畜禽暖棚暖圈、沼气三位一体，使生产系统形成良性循环成为可能。

（6）能有效开发利用国土资源　设施栽培可以在干旱沙漠地区、盐碱荒蕪之地、沿海滩涂区等地区实施，补充耕地不足，又可保障上述偏僻、荒凉、边远地区的农产品供给。

（7）设施栽培加快我国农业现代化进程　设施栽培能有效地加快传统农业向技术密集型现代农业转化。

二、设施栽培技术的基本结构及覆盖材料

我国设施园艺技术的基本结构形式有简易覆盖，塑料小棚、塑料中棚、塑料大棚、普通日光温室、加温温室、节能型日光温室，以及连栋玻璃温室、连栋大棚等。它们从简单到复杂，由低级到高级，形成适于我国国情和发展水平的系列化设施园艺工程。通过对日本、荷兰、法国、美国、以色列等现代化园艺设施及配套设备与技术的引进、消化吸收，有效地推动了我国设施农业工程设施、设备、装置的发展。

（一）简易覆盖

简易覆盖是传统的初级覆盖方式，主要包括风障畦（分小风障畦与大风障畦）、阳畦及改良阳畦、温床及小暖窖等。目前在一些城镇郊区、远郊农业、新菜区，上述简单覆盖方法仍在生产中应用。

（二）塑料薄膜拱棚

1. 小拱棚

（1）结构　小拱棚由细竹竿、竹片、钢筋或定型薄壁热镀锌钢管、碳素棍，每隔30～60cm插入畦埂成为小拱棚骨架，其上覆盖薄膜而成，高1m，宽1.5～2.5m，长10～15m或更长，棚上可用竹竿或压膜线固定。依其形状不同可分为拱圆形小拱棚、半拱圆棚等多种类型。

（2）性能　在1～4月，小棚上加盖草苫，棚内平均气温高于露地4～6℃，9～11月高于露地0.5～1.5℃。小棚内温度随太阳光照强度变化，1～3月小棚内平均气温为10℃左右，有时也可低至0℃以下；如加草苫，棚内温度可高于普通日光温室1.2～7.0℃，平均3℃左右，所以寒冷的冬季要注意防寒保温，防止霜冻危害，而在高温、强日的盛夏又会发生40℃以上的异常高温，应防止高温障碍。

（3）应用　小拱棚多用于茄果类、瓜类、豆类、根菜类、甘蓝类等春提前及秋延后栽培，如加盖草苫其保温性强于大棚，定植期可早于大棚，而秋季向后延的时间也长于大棚。

2. 中拱棚

（1）结构　中拱棚是介于大棚与小棚之间的一种拱棚设施，一般高1.5～1.8m，宽3～6m，有的可更宽，达10m，长度根据地形和需求，一般为10m以上，单棚面积300m^{2}左右，南方江浙地区保护设施多属中拱棚类。中拱棚一般可用中等粗度的竹竿或竹片为拱架，中间设1或3排立柱，如用钢筋焊接式所造成的中拱棚内部无立柱，上盖薄膜，有的上盖草帘保温或在北边搭设风障，提高防寒保温效果。

（2）性能与应用　中拱棚性能一般强于小拱棚，覆盖草苫后强于大棚，进行春提前及秋延后栽培，或用于育苗及分苗。

3. 塑料大棚

(1) 结构 塑料大棚一般宽8～20m（南方多为4～6m），中脊高1.8～2.8m，肩高1～1.5m，长30～60m，每栋333～667m^2。主要结构类型有竹木结构、竹木水泥（柱）混合结构、钢筋焊接水泥（柱）混合结构、钢筋焊接式无立柱结构、热镀锌薄壁钢管组装式大棚以及水泥预制拱架大棚、硅镁复合材料预制拱架大棚等，又可分为连栋大棚及单栋大棚等结构形式。

(2) 性能 塑料大棚具有透光、保温、保湿、阻止水分蒸发的特点，其性能优劣与覆盖材料质量性能密切相关，常用的农膜有聚氯乙烯（PVC）农膜、聚乙烯膜（PE）、乙烯—醋酸乙烯共聚物（EVA）的复合材料。其中聚氯乙烯膜保温性好，EVA农膜透光性、保温性强，而PE农膜保温性较差。普通农膜使用期仅为4～6个月，耐老化农膜（耐候\长寿膜）使用期达1～2年。

(3) 应用 塑料大棚跨度大，容量体积较大，对高温、低温的缓冲能力强，内部可进行多种形式的保温覆盖，提高其防寒保温性能，可栽培多种作物。

(三) 温室

1. 普通日光温室 包括玻璃日光温室和塑料薄膜日光温室。

(1) 结构 普通日光温室类型较多，一般为单坡面温室，覆盖玻璃或塑料，有后墙及后屋面。

(2) 性能 主要利用太阳能提高室温，通过后墙及后屋面蓄热保温，夜间保温可达10℃以上。

(3) 应用 北方广泛用于冬春菜生产。

2. 加温温室

(1) 结构 加温温室由前屋面、后屋面、覆盖物和加温设备组成，分为单屋面、双屋面、拱园屋面以及连栋屋面多种类型。

(2) 性能 温室内温度和光照得到根本性改善。

(3) 应用 可以一年多茬种植。

3. 节能型日光温室

（1）结构　由北墙及东西墙（土筑或砖筑）组成，前屋面用竹、木、钢管、水泥拱架组成，上面覆盖薄膜。节能型日光温室是普通日光温室结构基础上演变而来，其结构、性能、采光及保温性得到进一步加强和完善。

（2）性能　①提高了中脊高度，达到2.6～2.8m，更有利阳光射入，增加室温和光照条件；②加大温室跨度，加大到6～7m，容积增加，缓解高低温对作物的不利影响；③利用全钢焊接式或组装式，改善和优化内部的作业条件。

（3）应用　用于秋冬茬、冬春茬和早春茬蔬菜生产，也广泛应用于生产食用菌、花卉和果树。

（四）现代化连栋温室和连栋塑料大棚

1. 国内外现代连栋温室和大棚发展概况　20世纪80年代已有适应机械化作业的大型连栋玻璃温室，其耕作、种植、运输等实现了机械化，加温、通风、施肥、灌溉实现了自动化。至1995年全世界大型现代化温室面积为4万 hm^2，大部分建在西欧。

荷兰是世界上温室生产最发达的国家，其温室以大型玻璃温室为主体，现有大型连栋玻璃温室面积1万 hm^2，约占世界玻璃温室的1/4，居世界之首。其中花卉生产面积为5 000 hm^2，蔬菜栽培面积为5 000 hm^2。荷兰温室生产水平提高很快，如温室番茄年产量1970年 20 kg/m^2，80年代后期达到 40 kg/m^2，现在达到 50 kg/m^2。其主要原因是：无土栽培的普及，高产品种开发，增加温室高度，计算机应用的普及，施肥和环境管理的改善，利用昆虫授粉和利用天敌治虫等。荷兰全国每年花卉出口收入达到15亿美元，蔬菜出口收入10亿美元，其全自动化温室成套设备在世界上享有很高的声誉。

日本也是设施栽培发达的国家，其温室面积为5.14万 hm^2，与荷兰相比，其最大的不同特点是塑料温室占主要部分，面积有4.88万 hm^2，占温室总面积的95.6%，玻璃温室只占4.4%。温室总面积中，蔬菜栽培面积为3.65万 hm^2，花卉栽培面积为7751 hm^2，果树面积为6 750 hm^2，分别占温室总面积的71.6%、15.2%和13.2%。日本温室的另一特点是，每栋面积为400～500 m^2 的小温室占较大比重，但也不断朝大型化方向发展。

以色列也是设施栽培发达的国家，有从简单的塑料温室到设备完善、能有效调控室内环境的各类现代化温室。依靠先进的工程装备和环境调控、栽培管理技术，达到很高的生产水平。其每公顷温室一季最高可收300万枝玫瑰，番茄年产可达500吨。温室蔬菜和花卉大量出口到欧洲各国。

我国现有大型连栋温室大棚面积200 hm^2，其中由我国自行设计建造的有50 hm^2，自荷兰、以色列、日本等引进的现代温室有140 hm^2 以上，其中大型连栋大棚约占2/3，玻璃温室占1/3。大型现代温室及大棚南方多用于花卉栽培，北方则以栽培蔬菜为主。

2. 温室设施控制系统和相关装备 温室设施的关键技术是环境调控技术与自动化技术。人们用温室创造供作物生育的适宜条件，主要包括室内温度、湿度的自动调节，灌水、施肥的自动控制，CO_2 施肥的调节以及通风降温等方面的调控。现代温室室内配套的装备有：

（1）加温系统 主要采用锅炉散热管加温或热风机热风加温、太阳能加温等。

（2）保温系统 多用LS节能保温膜、银白双色膜、双层保温膜用手动或机动揭盖。

（3）降温系统 除自然通风外，效果好的有湿帘风机降温增湿系统，可降温5～8℃。还有内、外遮荫网减少阳光照射和喷雾降温系统。

（4）通风系统 包括自然通风和机械通风，自然通风是开启顶窗、侧窗，机械通风是通过置于侧壁的排风扇及室内的搅拌扇来完成。

（5）*灌溉和施肥系统*　根据作物生育规律通过计算机自动控制灌溉和施肥。

（6）CO_2 *施肥装置*　设施内有 CO_2 发生装置，产生 CO_2 来补充设施内由于冬季保温而造成的 CO_2 缺乏。

（7）*室内栽培管理作业机械化*　先进国家温室、连栋大棚中整地、施肥、作畦、覆盖、定植、管理、采收、产品加工包装，全部或部分实现了机械化、自动化和省力化，提高劳动生产率。

三、设施蔬菜种苗技术

（一）设施栽培用新品种选择

适宜设施栽培的作物种类很多，蔬菜中有瓜类、茄果类、豆类、叶菜类、甘蓝类、根菜类以及各种名优蔬菜，它们是设施栽培种类的主体。除蔬菜栽培外，近年来，食用菌、草莓、花卉以及多种超时令水果也栽培成功，为淡季供应做出了卓有成效的贡献。

1. 设施栽培新品种选择的基本要求　设施栽培对品种特性的要求与露地栽培种有所不同。

（1）*抗逆性强*　要求耐低温、寡照和高湿的环境，同时对高温高湿的抗逆性强，在设施栽培的环境下生长健壮、结实性能好。

（2）*抗病害*　在栽培的区域内能对几种主要病害都有较高的抗性，即为多抗品种。这样就不会因为抗病性差而造成大面积感病而产生损失。

（3）*光合能力强*　要求品种叶片稀疏，弱光下光合作用旺盛，光合生产率高。

（4）早熟、高产、优质　要求品种具有早熟性、丰产性和优质性，产品外观及内在质量符合本地市场需求，适销性好，农民增收，市场欢迎。

2. 设施栽培新品种

（1）黄瓜品种　设施黄瓜专用品种，按类型分：果型有长黄瓜、短黄瓜，有无刺、有刺，有棱型、无棱。

（2）番茄品种　果型有大、中、小型。

（3）甜椒品种　果色有红、黄、白、紫、绿。

（4）茄子品种　有圆、灯泡、长。

（二）现代蔬菜育苗技术

现代蔬菜育苗技术应选用耐低温和寡照、结实性好、抗多种病害、生长健壮、不早衰、高产优质的设施栽培专用种或优良的兼用种。

1. 育苗方法的沿革　育苗的方法很多。过去传统的育苗方法是就地育苗，进一步发展采用营养土育苗、塑料育苗袋或钵育苗以及育苗盘和穴盘育苗。随着设施栽培的发展，嫁接育苗技术得到普及，营养液育苗、电热线快速育苗也得到迅速发展。随着农业工厂化生产技术的进步，工厂化、机械化育苗技术已经在我国兴起，使传统的农户自育自用的育苗体制发展到工厂化生产商品苗、分散供苗的新体制，将育苗技术和设施栽培社会化水平提高到一个新阶段。

2. 育苗钵（盘）育苗　是目前设施栽培中普遍应用的育苗方法。其优点一是育苗钵（盘）能工厂化生产，一次投资多年利用，方便规范；二是可进行有土或填充基质进行营养液育苗，管理、运输、搬运方便；三是可避免土传病害，能育出壮苗。

（1）育苗钵（盘）的种类　育苗钵（盘）的种类有：①软质塑料育苗钵；②育苗纸钵；③硬质塑料育苗盘。

(2) 使用中注意事项　在进行育苗钵（盘）育苗时要注意的事项有：①育苗钵（盘）用前消毒；②育苗装培养土或基质时，上口处预留空间；③育苗过程中要及时补水或灌水；④用后回收清洗、晒干以备用。

3. 电热温床快速育苗技术　将电热线埋入培养土中，或置于育苗钵（盘）下面，通电后可提高地温，这是一种快速而简易的育苗方法。

(1) 电热线育苗的设备　电热线育苗所需设备有：①控温仪；②电热线；③交流接触器；④调控板。

(2) 电热温床育苗特点　电热温床育苗有以下特点：①电热温床育苗可有效克服外界不良自然环境条件影响；②提供低气温、高地温育苗环境，秧苗根系发达，可获壮苗，缩短育苗时间；③为节电，可设定适温下限；④地温高土壤蒸发量大，要及时补水。

4. 基质营养液无土育苗　以基质作床，浇灌营养液的育苗方法，基质有炉渣、草炭、蛭石、沙子、珍珠岩等。

(1) 基质营养液无土育苗的特点

①取材广　基质来源广泛，可就地取材，材质轻、成本低、透水透气性好。

②幼苗壮　幼苗根系发达，秧苗素质好，茎粗叶大，生长健壮。

③能防病　基质可进行消毒处理，防土传病害。

④效率高　基质疏松，定植时可直接自基质中拔出秧苗，不带宿土，运至栽培场地定植，节省肥料和用工，缓苗快、成活率高，也便于运输。

⑤效果好　根系非常发达，定植后生长迅速，有明显的早熟增产效果。

⑥注意事项　要根据不同作物选配营养液配方，基质不得重复使用，否则易感染病害。

(2) 基质营养液无土育苗的技术要点

①建造育苗畦　在温室或大棚内，按1.5～2m宽，长度以

育苗场的具体情况和育苗量而定。

②铺发热材料　铺农膜，垫敷酿热物或铺电热线。

③基质的配制与消毒　基质按育苗面积 0.1m^3/m^2 准备，配制的基质 pH 以 5.5～6.5 为宜。配制的基质要用福尔马林消毒，用量 1kg / m^3，密封堆沤 2 天，摊 2～3 周，或用多菌灵 800 倍喷洒均能达到灭菌目的。

（3）播种期和苗龄　基质营养液无土育苗可直接培育子苗，或者经移栽分苗可获得成苗。

5. 嫁接育苗　在日本、韩国应用极为普遍，是抗御多种土传病害的常规措施。我国自 1976 年以来在设施栽培中应用，广泛应用于西瓜、甜瓜、黄瓜等。

6. 蔬菜机械化育苗　机械化蔬菜育苗是 20 世纪 70 年代后国际上发展起来的一种新的育苗方式，已成为一些欧美国家专业商品苗生产的主要方式。所谓机械化育苗是用草炭、蛭石、珍珠岩等轻基质为育苗基质，利用专用的育苗盘，采用机械化精量播种一次成苗的现代育苗技术体系。目前世界上机械化育苗发达的国家是美国，大约有 70%蔬菜商品苗为机械化生产的苗，使育苗分散、盲目、自由的方式走向生产商品化的道路，而且规模不断发展。机械化育苗的发展促进了种植制度改革和进步。可以用于机械化育苗的蔬菜种类有：芹菜、甜椒、番茄、花椰菜、甘蓝、结球生菜、茄子及其他多种叶菜。

80 年代中期北京率先引进了国外先进的机械化育苗生产线，在北京近郊建立了花乡、双青、朝阳 3 个机械化育苗场。90 年代在全国先后建立了 40 多个专业性育苗场和一批现代化、机械化育苗场。如北京顺义三高农业示范区，建造台湾三易温室和美国育苗温室，占地 3.3hm^2，年产菜苗2 000万株。

（1）机械化育苗的优势

①省工、省力、省场地、效率高　与常规育苗方式相比，基质混拌、装盘、精量播种、淋水、覆土等一系列作业一次完成。

每穴1粒的播种精度达95%以上，成苗率在80%以上，较传统育苗法工作效率提高数十倍。

②采用良种育出优质壮苗　机械化育苗是集约化、规范化、大规模工厂化生产种苗，育苗环境得到有效调控，使秧苗生长整齐一致，移苗不伤根缓苗快，生长健壮。

③适于运输和机械化移栽　机械化育成的秧苗粗壮整齐，适于运输和机械化移栽。

(2) 机械化育苗设备及育苗技术

①简单育苗系统　填土机、苗盘自动供给机、包衣种子自动播种机、自动播种机、灌水装置、发芽室。

②育苗基质的选择与配比　一是草炭是公认进行无土栽培和育苗的理想基质。我国吉林、黑龙江、内蒙古资源丰富。二是蛭石是云母矿石经高温（800～1 000℃）下膨化烧制而成。呈中性或弱碱性，有较高的阳离子交换量，密度小（80kg/m³），透气性好、保水保肥力强特点。三是珍珠岩，用硅质火山石经1 200℃燃烧膨化而成，通气、质轻（80～120kg/m³）、化学性质稳定，可以单独或与其他基质混合使用。国内外机械化育苗对育苗基质的选择和配比一般为草炭50%～60%，蛭石30%～40%，珍珠岩10%。

③育苗穴盘的选择　按蔬菜品种生长要求和便利、经济的原则选择育苗穴盘。

四、设施蔬菜栽培技术

（一）设施蔬菜栽培特点

设施蔬菜生产是在不适宜蔬菜生长发育的环境条件下，利用专门的保温防寒或降温防热等设施，人为地创造适宜蔬菜生长发育的小气候条件，从而进行优质高产蔬菜生产。因此，与露地蔬菜生产相比，有其不同的特点。

1. 栽培方式多样 主要是抗低温和抗热栽培。

2. 病害发生严重 高湿适温和设施的固定易诱发病害发生。

3. 栽培技术要求严格 根据设施特点要求管理上综合运用，为蔬菜创造一个适宜的环境条件。

4. 专业化生产性强 形成一定的规模，走向工厂化生产。

（二）设施蔬菜茬口安排

1. 茬口安排原则 设施蔬菜生产的茬口安排以提高设施的利用率和增加蔬菜产量为前提，以市场为导向，必须从周年生产均衡供应考虑，以淡季供应为重点，统筹兼顾，全面考虑茬口安排。具体的有：①按设施条件安排；②按不同蔬菜对温度的要求安排；③根据市场需要安排；④要有利于轮作倒茬；⑤要根据当地的技术水平安排。

2. 设施蔬菜生产主要茬口安排 日光温室通常采用冬春一大茬，秋冬和早春 2 茬、3 茬，大棚通常春夏茬接秋冬茬，也有 3 茬、4 茬和 5 茬的茬口形式。

（三）不利环境及防御体系

不利的气候条件及灾害性天气等是造成设施蔬菜生产困难、减产以至绝收的因素，应从防御灾害的设施、栽培技术等方面加强其抗灾能力。

1. 低温危害 低温使蔬菜生长减弱，落花、落果和产生畸形果等。防御低温危害的措施有：①利用各种设施和覆盖材料进行保温；②选用耐低温的优育品种；③采用嫁接技术增强耐低温性；④对喜温蔬菜进行低温锻炼；⑤加温处理；⑥应用生长素防低温落花落果。

2. 高温危害 高温影响花芽分化，致发育不良；使叶、果产生日灼现象及果实色泽变化等。防御高温危害的措施有：①选用抗热或耐热品种；②间作套种；③采用遮光栽培；④降温处理。

3. 有害气体的危害 设施中危害蔬菜的气体有：SO_2、乙烯、增塑剂及氨。

五、设施蔬菜无土栽培技术

根据国际无土栽培学会的规定，凡是不用天然土壤，而用基质或仅育苗期用基质，在定植后不用基质而用营养液进行灌溉的栽培方式，统称为“无土栽培”。简言之，无土栽培就是不用天然土壤栽培作物的方法。

（一）无土栽培及国内外研究进展

1. 国外无土栽培研究进展与成果 科学的无土栽培法始于1859年，德国科学家沙克斯和克诺普在实验中，把化学品加入水中制成营养液用其栽培作物获得成功。1929年美国的格克博士用营养液栽培番茄成功，并将无土栽培商品化生产向前推进了一步，称无土栽培为“水栽”。西欧、北美无土栽培工程技术是随着近代机械、化工、电子、自动化技术的发展和蓬勃发展起来的崭新的农业工程技术而发展的。初期用沙砾、草炭、火山石、锯末等天然基质，70年代荷兰、丹麦、瑞典用岩棉栽培蔬菜、花卉获得成功，推动无土栽培的进一步发展。设施栽培工程配套装置技术的发展与科技进步，自动化、智能化水平的提高，为世界先进国家无土栽培研究和应用揭开了新篇章。

美国、日本、澳大利亚等发达国家建立了植物工厂，在全封闭的建筑物内，采用系列化传感系统、各种自动化调控系统、电脑作业可完全调节和控制设施内温、湿、光、水、肥、气生育环境，最大限度地发挥生产潜力，生产洁净卫生、无污染、无公害、绿色的高档食品。

2. 我国无土栽培现状及发展 我国无土栽培始于1941年，与发达国家相比研究和应用时间较晚，70年代后期山东农业大学首先将无土栽培工程技术应用于生产获得成功；80年代中期随着我国配套进口先进国家的温室及园艺设备，无土栽培装置投产，无土栽培技术的研究逐步深入，面积不断扩大，设施、设备与技术不断完善，技术水平不断提高。1985年全国仅有无土栽培面积0.1hm^2，1990年达到7hm^2，1997年达到138hm^2，目前已超过300hm^2。

（二）无土栽培技术分类及特点

1. 无土栽培的分类

（1）无基质栽培 定植后不用基质。分水培和喷雾栽培。

①水培 定植后浇灌营养液，作物根系与营养液直接接触。主要有营养液膜法（NFT）、深液流法（DFT）、浮板毛管法（FCH）。

②喷雾栽培 又称气培或雾培，根系不浸入营养液中，而将营养液雾化，间隔一定时间向根系喷雾。该法目前尚难在生产上推广。

（2）有基质栽培 植株通过基质固定根系，根系自基质中吸收水分、营养及氧气。分有机基质栽培和无机基质栽培。

①有机基质栽培 草炭、树皮、锯末、稻壳、秸秆等其他农产品废弃物经腐熟成为有机质作为无土栽培的基质。

②无机基质栽培 岩棉、沙砾、蛭石、珍珠岩、炉渣等无机物作为栽培基质。

2. 无土栽培技术特点

（1）防病 无土栽培能有效避免土传病害和土壤连作障碍。

（2）有效利用资源 无土栽培能充分而合理地利用设施内土地及空间，使栽培实现立体化，节水、节肥，提高工作效率，增加产量，改进品质。

(3) 提高生产效率　能减轻生产者的劳动强度，便于实现自动化、规范化生产。

(4) 应用地域广　无土栽培应用地域广泛。

(5) 适用作物多　适于无土栽培的作物很多。

3. 水培　是无土栽培中最早的栽培方式，目前在欧美及日本广泛用于生产，它的特点是植物根系无基质固定，直接与营养液接触并生长在营养液中。根据水培的装置系统、营养液供氧方式不同而有多种水培方法

(1) 营养液膜法（NFT）　它有贮液池、水泵、栽培槽、输液管道和调控系统组成。营养液通过水泵由贮液槽流向栽培槽，营养液在栽培槽内的深度为0.5～1.0cm，与根系直接接触，沿着栽培槽的自然坡度流回贮液池，其供液方式有连续供液和间断性供液两种。

(2) 深液流法（DFT）　有贮液槽、栽培槽、水泵、营养液自动循环系统和控制系统。它与NFT不同的是：流动的营养液层深度5～10cm，植物根系大部分可浸入营养液中，吸收营养和氧气，同时装置可向营养液中补充氧气。

(3) 动态浮根法（DRF）　有营养液池、栽培槽、空气混入器、排液器、定时器及水泵。该法营养液灌溉时，根系可在槽内随着营养液的流动而波动或摆动。

(4) 浮板毛管水培法（FCH）　有贮液池、栽培床、循环系统和供液系统组成。栽培床由聚苯乙烯发泡板构成。

4. 基质栽培　无土栽培的种类除水培外还有基质栽培，基质栽培近年发展较快，应用各种基质固定根系通过营养液循环系统供给作物营养。

基质栽培方式有槽培、袋培、岩棉培、沙培、立体垂直栽培等。

5. 有机生态型无土栽培　中国农业科学院蔬菜花卉研究所基于多年来无土栽培研究的经验与科学实践，采用来源广泛、价

格低廉、不携带病菌虫卵、不污染生态环境的高温发酵消毒鸡粪为主要有机肥源，再配合适量的无机肥料取代纯化肥，简化了基质施肥技术，形成了一种新型有机生态型无土栽培系统。有机生态型无土栽培的特点是：采用了有机固态肥料，取代了纯化肥配制的营养液肥，更全面充分满足作物对营养元素的需求；省略了营养液检测、调试、补充等技术环节，使基质栽培更简单、更省力，提高可操作性，更利于普及；降低设备投入和运作投入；产品为绿色食品。

有机生态型无土基质可将有机基质和无机基质混合，比例为8∶2～2∶8范围很广。

有机生态型无土栽培的方式一般采用槽培方法。栽培床用砖块、木板等砌成无底的槽框，槽框下部铺敷农膜防渗漏，根据槽宽铺设几道滴灌管。

保护地栽培土壤障碍因子产生及防治技术

王美英

近几年，宁波市蔬菜、瓜类作物栽培发展很快，这对于调整优化农业生产结构，发展效益农业起到了重要作用。然而，由于农户未按蔬菜、瓜类等经济作物需肥规律科学施肥，一味追求眼前高产，超量施用和单一施用化学肥料，出现土壤结构和肥力衰退的现象。尤其是保护地栽培小气候和土壤水分运动都具有特殊性，更易发生土壤障碍问题，从而严重影响作物生长及产量与品质的提高。根据宁波市近几年来对蔬菜土壤障碍因子的调查研究、试验、示范应用的初步结果，现就蔬菜土壤障碍因子的产生与防治措施作一介绍。

一、宁波菜地及土壤肥力状况

宁波市原有蔬菜面积 1 200hm²。新发展市级无公害的特色蔬菜基地 7 个，面积约4 670hm²。现面积在 333hm² 左右的市级一线蔬菜基地约有 18 个，分别在鄞州下应镇江六农场、东钱湖镇红林蔬菜场，江北区湾头蔬菜中心场、甬江园艺场及庄桥镇费市农场、甬江新区大漕村和镇海区炼化农场等，占市郊菜地的 1/3。蔬菜基地大多实施保护地栽培，近来还兴起和发展了西瓜等瓜类和苗木、花卉的保护地栽培，全市实施保护地栽培的面积共约 670hm^2，今后还会有较大的发展，保护地土壤的障碍因子也将更显突出。根据我们对市一线蔬菜基地典型地块土壤剖面的勘测和土壤样品的分析及蔬菜种植、生长情况，市郊菜地土壤大致可分为 3 种类型：

一类型：占调查面积的 38.8%。土壤肥力较好，蔬菜生长正常，产量较高，表层 0～20cm 土壤疏松，容重 0.74～0.84g/cm^3，电导率 0.11～0.24ms/cm，一年四季无返盐现象。呈微酸性，pH 5.6～6.5。土壤养分丰富，有机质 3.5%～6.6%，水解氮＞310mg/kg，有效磷＞210mg/kg，有效钾＞350mg/kg。每 667m^2 一季青菜产量在3 000kg以上。

二类型：占调查面积的 44.4%。土壤肥力差，蔬菜生长不正常，枯苗、缺株现象严重，产量低。表层 0～16cm 土壤板结、呈灰白色，土壤容重 0.9～1.0g/cm^3。土壤返盐，电导率偏高，0～20cm 表土电导率 0.4～1.3ms/cm。土壤呈强酸性或碱性（pH＜5.5 或 pH＞7.8）。

三类型：占调查面积的 16.3%。这类菜地土壤曾有较严重的表土板结返盐，电导率偏高等障碍因子，以致菜苗枯萎死亡等现象发生。但由于及时采取夏季揭膜淋洗灌水、增施有机肥等改良措施，土壤障碍因子影响减轻，土壤肥力得到恢复和提高，蔬菜生长日趋正常。

二、菜地土壤障碍因子及产生的原因

宁波市蔬菜基地在栽培上大部分采用塑料大棚等保护地栽培技术，以克服低温对蔬菜生产的限制，获得常年的高产量和高产值。然而这些措施改变了水热气的自然状态，在施用大剂量化肥的情况下，土壤又得不到雨水的淋洗，加之其他栽培措施不当，常会产生土壤障碍因子。根据实地调研和典型地块土壤样品的检测，市郊菜地土壤主要障碍因子是土壤养分障碍，表土返盐（盐分积聚），其次是土壤酸化和连作障碍。

（一）土壤养分障碍

施肥量高，尤其是氮肥用量过高。大棚菜地施肥量比露地高，一般为露地施肥量的2～4倍。据我们在镇海炼化、江北区湾头蔬菜基地调查，一季大棚黄瓜，667m^2 施用尿素高达80～100kg，折纯氮34.4～46kg。若以667m^2 产黄瓜5 000kg推算，仅需氮素（N）12～15kg，可见有60%左右的肥料未能得到利用。多余的氮肥除部分被作物吸收及土壤胶体吸附、固定和挥发外，残留在土壤中的氮肥可氧化成硝态氮（NO_3^-），并以各种硝酸盐形式溶解在土壤溶液中。同时，化肥副成分，如氯化钾中的氯离子（Cl^-）也能与土壤中的钙（Ca^{2+}）或钠（Na^+）离子结合形成 $CaCl_2$ 或 NaCl 而溶解于溶液中，从而导致土壤溶液中盐浓度的进一步提高。据此可以认为，肥料的高投入、尤其是化学氮肥的高投入是土壤中可溶性盐分增加的根本原因。同时，存在着氮、磷、钾比例失调及重金属污染等现象。据我们6个蔬菜基地调查取样，铁、镁比较丰富，且镉、汞超标较明显。

（二）表土返盐

1. 表土返盐的原因

（1）*土壤中水分向土表运动*　在大棚覆盖的特定环境条件下，土壤中水分向土表运动，导致盐分向表层积聚（俗称返盐）。露地土壤水分总是时上时下运动的。而大棚菜地是一个封闭或半封闭系统，棚内温度高，最高可达50℃以上，加速了土表水分汽化，致使地下水和土层内的水分不断上升，从而使盐分随水带至表土层。而且大棚长年用塑料薄膜覆盖，表层土壤得不到雨水淋洗，因此，盐分在土壤表层积聚，致使表层盐分含量远远高于露地。根据我们在湾头蔬菜中心场定位测定结果：冬季大棚土壤表层（0～20cm）可溶性盐2.79g/kg，硝态氮182.7mg/kg，比露地可溶性盐 1.11g/kg，硝态氮 60.0mg/kg，分别高出 1.68g/kg 和 122.7mg/kg；夏季大棚土壤表层可溶性盐 4.98g/kg，硝态氮 395.1mg/kg，比露地可溶性盐 1.47g/kg，硝态氮 61.8mg/kg，分别高出 3.51g/kg 和 333.3mg/kg。这样高的表土含盐量，严重地抑制了蔬菜作物的正常生产。

（2）不当的栽培措施　浅耕、土表施肥泼浇、排灌系统不配套等，均能加剧盐分向表层积聚。此外，大棚菜地土壤地下水位高，灌溉水矿化度大也会加剧土壤盐渍化。

2. 盐分变化的动态及其对蔬菜生长的危害

（1）盐分变化的动态　定点定期研究测定表明不同季节大棚土壤表层盐分积聚情况是有变化的，以夏、秋二季最高，冬春有所下降，但都显著高于露地。电导率夏季大棚土壤为 1.238ms/cm，比冬季大棚 0.681ms/cm 提高近一倍，比露地 0.389ms/cm 提高 3 倍（表 1）；可溶性盐夏季大棚土壤为 4.98g/kg，比冬季大棚 2.79g/kg，提高近一倍，比露地 1.47g/kg 提高 3 倍。

表 1　不同季节大棚土壤（表层）盐分变化

季节	种植方式	电导率 (ms/cm)	可溶性盐 (g/kg)	NO_3^-－N (mg/kg)	NH_4^+－N (mg/kg)	pH
夏	大棚	1.238	4.98	395.1	15.9	4.61
	露地	0.389	1.47	61.8	6.2	5.52
秋	大棚	1.184	4.61	357.4	15.1	4.63
	露地	0.316	1.28	61.0	5.9	5.48
冬	大棚	0.681	2.79	182.7	8.4	4.82
	露地	0.283	1.11	55.2	7.6	5.62
春	大棚	0.718	2.84	193.6	8.5	4.84
	露地	0.310	1.27	60.0	7.5	5.67

注：试验在湾头蔬菜中心场进行。

（2）土壤中盐分组成　据测定，大棚土壤盐分中，阳离子以钙（Ca^{2+}）为主，阴离子则以硝酸根（NO_3^-）为主，占阴离子的70%左右。大棚土壤次生盐渍化的特点是硝酸钙积累，这是与滨海盐土以氯化钠（NaCl）为主，内陆盐土以碳酸钠（Na_2CO_3）为主的最大区别。

（3）*对蔬菜生长的危害*　大量研究资料表明，棚栽土壤电导率小于0.5ms/cm时，蔬菜生长正常；当电导率超过0.5ms/cm时，蔬菜吸收水分养分开始受阻；超过1.0或1.5ms/cm时，蔬菜作物生长急剧下降。我们在市郊湾头、甬江、镇海等棚栽菜地调研时，发现棚栽土壤表面出现灰白色或黄色一层，这是表土盐分大量积聚后次生盐渍化的典型表现，其电导率在0.5～1.5ms/cm之间，几乎高出露地电导率2～4倍。可见市郊棚栽菜地已有相当一部分土壤盐类浓度超过了蔬菜作物正常生长发育的临界浓度，以致造成菜苗叶片枯萎死亡。盐分中又以硝态氮为主，对蔬菜品质影响极大。

（三）土壤酸化

由于有机肥施用减少，化学氮肥大量施用，尤其是在大棚栽培的特定条件下，导致土壤酸化严重。据湾头、甬江、费市、大漕、镇海炼化和东钱湖红林6个基地16个样品分析，其中强酸性（pH≤5.5）的5个，占样品数的31.25%。据调查，6个蔬菜基地面积为667hm^2，其中呈强酸性（pH 4.1～5.33）的菜地土壤，占40%～50%。而多数蔬菜适宜生长的土壤pH在中性到偏酸性，因而使一些耐酸性弱的蔬菜如：莴苣、洋葱、菠菜、辣椒及番茄等不能正常生长或品质下降。

施用酸性及生理酸性肥料都会降低土壤的pH。如过磷酸钙，本身就含有5%的游离酸，施到土壤中，会使土壤pH降低。生理酸性肥料如氯化铵、氯化钾、硫酸钾等，施到土壤后因蔬菜选择性吸收铵（NH_4^+）和钾（K^+），从而把蔬菜根胶体上氢（H^+）代换出来，使土壤酸度增加。长期大量偏施这些肥料，常导致土壤酸化。

(四) 土壤连作障碍因子

由于受经济效益的驱使，大棚种植的大多为黄瓜、番茄、茄子、辣椒等，经济价值较高的蔬菜，且因面积限制，轮作困难。因此，连作障碍比露地更为突出。据日本农林水产省调查连作障碍的原因有病虫危害、土壤化学性质不良、土壤物理性质不良、生理障碍、忌地现象等。其中，又以病虫危害及土壤化学性质不良最为突出，分别占71%和8.9%。

1. 病虫危害 由于菜地难以实行有效的轮作，保护地上致病源大量积聚，容易加剧病虫害的发生，尤其是土传病害更为严重。如黄瓜、西瓜的枯萎病；茄子的黄萎病、褐纹病、绵疫病；番茄的早疫病、晚疫病、白绢病、青枯病、病毒病；辣椒炭疽病；菠菜、葱类的霜霉病；菜豆叶枯病；豇豆煤霉病；大白菜软腐病等。

2. 土壤化学性质不良 保护地连作蔬菜土壤，因大量施肥不仅容易产生盐分积累，而且由于同一种蔬菜的根系分布范围及深浅一致，吸收的养分相同，极易导致某种养分消耗量增加，而造成该养分的缺乏。据我们调查，在鄞州区鄞江山地黄泥沙土，缺钙、缺硼情况严重，已造成对品质及产量的危害。

三、农业综合措施防治土壤障碍因子

(一) 增施有机肥料，改善土壤环境

有机肥料，尤其是有机微生物肥，对改良土壤、增加养分、调节 pH、缓解盐分都起着重要作用。

1. 有机肥料（半腐熟）**的效果** 随着有机肥用量的增加，土壤盐分下降比较明显（表2）。667m^2 施有机肥（鸭泥）2 000kg、3 000kg后土壤电导率分别为 0.70ms/cm 和 0.62ms/

cm，比使用前 0.81ms/cm，分别下降 0.11ms/cm 和 0.19ms/cm；可溶性盐分别下降 0.45g/kg 和 1.06g/kg；NO_3^-下降 44.5mg/kg 和 59.4mg/kg。这是因为半腐熟有机肥的碳氮比（C/N）较大，在进一步腐熟分解过程中，土壤微生物大量繁殖，吸收消化土壤中氮素，从而降低土壤中的盐分浓度和渗透压，降低电导率，缓解盐害。如连年施用有机肥（鸭泥）的鄞州区梅墟镇大漕村蔬菜基地棚栽土壤，盐害轻，蔬菜生长好。

表 2　有机肥对降低土壤盐分的影响

处　理		pH	电导率 (ms/cm)	可溶性盐 (g/kg)	NO_3^- (mg/kg)
试验前土样		5.27	0.81	3.04	168.5
每 667m² 试验结束后土样	2 000（kg）	5.24	0.70	2.59	124.0
	3 000（kg）	5.20	0.62	1.98	109.1
	CK	5.31	0.83	2.97	171.0

注：1. 试验在大漕进行；2. 对照为施用常规化肥（尿素、过磷酸钙、氯化钾）。

2. 有机微生物肥、有机复混肥的效果　施用有机微生物肥或有机复混肥在提高蔬菜（黄瓜）的品质、产量等方面均有比无机复混肥显著的效果，且能改良土壤结构、提高土壤养分。

（1）提高品质　有机微生物肥、有机复混肥能提高黄瓜维生素 C 含量，降低黄瓜硝酸盐含量。其中上海有机微生物肥提高维生素 C 含量最明显，比对照增加 23.76%。降低黄瓜硝酸盐含量亦以上海有机微生物肥最好，其次是梅湖有机复混肥，分别为 65.7mg/kg 和 78.8mg/kg，均低于对照（CK）的 82.9mg/kg。还能提高糖度，施用上海有机微生物肥的黄瓜糖度为 3.6%，比对照的 3.3%增 9.09%。

（2）提高产量　黄瓜产量最高为上海有机微生物肥处理，667m² 产量为5 216kg，比对照（宁波硫酸厂生产，无机复混肥）667m² 产量 4 820kg，增产 8.22%；其次是萧山有机复混肥

667m^2 产量为5 160kg，比对照增产 7.05%；梅湖有机复混肥黄瓜产量，也比对照增产。

(3) 改良土壤，提高磷、钾养分 有机微生物肥、有机复混肥对土壤肥力都有不同程度的提高，特别是速效磷和速效钾更为显著。试验前土壤速效磷为 43.2mg/kg，试验后为 98.7～78.6mg/kg，提高了 0.8～1.3 倍。速效钾试验前为 125.8mg/kg，试验后为 285.8～198.7mg/kg，提高了 0.6～1.3 倍。

(二) 夏、秋季揭膜灌水、深耕以降低盐分浓度

利用夏、秋多雨季节揭膜灌水，可以降低盐分浓度，尤其是连续灌水 2～3 次的效果更为显著（表 3）。例如灌水一次的土壤电导率、可溶性盐分和硝酸盐都有下降。连续灌水 3 次的土壤盐分不到灌水前的 1/2，与露地土壤相接近；土壤电导率从灌水前 1.24ms/cm 下降到 0.516ms/cm，降幅 0.725ms/cm；可溶性盐从 5.02g/kg，下降到 2.10g/kg，降幅 2.92g/kg；NO_3^- 从 405.8g/kg 下降到 101.1g/kg，降幅 304.7g/kg。但在揭膜灌水前，要深翻起垄，开好棚周排水沟，让盐分随水排走。在夏秋季也可利用自然降水淋洗盐分。还可采用深耕的办法，降低土壤盐分浓度，一般深翻 25cm 左右，将上、下土壤对换，并结合灌水洗盐，效果更佳。

表 3 揭膜灌水对降低菜地地壤盐分的作用

处 理	电导率（ms/cm)	可溶性盐（g/kg)	NO_3^-（mg/kg)	pH
灌水 1 次	1.012	4.89	320.7	4.91
灌水 2 次	0.810	3.45	221.9	5.01
灌水 3 次	0.516	2.10	101.1	5.15
不灌水（CK)	1.241	5.02	405.8	4.87
露 地	0.410	1.50	69.4	5.61

注：连续灌水 2 天为 1 次，试验在湾头蔬菜中心场进行。

（三）合理施用氮磷钾化肥，实行平衡施肥

为了探讨高用量施肥对棚栽土壤盐分积聚及蔬菜产量的影响，我们先后进行氮、磷、钾肥不同用量试验。氮肥用量过高，土壤可溶性盐和硝酸盐增加显著，黄瓜减产（表4）。氮肥用量适量，磷、钾肥用量过高，辣椒也减产（表5），平衡施肥的产量最高。

表4　氮肥用量与土壤盐分及黄瓜产量关系

处　理 每667m² 施用尿素（kg）	土壤盐分		黄　瓜	
	可溶性盐 （g/kg）	NO_3^- （mg/kg）	每667m² 产量 （kg）	增减率 （%）
0	1.44	78.0	2 050	—
25	1.46	82.9	2 284	11.41
50	1.57	98.4	2 113	3.07
70	1.87	112.1	1 565	−23.65

注：1. 试验在红林进行；2. 667m² 施过磷酸钙40kg，氯化钾20kg。

表5　不同肥料配比与辣椒产量的关系

处　理 每667m² 施用量（kg）	小区平均产量 （kg）	折667m² 产量 （kg）	每667m² 肥料 成本（元）
氮25、磷60、钾20	136.1	2 835.4	107.00
氮25、磷80、钾30	147.0	3 062.5	136.00
氮25、磷100、钾40	120.6	2 512.5	165.00
萧山有机复混肥50	121.8	2 537.5	70.00

注：试验在红林进行，小区面积14.4m²

控制化肥用量，实行平衡施肥是减轻障碍因子的关键措施之一。在生产实践中，具体可把握以下三点。一是要合理施肥。在

增施有机肥的基础上，以有利于作物高产与养分平衡为出发点，以获得高产的养分吸收量为养分的投入依据，然后确定氮磷钾等肥料的适宜用量。二是要提倡测土施肥。在施肥前用电导仪测定Ec值，充分发挥棚内前茬残留肥料的作用，并根据作物对土壤溶液最高忍受能力确定施肥的种类和数量，可有效防止或减少肥害，降低成本，提高产量，增加收入。三是要根据各种蔬菜作物不同生长期的需肥特点，正确选用蔬菜专用肥、微生物肥料和微量元素，尽量减少土壤障碍。

（四）间、套种和轮作降低盐分浓度及选种耐盐蔬菜

大棚中采用间、套种植，土壤表层盐分下降，蔬菜生长较好。例如早春在大棚内种植生长期较长的番茄、茄子、辣椒等蔬菜，可在行间套菜心、苋菜、萝卜等速生蔬菜，利用速生蔬菜生长时吸盐、浇水时洗盐，可降低土壤盐分，又可增产增值。夏季利用大棚骨架种植丝瓜、苦瓜遮荫、降温、吸盐，也可种苏丹草做饲料，发展效益农业。水旱轮作是当前降低棚栽表土盐分，减少土壤障碍因子的一项有效的耕作制度。例如镇海炼化、甬江蔬菜园艺场等盐渍化较严重的菜地，初夏之际揭膜灌水种植芋艿、茭白等水生作物，压盐、洗盐，效果很好。

不同蔬菜作物的耐盐程度是有差异的，同一蔬菜作物的不同生长时期的耐盐性亦有不同。据报道土壤 Ec 0.5～1.0ms/cm时，芸豆、番茄生长受到抑制，苗期生长很差。而大白菜、青蒜等生长正常。因此，在土壤盐渍化严重的菜地，一定要选择耐盐蔬菜，以争取较好的产量。据实地观察和调查，宁波市主要种植蔬菜种类的耐盐性依次为：花菜、结球生菜、青蒜＞番茄＞茄子＞辣椒＞黄瓜＞草莓。

（五）调整 pH，中和酸性

根据宁波市郊菜地土壤所测定的 pH，采取相应的调整措

施，使其逐步达到或接近多数蔬菜所适宜的中性或偏酸性的范围。一是对于 pH≤6 的土壤，全面推行施用碱性或生理碱性肥料如草木灰、钙镁磷肥等，以中和部分酸性，提高 pH。二是对于 pH≤5.5 的土壤，667m^2 施石灰 50kg 中和酸性，同时控制氮肥用量，降低土壤中硝态氮含量。三是对于少数 pH>7.5 的碱性土壤，可适量施用酸性肥料，使其接近或达到中性范围。

农产品质量安全及认证体系建设

杨　挺

一、农产品污染的来源及危害

我国幅员辽阔，地理环境和气候条件复杂多变，农作物种类繁多，病虫害危害十分严重。比较明确的虫害有700余种，病害500余种，草害80余种；每年发生病虫害的作物面积多达2亿hm^2。通过化学防治每年可挽回15%的损失，具体包括：粮食350万t、棉花90万t、蔬菜2 800万t、水果300万t，总经济价值约合人民币300亿元。

从以上数据可以看出，农药在防治病虫害，提高作物产量上确实立下了汗马功劳。但与此同时，它对生态环境的破坏，对人类健康的危害也是十分严重的。全国卫生部门1999年1～9月份共收到食物中毒报告78起，中毒人数4 394人，死亡97人，其中因农药中毒1 108人，死亡59人。报告还显示，近年来食物中毒中，由农药残留引起的比例呈上升趋势。

那么，农药是从什么途径来污染农产品并进一步影响人体健康的呢？

在施用农药防治作物病虫草害的同时，农药进入环境后由于它的理化特性，有许多运动方式，例如：渗透、扩散、轭合与结合、蓄积、富集、代谢、消解等。持久性的化学农药通过它的运动污染了环境，也对身居期间的生物（包括人类在内）造成伤害。

一般来说，作物与食品中的残留农药可来自三方面：一为施药后对作物（或食品）直接污染；二来自作物从污染环境中对农药的吸收；三是通过食物链与生物富集。

（一）农田施药后药剂对作物的直接污染

农药在田间使用后，部分能残留在作物上，可能黏附在农作物体表，也可能渗透进植物表皮蜡质层或组织内部，也可能被作物吸收、输导分布在植物各部分汁液中。这些农药虽然可受到外界环境条件的影响或活体内酶系的作用逐渐被降解消失，但速度差别很大，性质稳定的农药降解消失是缓慢的。例如 0.04%浓度的对硫磷在水稻叶上半衰期为 46.2 小时，甲基对硫磷为 27 小时；在 0.1%浓度时二嗪农为 41.9 小时，马拉硫磷为 31.1 小时，对硫磷为 46.1 小时，甲基对硫磷为 39.2 小时。这样使作物在收割时往往还带有微量的残留。

内吸磷以及内吸性强的甲胺磷、克百威等，近年来由于使用不慎，在蔬菜上喷洒甲胺磷，造成食用后中毒的事例，在浙江、上海、广东等地时有发生，甚至发生中毒致人死亡事故，必须引起重视和警戒。这类药剂应严禁用于烟、茶、蔬菜和稻麦等粮食作物。对果树有的也禁用，有的要严格控制，只限于不使收获部分发生污染时才可使用。一些对作物穿透性强的农药有时引起作物污染的程度也是突出的。据国外报道以及我们用示踪原子标记的农药进行的试验结果表明，如对硫磷、甲基对硫磷等类型的有机磷杀虫剂，在作物上会表现出一定程度的深达性。水稻孕穗时施药，虽然稻穗并未外露，还是能穿透植物表皮组织深入到幼穗而积贮起来，至稻谷成熟时使米粒与谷壳中尚残留有微量的药剂。但是对作物穿透性差的农药，一般仅污染作物表面。例如浙江农业大学连续 2 年的试验结果表明，水稻收割前 1～2 周喷洒二氯苯醚菊酯及氯氰菊酯类杀虫剂，在收获的稻谷中，虽然糠中药剂含量可达百万分之十几，然而在糙米中却未检出。

含重金属元素的无机农药如砷酸铅等造成的污染程度也很严重，它们能防治的对象既少，杀虫效果又不高，因而目前已被淘汰。含重金属汞等农药也易对作物造成污染，目前已逐渐被其他农药所替代。

从作物本身角度来说，作物种类不同，对各种农药表现出的吸收情况差异悬殊，所以造成的污染程度不一。例如在蔬菜类中，根菜类易于从土中吸收残留农药，尤其是残存期长，水溶性强，土壤对它吸附性较差的有机农药；而叶菜类由于表面积大，易受药液污染，特别是穿透植物表皮能力较强的脂溶性农药或乳剂等加工形式。比较而言，果菜类受农药污染的程度就要轻得多。

（二）作物对污染环境中农药的吸收

在田间喷药时，大部分农药散落在农田中，有些残存在土壤中，有些被冲刷至池塘、湖泊、河流中，这样造成对自然环境的污染。同时，由于有些农药性质较稳定不易降解消失，在土壤中可残存较长时间。在有农药（如多效唑、磺酰脲类除草剂）污染的土壤中，以后再栽种作物时，残存的农药就有可能被作物吸收，这也是作物受污染的原因之一。

与田间土壤中农药残留有关的因子，从农药方面来看有：农药的化学性质（化学的稳定程度和受微生物分解的难易程度等）；农药的物理性质（挥发性能、溶解度、吸附性等）。从土壤方面来看有：土壤的种类、土壤的结构、土壤中有机物的含量、酸碱度、离子交换容量、土壤中含有微生物的种类和数量等。从其他环境面来说有：温度、水分状态（降雨量、灌溉情况等）、有无栽种作物和栽种的作物种类、耕作方法等。农药在土中残留时间的长短与下面因子有关：

①农药的化学性质　不易被光解、水解、微生物分解的＞易分解的。

②农药的物理性质　挥发性、溶解度小的＞大的；吸附性强的＞弱的。

③农药的使用情况　用量大的、次数多的＞用量小的、次数少的。

④农药的剂型　药剂消失一般以颗粒剂、乳剂、可湿性粉剂、粉剂的顺序而变快，因此残留性能也以此顺序而变弱。

⑤土壤的类型　药剂在粘土中＞沙土中。

⑥土壤中有机质含量　含量多的＞少的。

⑦土壤酸度　一般在酸性中＞碱性中。

⑧土壤中的金属离子　含量少的＞多的。

⑨土壤中水分含量　干燥的＞湿润的。

⑩土壤的通气性　一般在好气条件下＞嫌气条件（如灌水情况下）。

⑪气候条件　低温低湿＞高温高湿。

⑫土壤表层的植被情况　茂密＞稀疏。

⑬土壤中对药剂分解有关微生物种类和数量　少的＞多的。

⑭灌水情况　农药一般在旱地中的残留性＞淹水状态。

（三）生物富集与食物链

生物富集与食物链是促使食品含有残留农药的一个很重要原因。生物富集是指生物体从环境中不断吸收低剂量的农药，并逐渐在其体内积累的能力。食物链是指动物体吞食有残留农药的作物或生物后，农药在生物体间转移的现象。一般肉乳品中含有的农药残留主要是禽畜取食了被农药污染的饲料，造成农药在有机体内的蓄积，尤其积累在动物的肝、肾、脂肪等组织中。有些能随奶汁排出，或者转移到卵中。水产品中含有的农药残留主要是撒施在农田或生活环境中的农药被冲刷至塘、湖、河或者是农药厂的废水、废渣排入河流后污染了水质与江河的底质，通过生物富集在水生植物体内（如水草、藻类等）浓集起来。鱼虾等动物取食了这些污染有农药的植物或吸食了淤泥中有机质的螺蛳、贝壳类等，农药即转入它们体内。大鱼、水鸟吞食了小鱼后又转入至大鱼、水鸟体中。

（四）农药对人体的危害

1. 农药接触金字塔 不同职业人群接触农药的机会不同。但几乎所有人都能接触农药，只不过有的职业人群，如生产农药、配制农药、包装农药和运输农药的工人，接触农药的浓度高，占总人口比例却不高。有的职业人群，如喷洒农药的农民，林业工人，园林工人和其他农药用户，接触农药较前者为低，人数较前者为多。社会公众通过食物，饮用水和农药事故性暴露潜在性接触农药，农药浓度是低水平的，但接触人数最多，形成了农药接触金字塔。

在农药接触金字塔的塔尖处，人数虽少，暴露风险较高。这些人面对的是急性中毒，常常有生命危险；但因人数较少，人们往往看不到或低估事故的风险性。通过加强管理（包括立法），教育和劳保措施的改进，可以逐步降低风险。

2. 农药进入人体的途径

（1）皮肤 皮肤暴露在外，农药直接接触后，通过角质层和表皮层进入人体。成人皮肤的面积约为 $1.80m^2$，老年人皮肤长了褶子，有的人皮肤生来粗糙还能增加皮肤面积。

（2）呼吸道 人的肺有许多细小的肺泡，表面积大。空气中的氧气通过它们进入血液中，同时杂在空气中的农药蒸气和细小液滴也通过它们进入血液。肠道长有许多绒毛，和像手指样的隆起物，伸到肠腔内，增加了表面积，食物和饮用水及杂在食物与水中的农药通过它们也能进入血液中，血液循环到全身。

（3）消化道 农药进入口内，并未咽下，旋即吐出，农药已经被口腔黏膜吸收了。如剧毒氰化钾入口，几秒钟立即死亡，这就是毒药在口腔内被吸收的。如果农药被咽下，进入了消化系统。食道不会明显吸附农药，继而农药进入胃。易溶于水又易溶于脂肪的农药比仅易溶于水，或仅易溶于脂肪的要吸收得快。此外，有不少农药为肠道吸收取决于肠蠕动的情况和食物通过的速度。在肠道的后端，进入的农药可能被肠的微组织所修正，毒性变小。随着农药在人体内分解，倾向于毒性变小。但是，有些农药的代谢降解产物反而比原来的农药毒性更高。

3. 农药急性中毒防治方法 误服农药是突发事件，可能发生在任何地方；使用农药的急性中毒事件经常发生在田间地头；储藏农药发生的事件经常发生在仓库，总之，当农药急性中毒事件发生时，要对受害者进行紧急处理，同时给附近医院打电话，叫救护车来。紧急处理农药急性中毒的内容有：①若有可能，将病人从农药喷洒区域移送至安全地带；②病人保持休息；③脱下病人的工作服，如果发现其他衣服也湿了，并沾上了农药，也将其脱下（注意，施救者要避免自身受到污染），用肥皂和冷水洗净病人被污染的皮肤；④如果病人窒息或呼吸变弱，立即实施人工呼吸，要保证通风，空气新鲜；⑤如果病人眼睛已被农药污染，应该让眼睑张开，用清水大量冲洗眼睛，至少 15 分钟以上；然后，用消毒棉的软垫盖住眼睛，用绷带固定；⑥当病人送往医院途中，应保证维持呼吸，周围空气新鲜，以避免呕吐物吸入；⑦告诉医院病人使用农药名称，交给医院病人使用农药的标签，说明书等。

4. 农药低剂量、长期作用对健康的影响 经对农民，农村科技人员，林业工人，园林工人，牧业工人等对象的流行病学调查，农药低剂量长期作用主要有以下几种影响：农药致癌、生殖效应、农药与畸胎、神经系统失调、迟发性神经中毒、杀虫剂影响儿童大小脑发育。

二、我国农产品安全质量标准状况及与国外的差距

农产品安全质量指标通常包含重金属、氟、（亚）硝酸盐、

黄曲霉素B1以及熏蒸剂残留和农药残留等。其中农药残留为人们普遍关注，也是我国农产品出口的最大障碍。现仅对粮食作物、蔬菜、水果农药残留的国、内外标准状况进行简要叙述。

（一）国内农产品安全质量标准状况

1. 普通农产品 我国自1981年颁布第1个有农药残留限量的“粮食卫生标准GB2715-81”以来，该类标准数量不断增加。至2001年，我国已发布的有关谷类（粮食）、稻米、蔬菜、水果等农产品农药残留限量的国家标准达39项，产地环境国家标准4项，共涉及有机磷、有机氯、氨基甲酸酯类、拟除虫菊酯类等农药残留项目78项。其中谷类（粮食）农药残留项目共40项，分别含在21个标准中；蔬菜农药残留有41项，分别含在21个标准中。

2. 认证农产品 认证农产品主要指有机食品、绿色食品和无公害农产品。

（1）无公害食品 无公害农产品是指产地环境、生产过程和产品质量符合国家有关标准和规范的要求，经认证合格获得认证证书，并允许使用无公害农产品标志的、未经加工或初加工的食用农产品。

2001年10月，国家技术监督局颁布了无公害蔬菜、水果安全质量标准及相应的产地环境标准，同时明确了无公害蔬菜和水果的定义。即：蔬菜（水果）中有毒有害物质控制在标准规定限量范围之内的商品蔬菜（水果）。其中蔬菜农药残留项目共41项，水果有22项。多数项目的限量与普通产品标准的限量相同，有机磷类项目的限量严于普通标准。

与此同时，农业部发布了蔬菜、水果类无公害食品标准9个，相应的生产技术规程标准11个，产地环境标准6个。标准分类比上述国家标准更细，其中蔬菜分为韭菜、白菜类、茄果类和甘蓝类4个标准，水果分苹果、柑橘等5个标准。农药残留项目以蔬菜为例：韭菜 15 项、白菜类 18 项、茄果类 18 项、甘蓝类 19 项。多数项目的限量与上述国家标准相当，但农药残留项目随产品不同而不同，更具针对性和适用性。

(2) 绿色食品　是指遵循可持续发展原则，按照特定的生产方式生产，经专门机构认定、允许使用绿色食品标志的无污染的安全、优质、营养类食品。绿色食品分为 A 级和 AA 级。

在“中国绿色食品发展中心”发布的绿色食品标准中涉及农产品的有苹果、黄瓜、番茄、菜豆、豇豆、大豆、小麦粉、大米等几个产品标准，该中心同时发布了绿色食品生产中允许使用的农药品种，多为生物源农药、矿物源农药和低毒易降解的有机合成农药。其中绿色食品小麦粉和绿色食品大米的农药残留项目除应符合普通粮食标准外，另有 9 项（大米有 11 项）严于普通粮食标准，其限量多为普通粮食指标的 1/5 左右。

(3) 有机农产品　是指根据有机农业原则和有机农产品生产、加工标准生产出来的，经过有机农产品颁证组织颁发证书的一切农产品。有机农业是一种完全不用或基本不用人工合成的化肥、农药和饲料添加剂的生产体系。有机农产品主要有食用农产品、纤维材料、药材等。

(4) 无公害农产品、绿色食品、有机食品之间的区别　无公害农产品、绿色食品、有机食品都是指符合一定标准的安全食品，但它们的标准水平、认证体系和生产方式不同。主要区别如下：

①质量标准水平不同　无公害农产品质量标准等同于国内普通食品卫生质量标准，部分指标略高于国内普通食品卫生标准；绿色食品分为 AA 级和 A 级，其质量标准参照联合国粮农组织和世界卫生组织食品法典委员会（CAC）标准、欧盟质量安全标准，高于国内同类标准水平；有机食品等效采用欧盟和国际有机运动联盟（IFOAM）的有机农业和产品加工基本标准，其质量标准与 AA 级绿色食品标准基本相同。

②认证体系不同　这三类食品都必须经过专门机构认定，许可使用特定的标识，但是认证体系有所不同。无公害农产品认证体系由农业部牵头正在组建，目前部分省、市政府部门已制定了地方认证管理办法，各省、直辖市有不同的标识；绿色食品由中国绿色食品发展中心负责认证。中国绿色食品发展中心在各省、市、自治区及部分计划单列市设立了40个委托管理机构，负责本辖区的有关管理工作，有统一商标的标识在中国内地、香港和日本注册使用；有机食品在国际上一般由政府管理部门审核、批准的民间或私人认证机构认证，全球范围内无统一标识，各国标识呈现出多样化，我国有代理国外认证机构进行有机认证的组织。

③生产方式不同　无公害农产品生产必须在良好的生态环境条件下，遵守无公害农产品技术规程，可以科学、合理地使用化学合成物；绿色食品生产是将传统农业技术与现代常规农业技术相结合，从选择、改善农业生态环境入手，限制或禁止使用化学合成物及其他有毒有害生产资料，并实施“从土壤到餐桌”全程质量控制；有机食品生产须采用有机生产方式，即在认证机构监督下，完全按有机生产方式生产1～3年（转化期），被确认为有机农场后，可在其产品上使用有机标识和“有机”字样上市。

近几年，上海、广东、浙江等农产品的输入、输出省已开始制定农产品的地方标准，浙江省发布了“浙江省无公害农产品认证”标准，包括茶叶、水果、甘蓝类蔬菜、茄果类蔬菜、白菜类蔬菜、其他类蔬菜、稻米等7大类标准，宁波市也于2002年10月发布了“宁波市安全卫生优质农产品标准”，包括产地环境要求，茶叶，水果，非发酵性豆制品，蔬菜，养殖水产品，水产冰鲜品、冻品，水产加工品，竹笋，猪肉，禽肉，雪菜，榨菜，西瓜等15个标准。上述标准中多数参数的限量介于国家无公害农产品标准和绿色食品标准之间。

3. 标识管理农产品　是一种政府强制性行为。对某些特殊的农产品，或有特殊要求的农产品，政府应加以强制性标识管理，以明示方式告知消费者，使消费者的知情权得到保护，如转基因农产品。

（二）国外标准概况

对农产品安全来说，主要农产品标准有 FAO/WHO 国际食品法典委员会关于食品的标准、国际兽医组织关于动物健康的标准、国际植物保护联盟关于植物健康的标准和国际标准化组织制定的标准，以及 WTO 涉及农业领域的协定而制定的5 000多种农业国际标准。

联合国层次的有机农业和有机农产品标准是由联合国粮农组织（FAO）与世界卫生组织（WHO）制定的，是《食品法典》的一部分。《食品法典》作为联合国协调各个成员国食品卫生和质量标准的跨国性标准，一旦成为强制性标准，就可以作为 WTO 仲裁国际食品生产和贸易纠纷的依据。

国际有机农业运动联盟（IFOAM）的基本标准属于非政府组织制定的有机农业标准，但其影响却非常之大甚至超过国家标准。其优势在于联合了国际上从事有机农业生产、加工和研究的各类组织和个人，其制定的标准具有广泛的民主性和代表性，因此许多国家在制定有机农业标准时参考 IFOAM 的基本标准，甚至 FAO 在制定标准时也专门邀请了 IFOAM 参与制定。

1. 欧盟（EC）**及欧盟各国** 欧盟有机农业标准更多隐含着对农村环境的关注。EC 涉及食品和农产品的标准共有 550 个，其中欧洲标准（EN）220 多个，欧共体指令法规（EEC/EC）有 330 多个。这 550 个标准并未针对具体产品，都是对产品的检测标准，但其规定严格，进入欧洲市场必须符合这些标准和指令规定。根据欧盟的规定，除非农产品出口国有相对应的有机农业标准，否则即使打着有机农产品的牌子，进入欧盟市场也是非常困难的。2000 年 6 月 22 日，欧盟发布了修订的农药最高残留限量规定，所定的限量越来越低，标准越来越严。特别值得注意的是，从2001年7月1日起，对菊酯类农药的残留限量变动最大，如氰戊菊酯最高残留限量（MRL）从原先规定的10mg/kg变为0.1mg/kg，标准严了100倍。甲氰菊酯的MRL现暂定为0.02mg/kg。当前我国茶叶中农药残留量超标率排前三位的农药为氰戊菊酯、甲氰菊酯和噻嗪酮。1997年，氰戊菊酯残留量的平均测定结果为0.45mg/kg，最高残留量的测定值为4.25mg/kg，如按新的标准核算，其超标率上升到43.9%；1998年的超标率上升到80.6%；1999年1～6月，超标率高达70%以上，检出率高达90%以上。欧洲是我国茶叶主要出口市场之一，也是茶叶售价高的地方。欧盟及世界上一些国家将对茶叶实施新的农残限量规定，必将对我国茶叶出口产生重大负面影响，甚至将严重影响我国茶叶的出口量，使我国在欧洲的茶叶市场份额下降。

欧盟标准制定完成后，对世界其他国家的有机农产品生产、管理，特别是贸易产生了很大影响。

2. 英国 英国政府专设农药残留工作委员会（WPPR），并设立由一位能独立行使行政职权的主席组建的专家委员会，代表政府专门监管食品中农药残留量的监测项目。对所有商品，特别是对那些明显存有农药残留物的商品进行专门侦查和跟踪检验，其中40%的抽查样品来源于进口食品。政府每年花1 700 000英镑，约合人民币23 460 000元；抽查约4 000个样品，取得80 000多个数据。英国对国内的农产品在产地进行直接抽样检测。在农产品上市前对超标的就事先提出警告，不准进入市场。对进口商品直接在港口进行农残检验，一旦发现其农药残留量超标，严禁整个货批的商品进口。

3. 美国 美国农产品安全体系重视预防和以科学为基础的风险分析，即美国的食品安全法律、法规及政策都考虑了风险，并有相应的预防措施。美国有关食品安全的法律法规为食品安全制定了非常具体的标准以及监管程序。联邦政府负责食品安全的部门与地方政府的相应部门一起，构成了一套综合有效的安全保障体系，对食品从生产到销售的各个环节实行严格的监管。美国在进口管理上，除了坚持多年来实行的进口产品卫生许可证制度和美国食品药物管理局（FDA）的良好食品生产规范（GMP）等注册认证制度外，近年来又实行 ISO9000 系列质量认证和水产品危害分析关键控制点认证制度，许多指标数据要求精确到小数点后二三位。美国有机农业标准于 2001 年 2 月 20 日开始试行，2002 年 8 月正式执行。

4. 日本 日本厚生省规定食品中不得含有有害、有毒物质；严格控制食品中农药残留量。这项工作越来越受到日本政府和国民的重视。

在 1968 年，日本制定了第一批农药最高残留限量，那时仅对 5 种农药设定了最高残留量，1978 年增添了 26 种农药的最高残留限量，1997 年对 161 种农药设定了8 000个最高残留限量。至 2000 年，日本厚生省对 200 种农药制定出了近9 000个最高残留限量，2002 年又进行了增添。其中对蔬菜类商品制定的残留限量标准最为齐全，制定了近4 000个最高残留限量，分别对十字花科、薯类、葫芦科、菊科、蘑菇类、茄科、百合科等蔬菜类别制定了最高残留限量，如对大白菜制定了 77 种农药的 MRL，对蘑菇类商品制定了 141 个 MRL，对大米制定了 116 种农药的 MRL。政府规定对于农药残留超标的食品一律加以销毁，不准进口。

日本是我国蔬菜和大米的主要出口国。以蔬菜为例，1999 年对日出口量为 28.22 万 t，2000 年的出口量达 114.1 万 t。出口量约占我国蔬菜出口贸易额的 40%以上。

（三）我国现在农产品安全体系存在的问题

1. 农产品标准化基础薄弱，现有标准不齐全 浙江省现有的标准大多是 20 世纪 90 年代制定的，尚有涉及十大类主导农产品质量标准及其配套标准、规范等综合标准体系并未建成，特别是竹笋、蜂产品等主导农产品缺乏完整细致的省市标准。与此同时，标准的研究制订、审批颁布、推广实施尚未形成有机统一的体系，农产品质量安全监管力度不强。在农产品市场准入方面，尚无强有力的质量安全监管机构对全省农产品实行“从田头到餐桌”全面的质量监督管理。

2. 农产品质量检测体系不健全 全省涉及农产品检测项目的检测机构共有 50 多家，其中省部级机构 19 家，由各主管部门归口管理，自成体系。一些省部级机构检测职能重复设置，仪器设备重复购置，未能实现社会资源共享，难以发挥省级检测中心的整体效益。市、县两级检测机构不健全。现有较先进检测设备基本上集中在省部级单位，基层检测机构拥有的农产品专用质量检测设备落后，技术力量薄弱，检测速度慢、项目少。虽然实际操作中存在类似危害分析和关键控制点检验规则，但现有标准仍偏向于最终产品的测试，对潜在食物危害的预测和控制过程不完善。农业产业化不可或缺的农产品自检体系几乎空白，难以适应日益发展的农业产业化要求。

3. 农产品安全管理不规范 现有许多行政执法监督部门所属的检测机构实际上同时承担执法监督管理职能，执法监督和检验测试职能合二为一。检测市场主体单一，检测机构几乎都是公益性事业单位，未能发挥社会中介服务组织的市场化运作职能作用。尚未建立统一的行业管理的体制，对有资质的检测机构及其认定的检测项目向社会公开度也不高，生产经营者和政府部门难以自行选择检测机构。另外地方保护主义的弊端也不可忽视，即使一些不合标准的农产品在地方保护主义影响下得以走向市场，也将阻碍当地农业的长远和持续发展。

4. 我国出口食品中农药残留量超标问题 由于上述及其他原因，目前我国滥用、错用农药现象普遍存在，在蔬菜种植中，经常使用剧毒农药，有些地方将当日喷施甲胺磷的蔬菜上市，造成蔬菜中毒事件。在20世纪80年代和90年代初，由于违规使用甲胺磷，在供港蔬菜中发生甲胺磷残留量严重超标，引发200多人食用后中毒，造成震惊港区和我国有关领导部门的毒菜事件；其后，北京、上海、杭州等地均相继发生此类事件。目前这几个大城市相继都做出禁用甲胺磷的规定。在我国出口美国的浓缩苹果汁，由于美方FDA检出甲胺磷残留量超标，而发生退货事故。在蔬菜中还经常分析出对硫磷、甲基对硫磷、倍硫磷、毒死蜱、乐果、氧乐果、敌敌畏、呋喃丹和氯氰菊酯等，在大米中分析出马拉硫磷和异丙威等农药，在花生中分析出楔酰肼等农药。

三、加强农产品认证体系建设，确保食品质量安全

农产品认证是我国农产品认证认可工作体系的一部分。农业部、质检总局和国家认监委为此发布了统一的管理办法和统一的标志管理办法，统一的产地认定和产品认证程序。制定这些管理规章的最终目的，就是建立全国统一的管理秩序，提高认证的有效性，促进生产和流通。现简单介绍一些常见的与认证相关的概念。

（一）国外农产品的认证标准

HACCP（Hazard Analyses and Critical Control Point），中文意思是危害分析和关键控制点，是一个预防性的、用于保护食品，防止产生生物、化学、物理危害的食品安全控制体系。农产品的质量安全管理用它来分析农产品生产的各个环节，找出具体的安全危害，并通过采取有效的预防控制措施，对各个关键环节实施严格的监控，从而实现对食品安全危害的有效控制。简言之，危害分析和关键控制点是指对食品安全危害予以识别、评估

和控制的系统化方法。

GAP（Good Aquaculture Practices），中文意思是良好农业规范。主要针对未加工和最简单加工（生的）出售给消费者和加工企业的大多数果蔬的种植、采收、清洗、摆放、包装和运输过程中常见的微生物的危害控制，其关注的是新鲜果蔬的生产与包装，但不限于农场，包含从农场到餐桌的整个食品链的所有步骤。GAP是以科学为基础，其采取是自愿的，但FDA和USDA强烈建议鲜果蔬生产者采用。

GMP（Good Manufacturing Practice）中文的意思是良好生产操作规范，是一种特别注重在生产过程实施对食品卫生安全的管理。简要的说，GMP要求食品生产企业应具备良好的生产设备，合理的生产过程，完善的质量管理和严格的检测系统，确保最终产品的质量（包括食品安全卫生）符合法规要求。GMP所规定的内容，是食品加工企业必须达到的最基本的条件。

ISO（International Organization for Standardization），翻译成中文就是国际标准化组织。

ISO9000，ISO的2 856个技术机构技术活动的成果（产品）是"国际标准"。ISO现已制定出国际标准共10 300多个，主要涉及各行各业各种产品（包括服务产品、知识产品等）的技术规范。"ISO9000"不是指一个标准，而是一族标准的统称。根据ISO9000－1：1994的定义："'ISO9000族'是由ISO/TC176制定的所有国际标准。"

ISO14000，ISO14000系列国际标准是国际标准化组织（ISO）于1996年继ISO9000族标准之后，在管理标准领域的又一崭新尝试。该标准已经在全球获得了普遍的认同，ISO14000系列标准突出了"全面管理、预防污染、持续改进"的思想，其中的核心标准ISO14001环境管理体系标准，更是在世界各国开始了如火如荼的认证推广过程。目前，全世界已经有11 000余家公司或企业获得了ISO14001标准认证证书，我国也有100余家企业获得了证书。ISO14000 环境管理认证被称为国际市场认可的"绿色护照"，通过认证，无疑就获得了"国际通行证"。许多国家，尤其是发达国家纷纷宣布，没有环境管理认证的商品，将在进口时受到数量和价格上的限制。如，欧洲国家宣布，电脑产品必须具有"绿色护照"方可入境，美国能源部规定，政府采购只有取得认证厂家才有资格投标。

（二）我国农产品的认证体系

我国近几年加强了农产品认证体系建设，目前主要由以下几种农产品认证管理办法。具体有《有机食品认证管理办法》、《无公害农产品产地认定程序》、《无公害农产品认证程序》，以及《浙江省无公害农产品产地认定申请程序》、《浙江绿色农产品管理办法（试行）》，宁波市也发布了《宁波市绿色农产品基地认定办法》、《宁波市绿色农产品（种植业）基地认定实施细则》等，这些管理办法分别都对农产品的基地环境质量，农产品的安全卫生标准和申报程序作了详细规定。

为了适应无公害农产品生产的需要，指导各地安全使用农药，农业部向农业植保部门和广大农业生产者推荐一批高效、低毒、低残留的农药品种和植保机械，供大家选择使用。

推荐过程遵循以下原则，一是贯彻试验示范的原则，根据近年来各地试验、示范的结果，着重筛选了一些新品种；二是根据多年来国内推广应用的实际，兼顾了一些受到群众欢迎、生产上又很需要的老品种；三是突出安全性和防效，以环保型低毒（部分高毒）、低残留品种为主，重点是防治效果比较好的单剂；四是体现公正性原则，推荐的农药品种是与科研、教学、推广、管理和农药检定部门的专家反复研究讨论确定的，不与生产企业挂钩。在使用推荐的农药品种时，要严格遵守农药安全使用规程和合理使用准则的要求，并按照农药登记所确定的对象在规定的范围内使用。

1. 农药品种

(1) 杀虫剂、杀螨剂

①生物制剂和天然物质　苏芸金杆菌、甜菜夜蛾核多角体病毒、银纹夜蛾核多角体病毒、小菜蛾颗粒体病毒、茶尺蠖核多角体病毒、棉铃虫核多角体病毒、苦参碱、印楝素、烟碱、鱼藤酮、苦皮藤素、阿维菌素、多杀霉素、浏阳霉素、白僵菌、除虫菊素、硫磺。

②合成制剂　一是菊酯类：溴氰菊酯、氟氯氰菊酯、氯氟氰菊酯、氯氰菊酯、联苯菊酯、氰戊菊酯*、甲氰菊酯*、氟丙菊酯；二是氨基甲酸酯类：硫双威、丁硫克百威、抗蚜威、异丙威、速灭威；三是有机磷类：辛硫磷类、毒死蜱、敌百虫、敌敌畏、马拉硫磷、乙酰甲胺磷*、乐果、三唑磷、杀螟硫磷、倍硫磷、丙溴磷、二嗪磷、亚胺硫磷；四是昆虫生长调节剂：灭幼脲、氟啶脲、氟铃脲、氟虫脲、除虫脲、噻嗪酮*、抑食肼、虫酰肼；五是专用杀螨剂：哒螨灵*、四螨嗪、唑螨酯、三唑锡、炔螨特、噻螨酮、苯丁锡、单甲脒、双甲脒；六是其他：杀虫单、杀虫双，杀螟丹、甲胺基阿维菌素、啶虫脒、吡虫啉、灭蝇胺、氟虫腈、溴虫腈、丁醚脲。

(2) 杀菌剂

①无机杀菌剂　碱式硫酸铜、王铜、氢氧化铜、氧化亚铜、石硫合剂。

②合成杀菌剂　代森锌、代森锰锌、福美双、乙磷铝、多菌灵、甲基硫菌灵、噻菌灵、百菌清、三唑酮、三唑醇、烯唑醇、戊唑醇、已唑醇、腈菌唑、乙霉威·硫菌灵、腐霉利、异菌脲、霜霉威、烯酰吗啉·锰锌、霜脲氰·锰锌、邻烯丙基苯酚、嘧霉胺、氟吗啉、盐酸吗啉胍、恶霉灵、噻菌铜、咪鲜胺、咪鲜胺锰盐、抑霉唑、氨基寡糖素、甲霜灵·锰锌、亚胺唑、春·王铜、恶唑烷酮·锰锌、脂肪酸铜、松脂酸铜、腈嘧菌酯。

③生物制剂　井岗霉素、农抗 120、菇类蛋白多糖、春雷霉

素、多抗霉素、宁南霉素、农用链霉素。

其中名单中带 * 号者茶叶上不能使用

2. 植保机械 卫士牌手动喷雾器、没得比手动喷雾器、PB-16型手动喷雾器、泰山牌机动喷雾喷粉机、东方红牌机动喷雾喷粉机、佳多牌频振式杀虫灯。

在经过各方建设，农业部于 2003 年 5 月评选出了第一批中国无公害产品计有 214 种，宁波市的鄞州八戒西瓜、东海龙舌茶叶、金银山蜜梨和余姚的四明龙尖茶叶、舜水蜜梨、渚山大米、明凤中华鳖也在其中。

附表 1　宁波市无公害蔬菜可限制性使用杀虫剂安全使用标准

农药名称	允许的最终残留量（mg/kg）（≤）	安全间隔期（天）	常用药量（g/次·667m^2 或 ml/次·667/m^2 或对水稀释倍数）	施药方法、最多使用次数及实施说明（每季作物）
80%敌敌畏乳油	0.2（青菜、白菜）	不少于 7	100～200g（1 000～500 倍液）	喷雾 3 次
90%敌百虫晶体	0.2（青菜、白菜）	不少于 8	100g（1 000～500 倍液）	喷雾 2 次
40%乐果乳油	1.0（青菜、白菜）	不少于 8 不少于 2（黄瓜）	50～100ml（2 000～500 倍液）	喷雾 3 次
50%辛硫磷乳油	0.05（青菜、白菜、黄瓜）	不少于 7（叶菜） 不少于 5（甘蓝） 不少于 17（韭菜）	50～100ml（2 000～500 倍液）	喷雾 2 次 浇根 1 次（韭菜）
40.7%毒死蜱乳油（48%乐斯本）	1.0（甘蓝）	不少于 7	50～75ml（1 500～800 倍液）	喷雾 3 次
52.25%农地乐		不少于 7	2 000～1 000 倍液	喷雾 2 次
5%抑太保（定虫隆）	0.5	不少于 7	40～80ml	喷雾 2 次“卡死克”参照使用

（续）

农药名称	允许的最终残留量（mg/kg）（≤）	安全间隔期（天）	常用药量（g/次·667m²或ml/次·667/m²或对水稀释倍数）	施药方法、最多使用次数及实施说明（每季作物）
1%杀虫素乳油（阿维菌素类制剂）	0.05（叶菜）	不少于7	33～50ml	喷雾3次（生物源农药）
25%喹硫磷	0.2	喷一次不少于9 喷二次不少于24	60～100ml	（适用于甘蓝和大白菜）
		青菜不少于7	800～500倍液	喷雾2次
50%抗蚜威	0.5	叶菜不少于10	10～30g	喷雾1次
2.5%菜喜		不少于1	30～70ml	喷雾3次
25%氯氰菊酯	0.5（番茄） 1.0（叶菜）	不少于2 青菜3、大白菜5	20～40ml	喷雾2次
2.5%溴氰菊酯（敌杀死）	0.2（叶菜）	2（叶菜）	20～40ml	喷雾2次
10%高效氯氰菊酯	1.0（小白菜、大白菜）	不少于3	5～10ml	喷雾2次
20%氰戊菊酯（速灭杀丁）	叶菜≤0.5 果菜≤0.2 根块类≤0.05	夏菜5，秋菜12 不少于3 不少于10	15～40ml	喷雾2次

（续）

农药名称	允许的最终残留量（mg/kg）（≤）	安全间隔期（天）	常用药量（g/次·667m²或ml/次·667/m²或对水稀释倍数）	施药方法、最多使用次数及实施说明（每季作物）
20%甲氰菊酯（灭扫利）	≤0.5（叶菜）	不少于3	25～30ml	喷雾3次
2.5%三氟氯氰菊酯（功夫）	≤0.2	不少于7	25～50ml	喷雾3次
10%吡虫啉		不少于7	3 000～1 000倍液	喷雾2次
73%克螨特乳油		不少于30	2 000～3 000倍液	喷雾2次
10%联苯菊酯（天王星）	0.5	不少于4	5～10ml	喷雾3次

注：引自“宁波地方标准无公害蔬菜”DB3302/T009.2—2000。

附表2 宁波市无公害蔬菜可限制性使用杀菌剂及植物生长调节剂安全使用标准

农药名称（WP为可湿性粉剂）	允许的最终残留量（mg/kg）（≤）	安全间隔期（天）	常用药量（g/次·667m^{2}或ml/次·667/m^{2}或对水稀释倍数）	施药方法、最多使用次数及实施说明（每季作物）
75%百菌清WP	1（黄瓜） 5（番茄）	不少于10（黄瓜） 不少于7（番茄）	600倍液 145～270g（番茄）	喷雾3次 结瓜前使用（黄瓜）
45%百菌清烟剂	1	不少于3	110～180g	烟熏4次 （适用于大棚）
50%多菌灵WP	0.5（黄瓜）	不少于7	50g 1 000～500倍液	喷雾1次
58%甲霜灵锰锌WP	0.5（黄瓜）	不少于2	75～120g	喷雾2次
64%杀毒矾WP	5	不少于3	110～130g 1 000～600倍液	喷雾3次
25%粉锈宁WP（三唑酮）	0.2	不少于5	35～60g	喷雾2次
50%速克灵WP（腐霉利）	2.0（黄瓜）	不少于1	40～50g	喷雾2次

（续）

农药名称（WP为可湿性粉剂）	允许的最终残留量（mg/kg）（≤）	安全间隔期（天）	常用药量（g/次·667m² 或 ml/次·667/m² 或对水稀释倍数）	施药方法、最多使用次数及实施说明（每季作物）
77%可杀得 WP（氢氧化铜）	20（番茄）	不少于 3	134～200g	喷雾 3 次
72%杜邦克露 WP		不少于 5	500～800 倍液	喷雾 2 次
80%杜邦新万生 WP		不少于 5	500～800 倍液	喷雾 2 次
70%甲基托布津 WP		不少于 5（叶、果菜）	1 000～2 000 倍液	喷雾 1 次
50%扑海因 WP		不少于 10	1 000～2 000 倍液	喷雾 1 次
50%农利灵 WP		不少于 4	1 000～2 000 倍液	喷雾 2 次
5%井冈霉素水剂		不少于 14	100～150ml	喷雾
15%多效唑 WP		1 叶 1 心期（花生始花后）25～30	40g（加水 100kg）	喷雾
爱多收 a、0. 6% b、0. 6% c、0. 3%	a、0. 1 b、0. 05 c、0. 02	不少于 7	6 000～8 000 倍液（番茄） （2. 3～3. 0mg）	喷雾 2 次
农用链霉素（72%可溶性粉剂）		不少于 2	15～30g	抗生素类农药

注：引自“宁波地方标准无公害蔬菜”DB3302/T009. 2—2000。

附表 3　宁波市无公害蔬菜可限制性使用除草剂安全使用标准

农药名称	剂型	常用药量（g/次·667m² 或 ml/次·667m²）稀释倍数	施药方法	安全间隔期（天）或实施说明（每季作物）	允许产品最终残留量（mg/kg）
*丁草胺（去草胺）	60%乳油	85～140ml	土壤处理	叶菜不少于 5 萝卜不少于 5 茄果类不少于 5	2001 年 10 月后禁用
精稳杀得	15%乳油	50～100ml	喷雾	作物苗期（杂草 3～5 叶期）施一次	大豆粒籽≤0.1
都尔	72%乳油	100～150ml 喷雾	喷雾	播后苗前土壤处理	花生仁≤0.5
草甘膦（农达）	30%可溶性粉剂	200g（果园、菜园）	喷雾	杂草转入旺盛生长期用药	蔬菜≤0.1
甲草胺（拉索）	48%乳油	150ml	土壤处理	播后芽前施用 最多可使用 1 次	花生仁≤0.75 玉米粒籽中≤0.2
施田补	33%乳油	100～150ml	土壤处理	最多使用 1 次	叶菜≤0.2

注：引自“宁波地方标准无公害蔬菜”DB3302/T009.2—2000，2000 年公布。

附表 4　宁波市无公害蔬菜生产中禁止使用的化学农药种类

农药种类	农药名称	禁用蔬菜	禁用原因
无机砷杀虫剂	砷酸钙、砷酸铅	所有蔬菜	高毒
有机砷杀菌剂	甲基胂酸锌（稻脚青）、甲基胂酸铵（田安）、福美甲胂、福美胂	所有蔬菜	高残留
有机锡杀菌剂	薯瘟锡（毒菌锡）、三苯基氯化锡、三苯基醋酸锡	所有蔬菜	高残留
有机汞杀菌剂	氯化乙基汞（西力生）、醋酸苯汞（赛力散）	所有蔬菜	剧毒、高残留
有机杂环类	敌枯双	所有蔬菜	致畸
氟制剂	氟化钙、氟化钠、氟化酸钠、氟乙酰胺、氟铝酸钠	所有蔬菜	剧毒、高毒、易药害
有机氯杀虫剂	DDT、六六六、林丹、艾氏剂、狄氏剂、五氯酚钠、硫丹	所有蔬菜	高残留
有机氯杀螨剂	三氯杀螨醇	所有蔬菜	我国生产的工业品含有一定数量的滴滴涕（DDT）
卤代烷类熏蒸杀虫剂	二溴乙烷、二溴氯丙烷	所有蔬菜	致癌、致畸

（续）

农药种类	农药名称	禁用蔬菜	禁用原因
有机磷杀虫剂	甲拌磷、乙拌磷、久效磷、对硫磷、甲基对硫磷、甲胺磷、氧化乐果、治螟磷、水胺硫磷、磷胺、内吸磷、马拉硫磷	所有蔬菜	高毒（高残留）（潜在三致）
氨基甲酸酯杀虫剂	克百威、涕灭威、灭多威、呋喃丹	所有蔬菜	高毒
二甲基甲脒类杀虫杀螨剂	杀虫脒	所有蔬菜	慢性毒性、致癌
拟除虫菊酯类杀虫剂	杀灭菊酯等所有拟除虫菊酯类杀虫剂	水生蔬菜	对鱼毒性大
取代苯类杀虫杀菌剂	五氯硝基苯、稻瘟醇（五氯苯甲醇）、苯菌灵（苯莱特）	所有蔬菜	国外有致癌报导或二次药害
二苯醚类除草剂	除草醚、草枯醚	所有蔬菜	慢性毒性

注：1.《国家农药管理条例》规定“所有高毒农药不得在蔬菜上使用”；

2. 引自“宁波地方标准无公害蔬菜”DB3302/T009.2—2000。

附表 5　宁波市禁、限用农药的替代推荐品种

禁止或限制使用农药品种			替代品种
禁止使用的农药品种	有机高毒杀虫剂	甲胺磷	毒死蜱、杀虫安（精虫杀手）、锐劲特、阿维菌素、BT、氟虫腈、灭蝇胺、米螨、吡虫啉、扑虱灵等
		对硫磷	
		甲基对硫磷	
		久效磷	
		氧化乐果	
	高残留农药	绿磺隆	精禾草克、高效盖草能、精稳杀得、使它隆等
		甲磺隆	
		绿麦隆	
	不安全品种	2，4－D	防落素、天然芸薹素等
		二甲四氯	幼禾葆、去稗安、农朋友（苯噻酰苄）等
		丁草胺	
		三氯杀螨醇[1]	哒嗪酮、克螨特、唑螨酯等
		呋喃丹[2]	紫丹、辛硫磷等
		三唑磷	毒死蜱 、杀虫安（精虫杀手）、锐劲特、阿维菌素、BT 等
限制使用的农药品种	水稻禁用	稻瘟净	三环唑等
		异稻瘟净	三环唑等
		杀虫双	毒死蜱、杀虫安（精虫杀手）、锐劲特、阿维菌素、BT 等

注：1. 开乐散、六克螨、凯尔生；

2. 克百威；

3. 引自宁波市农业局印发的《宁波市禁、限用农药替代推荐品种》。

附表 6　浙江省无公害农产品基地认定产品安全性检测项目、限量标准（mg/kg）汇总表

项　目	茶叶	水果	甘蓝类蔬菜	茄果类蔬菜	白菜类蔬菜	其他类蔬菜	稻米
铅	5.0	0.2	0.2	0.2	0.2	0.2	—
铜	60		—	—	—	—	—
铬	—	0.5	—	—	—	—	—
镉	—	0.03	0.05	0.05	0.05	0.05	0.2
六六六	0.2	—	—	—	—	—	—
滴滴涕	0.2	—	—	—	—	—	—
三氯杀螨醇	0.1	—	—	—	—	—	—
氰戊菊酯	0.1	0.2	0.5	0.5	0.5	0.5	—
氯氟氰菊酯	—	—	0.2	0.2	0.2	0.2	—
联苯菊酯	5.0	—	—	—	—	—	—
氯氰菊酯	0.5	2.0	1.0	1.0	1.0	1.0	—
溴氰菊酯	5.0	0.1	0.5	0.5	0.5	0.5	—
甲氰菊酯	0.2	—	—	—	—	—	—
甲胺磷	不得检出	不得检出	不得检出	不得检出	不得检出	不得检出	0.1
乙酰甲胺磷	0.1	0.2	0.2	0.2	0.2	0.2	0.2
乐果	0.02	1.0	1.0	1.0	1.0	1.0	—
敌敌畏	0.1	0.2	0.2	0.2	0.2	0.2	0.1

（续）

项　　目	茶叶	水果	甘蓝类蔬菜	茄果类蔬菜	白菜类蔬菜	其他类蔬菜	稻米
甲基硫菌灵	—	10.0	—	—	—	—	—
百菌清	—	1.0	1.0	1.0	1.0	1.0	—
甲基对硫磷	—	不得检出	不得检出	不得检出	不得检出	不得检出	0.1
氧化乐果	—	不得检出	不得检出	不得检出	不得检出	不得检出	—
久效磷	—	不得检出	不得检出	不得检出	不得检出	不得检出	0.02
水胺硫磷	—	不得检出	不得检出	不得检出	不得检出	不得检出	0.1
马拉硫磷	—	不得检出	—	—	—	—	—
敌百虫	—	—	0.1	0.1	0.1	0.1	—
毒死蜱	—	—	1.0	1.0	1.0	1.0	0.1
克百威	—	不得检出	不得检出	不得检出	不得检出	不得检出	—
灭多威	—	—	2.0	2.0	2.0	2.0	—
硝酸盐	—	400	—	—	—	—	—
亚硝酸盐	—	4.0	4.0	4.0	4.0	4.0	—
三唑磷	—	—	—	—	—	—	0.02
三环唑	—	—	—	—	—	—	2
噻嗪酮	—	—	—	—	—	—	0.3
杀虫双	—	—	—	—	—	—	0.2

图书在版编目（CIP）数据

瓜菜优质高效生产技术/皇甫伟国主编. —北京：中国农业出版社，2005.3（2007.4重印）
ISBN 978-7-109-09587-8

Ⅰ.瓜… Ⅱ.皇… Ⅲ.蔬菜园艺 Ⅳ.S63

中国版本图书馆CIP数据核字（2005）第008429号

中国农业出版社出版
（北京市朝阳区农展馆北路2号）
（邮政编码 100026）
责任编辑　王琦瑢

北京智力达印刷有限公司印刷　　新华书店北京发行所发行
2005年3月第1版　　2007年4月北京第2次印刷

开本：850mm×1168mm 1/32　　印张：9.375
字数：236千字
定价：19.50元